# 水土保持生态建设工程监理指南与范例

孙晓玲　阳晓原　等著

黄河水利出版社

·郑州·

# 内 容 提 要

水土保持是江河保护治理的根本措施,是生态文明建设的必然要求。为了进一步加强新时代水土保持工作,加强水土保持工程建设监理人员业务培训,提高水土保持监理队伍整体素质,不断规范水土保持工程建设监理工作,西安黄河工程建设咨询有限公司组织撰写了本书。全书以水土保持生态建设工程项目建设有关法律法规、规范性文件为依据,结合近年来水土保持生态建设工程监理实践,基本构筑了水土保持生态建设工程监理的理论体系和操作实例,具有全面性、系统性、普及性和应用性。

本书可作为从事水土保持生态建设工程建设管理、监理等人员的常用工具书,也可作为大专院校相关专业师生教学和有关部门技术人员的参考用书。

**图书在版编目(CIP)数据**

水土保持生态建设工程监理指南与范例/孙晓玲等
著. —郑州:黄河水利出版社,2023.6
ISBN 978-7-5509-3598-3

Ⅰ.①水⋯ Ⅱ.①孙⋯ Ⅲ.①水土保持-生态工程-
施工监理-手册 Ⅳ.①S157.2-62

中国国家版本馆 CIP 数据核字(2023)第 110090 号

组稿编辑:王路平 电话:0371-66022212 E-mail:hhslwlp@126.com
田丽萍 66025553 912810592@qq.com

责任编辑:岳晓娟 责任校对:韩莹莹 封面设计:李思璇 责任监制:常红昕
出版发行:黄河水利出版社
地址:河南省郑州市顺河路 49 号 邮政编码:450003
网址:www.yrcp.com E-mail:hhslcbs@126.com
发行部电话:0371-66020550
承印单位:河南新华印刷集团有限公司
开 本:787 mm×1 092 mm 1/16
印 张:16
字 数:370 千字
版次印次:2023 年 6 月第 1 版 2023 年 6 月第 1 次印刷
定 价:128.00 元

# 前　言

党的十八大以来，我国坚持水土保持综合治理减"存量"，围绕重大国家战略，因地制宜建设国家水土保持重点工程，共治理水土流失面积 58 万 $km^2$，是我国水土流失治理力度最大、速度最快、效益最好的十年，水土流失持续呈现面积强度"双下降"、水蚀风蚀"双减少"的趋势。目前，我国生态文明建设全面推进，"绿水青山就是金山银山"理念深入人心，人民群众追求青山、碧水、蓝天、净土的愿望更加强烈。党的二十大强调，推动绿色发展，促进人与自然和谐共生，这对水土保持工作提出了新的更高的要求。中共中央办公厅、国务院办公厅印发了《关于加强新时代水土保持工作的意见》，加快推进水土流失重点治理，全面推动小流域综合治理提质增效，大力推进坡耕地水土流失治理，抓好泥沙集中来源区水土流失治理。水利部强调以黄土高原多沙粗沙区特别是粗泥沙集中来源区为重点实施水土保持工程，着力加强河湖保护治理修复。水土保持生态工程建设进入了新的发展时期，加强新时代水土保持工作就变得尤为重要。

水土保持生态建设工程监理，通过独立、公正、诚信、科学地开展监理工作，对水土保持生态工程的建设质量、投资、进度和安全进行了全面控制，通过科学有效的监督管理手段，收集记录书面资料，协调各方利益关系，保证安全文明施工，严把工程质量监督，优化建设工期，严控工程投资收益，确保工程按图施工，使工程建设符合规范规程，工程质量符合设计要求，工程内容得到全面完成，资金使用得到有效控制，为水土保持生态工程长期、稳定地发挥效益打下牢固的基础。

西安黄河工程建设咨询有限公司自 1999 年成立以来，先后承担了黄河水土保持生态工程藉河示范区项目、黄河重点支流水土保持综合治理工程、黄土高原淤地坝工程、全国水土保持综合治理工程、生态清洁小流域工程等水土保持生态工程的建设监理工作。为推动和规范水土保持监理工作，促进黄河流域乃至全国水土保持生态文明建设做出了重要贡献。

本书是西安黄河工程建设咨询有限公司在总结了 20 多年水土保持生态建设工程监理工作成功经验的基础上，为全面贯彻习近平总书记生态文明思想，完整、准确、全面贯彻新发展理念，加快构建新发展格局，牢固树立和践行"绿水青山就是金山银山"理念，推进生态环境治理体系和治理能力现代化，密切结合我国水土保持生态建设工程的实际，用精湛的专业知识和丰富的工程经验，对水土保持生态建设工程施工监理进行的较为全面的介绍，并结合范例进行了阐述。本书的创新点是对水土保持生态建设工程从施工准备阶段、工程开工条件的控制，以及施工阶段的质量控制、进度控制、资金控制和合同管理、信息管理、施工安全与文明施工、工程质量评定与验收、监理报告的编写与工程建设资料归档等都安排了范例。对加强水土保持工程监理人员业务培训，提升水土保持监理队伍整体素质,为新时代水土保持生态建设工程高质量发展夯实基础。

全书共十二章五十节,各章主要内容如下:第一章,水土保持生态建设工程管理;第二章,施工准备阶段的监理工作;第三章,开工条件的控制;第四章,工程质量控制;第五章,工程进度控制;第六章,工程资金控制;第七章,工程合同管理;第八章,工程信息管理;第九章,施工安全与文明施工;第十章,工程质量评定与验收;第十一章,监理报告编写;第十二章,监理资料整理与归档。

本书由孙晓玲、阳晓原等著,参加本书撰写的还有许林军、赵国栋、柳林旺、党现宏、王天恩、梁伟、张鹏、翟艳宾、唐志华。

本书在撰写过程中得到了黄河上中游管理局及相关建设单位的大力支持和帮助,并参考引用了大量的文献。在此,谨向为本书的完成提供支持和指导的黄河上中游管理局领导专家、在水土保持监理岗位工作的技术人员、参考文献的作者表示衷心的感谢!

由于作者水平有限,本书中存在的不妥之处,敬请各位同仁共同努力,从理论上不断完善,从实践中不断创新。我们相信,水土保持生态建设工程监理,有利于提高水土保持生态工程建设项目的管理水平,有效提高工程建设质量,保证生态建设资金效益的正常发挥。

作　者

2023 年 2 月

# 目 录

# 第一章 水土保持生态建设工程管理

## 第一节 概 述

### 一、水土保持

水土保持的概念最早是由我国土壤学会黄瑞采先生于 1941 年首先提出;20 世纪 50 年代,美国理查德·弗莱韦(Richard K. Frevert)等在《水土保持工程》一书中使用了"水土保持"一词。几十年来,关于水土保持的概念,我国专家和学者从不同的角度进行了定义和诠释,直到 1991 年《中华人民共和国水土保持法》从法律的角度明确定义:水土保持是指对自然因素和人为活动造成水土流失所采取的预防和治理措施。

预防和治理水土流失,是水土保持的基本内涵,是水土保持的精髓。预防水土流失就是通过法律的、行政的、经济的、教育的手段,使人们在生产建设过程中,尽量避免造成水土流失的发生、发展。主要措施可归纳为三个方面:一是坚决禁止严重破坏水土资源的行为,如禁止毁林开荒等;二是严格控制可能造成水土流失的行为,并要求达到法定的条件,如实行水土保持方案报告审批制度等;三是积极采取各种水土保持措施,如植树造林等,防止新的水土流失的产生。

随着水土保持概念由初期的土壤保持发展为今天的水土保持,从单一强调土壤侵蚀引起土地生产力退化到同时强调土壤侵蚀环境与全球生态环境的联系,水土保持的对象已经不再是停留在山区、丘陵区和风沙区的水土资源,而是任何在内外力(如水力、风力、重力、人为活动等)的作用下被分散、剥离、搬运和沉积的水土资源。水土保持的内容已不只是防治水土流失,而是维护和提高土地生产力、建立良好生态环境。

水土保持丰富的内涵决定了其外延是多学科的综合性学科。它涉及生态学、地理学、社会学、经济学、农学、林学、草学、水利学等,涉及水利、林业、农业、环境、能源、城建、交通和铁路等行业,涉及城乡千家万户。其具有长期性、综合性、群众性的特点。

水土保持的内涵和外延决定了其基本任务是预防和治理水土流失。水土流失是指在水力、风力等外营力的作用下,水土资源和土地生产力的破坏和损失,包括土地表层侵蚀和水土损失,亦称水土损失。水土流失是我国面临的头号环境问题,是我国生态环境恶化的主要特征,是导致贫困的根源。

### 二、水土保持生态工程

水土保持生态工程建设项目,是指在水土流失区域实施的以治理水土流失,改善生态环境和农业生产条件,促进水土流失区域环境好转、农业农村经济发展,以及社会生态全面协调为目标的工程、植物和耕作措施。水土保持生态工程项目是按照一个总体设计进行施工,由若干个具有内在联系的单项工程组成,经济上实行统一核算,行政上实行统一管理的基本建设项目。工程建设的主要内容包括:人工造林种草,建设基本农田,修建水窖、涝池、沟头防护、谷坊、截排水沟等小型蓄水保土工程,修筑水土保持治沟骨干工程、淤地坝(拦沙坝)、拦渣坝、塘坝等沟道工程,以及生态自然修复、水土流失的预防监督和支持服务系统的建设。

水土保持生态工程建设项目是我国一项重要的基础设施建设项目,实施过程涉及水利、农业、林业、畜牧业等多个行业,措施类型多,实施范围大,是一项以地方和群众自筹资金为主、国家补助为辅的社会公益性工程。

### 三、水土保持生态工程项目分类

小流域综合治理、侵蚀沟治理、坡耕地治理、淤地坝工程建设等项目所涉及的工程、林草、封育、耕作措施,以及相应配套工程。

### 四、监理的必要性和重要性

(1)有利于提高建设工程投资决策科学化水平。

在建设单位委托工程监理单位实施全方位全过程监理的条件下,建设单位有了初步的项目投资意向之后,工程监理单位可协助建设单位选择适当的工程咨询机构或直接从事工程咨询工作,管理工程咨询合同的实施,并对咨询结果进行评估,提出有价值的修改意见和建议;或者直接从事工程咨询工作,为建设单位提供建设方案,可使项目投资更加符合市场需求。工程监理单位参与或者承担项目决策阶段的监理工作,有利于提高项目投资决策的科学水平,避免项目投资决策的失误,也为实现建设工程投资综合效益最大化打下了良好的基础。

(2)有利于规范工程建设参与各方的建设行为。

在水土保持工程实施过程中,由于工程建设是一个多方参与、共同完成的协作过程,参建各方均会站在自己的角度思考行事,加之利益的驱使,难免会出现与工程质量有违背的建设行为,因此仅仅依赖法律法规、规章和市场准则是远远不够的。另外,政府监管只能做到宏观的、基本的监督约束,不能深入每一项建设工程的实际实施过程中去,所以就需要一个组织机构来完成实施监督,它就是工程监理单位。而且它的监督具有强制约束机制的特点,让参建各方不得不在其约束与监督下规范作业。在建设工程实施过程中,监理单位可依据委托监理合同和有关的建设工程合同对承包人的建设行为进行监督管理。由于这种约束机制贯穿于工程建设的全过程,采用事前控制、事中控制和事后控制相结合的方式,因此可以有效地规范各承建单位的建设行为,最大限度地避免不当建设行为的发生。即使出现不当建设行为,也可以及时加以制止,最大限度地减少不良后果的产生。这就使约束机制的根本目的得以体现。另外,因建设单位对建设工程有关的法律法规、规章、管理程序和市场行为准则的不甚了解,也可能发生不当建设行为,在这种情况下,监理单位可以向建设单位提出适当的建议,从而避免发生建设单位的不当建设行为,这对规范建设单位的建设行为也可起到一定的约束作用,也能在一定程度上杜绝承包方与发包方之间相互勾结、弄虚作假、偷工减料。当然,要发挥上述约束作用,工程监理单位首先必须规范自身的行为,并接受政府的监督管理。

(3)有利于促使施工单位保证建设工程质量和使用安全。

施工单位是工程的直接实施者,是质量得以保障的关键者,也是人民生命财产安全、健康和环境的捍卫者。所以,工程作为一种特殊的产品,是不允许在这方面有丝毫懈怠和疏忽的。正因如此,特别需要监理单位来对施工单位的建设行为实施强有力的监督管理,促使施工单位在建设过程中严格按图施工、严格认真作业每一道工序、做到自纠自查与终极检查相结合,以此加强对工程质量的实施与管理,达到设计质量的要求,并满足产品需求者的要求,从而确保工程的质量和使用安全。

(4)有利于实现建设工程投资效益最大化。

水土保持工程投资涉及国家投资、地方投资、企业投资,甚至各种方式的融资等,资金产生的后期效应都将直接影响到国家的经济发展,社会的进步、安宁与和谐,故而只有让投资产生了效益,才是真正的投资,使投资效益最大化才是理智、理想的符合发展的投资,即建设工程投资要在满足建设工程预定功能和质量标准的前提下,让投资额最少;在满足建设工程预定功能和质量标准的前提下,建设工程寿命周期费用最少,建设工程本身的投资效益与环境效益、社会效益的综合效益最大化。只有这样才实现了投资的意义,达到工程监理的目的。建设工程监理在工程建设中,尤其在目前建筑市场逐步走向规范化、社会化与国际接轨的阶段,监理的作用及重要性就尤为突出,也让监理在工程建设中担起了艰巨的任务。

(5)在工程开工前期对各项工作的安排发挥重要作用。

首先,审查开工报告保证工程顺利进行。监理工程师在接到承包人的开工申请后,对申报材料进行详细的审查和现场审核,确认手续完备,具备了开工条件即确认开工。这样既保证了工程项目的良好开端,也为下一步施工奠定了基础。

其次,审核施工方案。施工方案的审查是工程开工前质量控制的主要内容和步骤,监理工程师将要求承包人根据工程建设的实际情况编制施工方案,使其质量控制符合规范、规定和设计要求的质量标准。监理工程师应着重审查施工安排是否合理、施工机械和人员配备是否得当、施工方法是否可行、施工外部条件是否具备、质量保证措施是否完备,同时协调承包人的质量控制目标与监理的质量控制目标相一致。

最后,审查承包人质量保证体系是否健全。施工前,监理工程师审核承包人制定的各项制度是否健全、是否合理,是否建立健全质量保障体系和制定了相应的规章制度,能否保证质量保障体系的良好运行。

(6)对工程全过程起到协调和控制的作用。

由于工程监理渗透在建设工程的全过程中,对工程项目的整体实施起着重要的控制和协调作用。在施工中,监理工程师对施工中的进度、质量、造价和安全等目标进行制定,并且对合同进行管理和审核。同时,监理工程师还对施工中的所有单位进行管理,协调各个单位的关系,使施工中的所有物料、人员、设备等都能够按照规范严格落实和执行,确保建设工程项目能够顺利开展。

(7)有利于对施工质量进行控制。

施工质量是工程建设项目中的重点和难点,近年来,施工质量管理的地位逐步提升,更突显了工程监理的重要性。监理工程师对建设工程中事前、事中和事后的质量进行动态监控和管理,并根据建设工程的实际情况,对施工中的材料、设备、环境、安全都能进行管理,减少各个要素对施工质量的影响,确保工程项目能够保质保量地完成。

# 第二节　监理资质和人员

## 一、监理单位

### (一)监理单位的概念

水土保持工程监理单位是指从事水土保持工程监理业务并取得工程监理资质等级证书的经济组织。监理单位必须取得监理资质等级证书、具有法人资格从事工程建设监理工作。监理单位必须具有自己的名称、组织机构和场所,有与承担监理业务相适应的经济、法律、技术及管理人员,完善的组织章程和管理制度,并应具有一定数量的资金和设施。符合条件的单位经申请取得监理资格等级证书,并经工商注册取得营业执照后,才可承担监理业务。它是监理工程师的执业机构。

### (二)监理单位的性质

(1)服务性。是水土保持工程建设监理的重要特征之一。

首先,监理单位是智力密集型的单位,它本身不是建设产品的直接生产者和经营者,它为建设单位提供的是智力服务。监理单位拥有一批多学科、多行业、具有长期从事工程建设工作的丰富实践经验、精通技术与管理、通晓经济与法律的高层次专门人才。一方面,监理单位的监理工程师通过工程建设活动进行组织、协调、监督和控制,保证建设合同的顺利实施,达到建设单位的建设意图;另一方面,监理工程师在工程建设合同的实施过程中,有权监督建设单位和承包单位必须严格遵守国家有关建设标准和规范,贯彻国家的建设方针和政策,维护国家利益和公众利益。从这一意义上理解,监理工程师的工作也是服务性的。

其次,监理单位的劳动与相应的报酬是技术服务性的。监理单位与工程承包公司、房屋开发公司、建筑施工企业不同,不能承包工程造价,不参与工程承包的盈利分配,它是按其支付脑力劳动量的大小而取得相应的监理报酬。

(2)独立性。是工程建设监理的又一重要特征,其表现在以下几个方面:

第一,监理单位在人际关系、业务关系和经济关系上必须独立,其单位和个人不得与参与工程建设的各方发生利益关系。我国建设监理有关规定指出,监理单位的各级监理负责人和监理工程师不得是施工、设备制造和材料供应单位的合伙经营者,或与这些单位发生经营性隶属关系,不得承包施工和建筑材料销售业务,不得在政府机关、施工、设备制造和材料供应单位任职。之所以这样规定,正是为了避免监理单位和其他单位之间利益牵制,保持监理单位的独立性和公正性,这也是国际惯例。

第二,监理单位与建设单位的关系是平等的合同约定关系。监理单位所承担的任务不是由建设单位随时指定,而是由双方事先按照平等协商的原则确立于合同之中,监理单位可以不承担合同以外建设单位随时指定的任务。如果实际工作中出现这种需要,双方必须通过协商,并以合同形式对增加的工作加以确定。监理委托合同一经确定,建设单位不得干涉监理工程师的正常工作。

第三,监理单位在实施监理的过程中,是处于工程承包合同签约双方,即建设单位和承建单位之间的独立一方,它以自己的名义,行使依法成立的监理委托合同所确认的职权,承担相应的职业道德责任和法律责任。

(3)公正性是指监理单位和监理工程师在实施工程建设监理活动中,排除各种干扰,以公正的态度对待委托方和被监理方,以有关法律法规和双方所签订的工程建设合同为准绳,站在第三方立场上公正地加以解决和处理,做到"公正地证明、决定或行使自己的处理权"。

公正性是监理单位和监理工程师顺利实施其职能的重要条件。监理成败的关键在很大程度上取决于能否与施工单位以建设单位为主进行良好的合作、相互支持、互相配合。而这一切都是以监理的公正性为基础。

公正性也是监理制对工程建设监理进行约束的条件。实施建设监理制的基本宗旨是建立适合社会主义市场经济的工程建设新秩序,为开展工程建设创造安定、协调的环境,为业主和承包商提供公平竞争的条件。建设监理制的实施,使监理单位和监理工程师在工程项目建设中具有重要的地位。所以,为了保证建设监理制的实施,就必须对监理单位和监理工程师制定约束条件。公正性要求就是重要的约束条件之一。

公正性是监理制的必然要求,是社会公认的职业准则,也是监理单位和监理工程师的基本职业道德准则。公正性必须以独立性为前提。

(4)科学性是监理单位区别于其他一般服务性组织的重要特征,也是其赖以生存的重要条件。

监理单位必须具有发现和解决工程设计和施工单位所存在的技术与管理方面问题的能力,能够提供高水平的专业服务,所以它必须具有科学性。科学性必须以监理人员的高素质为前提,按照国际惯例,监理单位的监理工程师,都必须具有相当的学历,并有长期从事工程建设工作的丰富实践经验,精通技术与管理,通晓经济与法律,经权威机构考核合格并经政府主管部门登记注册,发给证书,才能取得公认的合法资格。监理单位不拥有一定数量这样的人员,就不能正常开展业务,也是没有生命力的。

监理单位的独立性和公正性也是科学性的基本保证。

## 二、监理资质分类

### (一)水利工程建设监理单位资质专业和等级

按照水利部《水利工程建设监理单位资质管理办法》第六条规定,监理单位资质分为水利工程施工监理、水土保持工程施工监理、机电及金属结构设备制造监理和水利工程建设环境保护监理四个专业。其中,水利工程施工监理和水土保持工程施工监理专业资质分为甲级、乙级和丙级三个等级,机电及金属结构设备制造监理专业资质分为甲级、乙级两个等级,水利工程建设环境保护监理专业资质暂不分级。

**(二)各专业资质等级可以承担的业务范围**

**1.水利工程施工监理专业资质**

甲级可以承担各等级水利工程的施工监理业务。

乙级可以承担Ⅱ等(堤防2级)以下各等级水利工程的施工监理业务。

丙级可以承担Ⅲ等(堤防3级)以下各等级水利工程的施工监理业务。

适用《水利工程建设监理单位资质管理办法》的水利工程等级划分标准按照《水利水电工程等级划分及洪水标准》(SL 252—2017)执行。

**2.水土保持工程施工监理专业资质**

甲级可以承担各等级水土保持工程的施工监理业务。

乙级可以承担Ⅱ等以下各等级水土保持工程的施工监理业务。

丙级可以承担Ⅲ等水土保持工程的施工监理业务。

同时具备水利工程施工监理专业资质和乙级以上水土保持工程施工监理专业资质的,方可承担淤地坝中的骨干坝施工监理业务。

适用《水利工程建设监理单位资质管理办法》的水土保持工程等级划分标准如表1-1所示。

表1-1　水土保持工程等级划分标准

| 等级 | 水土保持综合治理项目 | 沟道治理工程 | 开发建设项目的水土保持工程 |
|---|---|---|---|
| Ⅰ等 | 500 km² 以上 | 总库容100万 m³ 以上、小于500万 m³ | 征占地面积500 hm² 以上 |
| Ⅱ等 | 150 km² 以上、小于500 km² | 总库容50万 m³ 以上、小于100万 m³ | 征占地面积50 hm² 以上、小于500 hm² |
| Ⅲ等 | 小于150 km² | 总库容小于50万 m³ | 征占地面积小于50 hm² |

**3.机电及金属结构设备制造监理专业资质**

甲级可以承担水利工程中的各类型机电及金属结构设备制造监理业务。

乙级可以承担水利工程中的中、小型机电及金属结构设备制造监理业务。

**4.水利工程建设环境保护监理专业资质**

可以承担各等级水利工程建设环境保护监理业务。

## 三、监理人员

**(一)监理人员的概念**

水利工程建设监理人员包括监理员、监理工程师、总监理工程师。

监理员是指经过监理业务培训,具有同类工程相关专业知识,从事具体监理工作的人员。

监理工程师是指通过职业资格考试取得中华人民共和国监理工程师职业资格证书,并经注册后从事建设工程监理及相关业务活动的专业技术人员。

总监理工程师是指通过职业资格考试取得中华人民共和国监理工程师职业资格证

书,并经注册后从事建设工程监理及相关业务并具有工程类高级专业技术职称的专业技术人员。水利工程建设监理实行总监理工程师负责制。总监理工程师是项目监理机构履行监理合同的总负责人,代表监理单位行使合同赋予的全部职责,全面负责项目监理工作。

**(二)监理人员的基本素质要求**

1.监理员的基本素质要求

监理员应具有初级专业技术任职资格,掌握一定的水利工程建设专业技术知识,包括水工建筑、水土保持、测量、地质、检验、机电、金属结构等专业知识。

2.监理工程师的基本素质要求

对于一个监理工程师来说,要求有比较广泛的知识面、比较高的业务水平和比较丰富的工程实践经验。监理工程师的基本素质要求如下:

(1)具有良好的品德。

(2)具有较高的理论水平。

(3)具有较高的专业技术水平。

(4)具有足够的管理知识。

(5)具有熟知的法律法规知识。

(6)具有足够的经济知识。

(7)具有较高的外语水平。

(8)具有丰富的工程建设实践经验。

3.总监理工程师的基本素质要求

总监理工程师是监理单位派往项目执行组织机构的全权负责人。总监理工程师的基本素质要求如下:

(1)专业技术知识的深度。总监理工程师必须精通水利水电工程专业知识,其特长应与监理项目技术方向对口。

(2)管理知识的广度。总监理工程师不仅需要具备一定深度的专业知识,更需要具备管理知识和才能。只精通技术,不熟悉管理的人不宜胜任总监理工程师。

(3)领导艺术和组织协调能力。

①总监理工程师的理论修养。总监理工程师应把现代化行为科学和管理心理学作为自身研究和应用的理论武器,具有组织理论、需求理论、授权理论、激励理论等理论知识及修养。

②总监理工程师的榜样作用。总监理工程师的实干精神、团结精神、牺牲精神、不耻下问精神、开拓进取精神和雷厉风行的工作作风,对下属有巨大的号召力,容易形成班子内部的合作气氛和奋发进取的作风。

③总监理工程师的个人素质及能力特征。总监理工程师应具有决策应变能力、组织指挥能力、协调控制能力、交际沟通能力、谈判能力、说服他人的能力、必要的协作能力等。

④开会艺术。总监理工程师应掌握会议组织与控制的技巧,高效率地主持好各种会议。

**（三）监理人员的职业准则**

（1）遵纪守法，坚持求实、严谨、科学的工作作风，全面履行职责，正确运用权限，勤奋、高效地开展监理工作。

（2）努力钻研业务，熟悉和掌握工程建设管理知识和专业技术知识，提高自身素质、技术和管理水平。

（3）提高监理服务意识，增强责任感，加强与工程建设有关各方的协作，积极、主动开展工作，尽职尽责，公正廉洁。

（4）妥善保管并及时归还发包人提供的工程建设文件资料，未经许可不得泄露与本工程有关的技术秘密和商务秘密。

（5）不得与承包人及原材料、中间产品和工程设备供应单位有隶属关系或其他利害关系。

（6）不得出卖、出借、转让、涂改、伪造岗位证书、资格证书或注册证书。

（7）只能同时在一个监理单位注册、执业或从业。

（8）遵守职业道德，维护职业信誉，严禁徇私舞弊。

（9）不得索取、收受承包人的财物或者谋取其他不正当利益。

**（四）监理人员的职业道德**

（1）维护国家的荣誉和利益，按照"守法、诚信、公正、科学"的准则执业。

（2）执行国家有关工程建设的法律法规、标准、规范、规程和制度，履行监理合同规定的义务和职责。

（3）努力学习专业技术和建设监理知识，不断提高业务能力和监理水平。

（4）不以个人名义承揽监理业务。

（5）不同时在两个或两个以上监理单位注册和从事监理活动，不在政府部门或施工、材料设备的生产供应等单位兼职。

（6）不为所监理项目指定承包商，建筑构配件、设备、材料生产厂家和施工方法。

（7）不收受被监理单位的任何礼金。

（8）不泄露所监理工程各方认为需要保密的事项。

（9）坚持独立自主地开展工作。

**（五）监理人员的资格管理**

1.监理员的资格管理

全国水利工程建设监理员培训合格证书有效期满需继续从业的，应在有效期满30个工作日内，由监理单位到有审批管辖权的单位申请延续手续，参加中国水利工程协会组织的继续教育培训，培训考试合格后方可继续从业。

2.监理工程师的资格管理

为加强水利工程建设监理管理，规范注册监理工程师（水利工程）执业行为，保证工程质量、安全、进度和投资效益，维护公共利益和水利建设市场秩序，依据《建设工程质量管理条例》《建设工程安全生产管理条例》《国务院办公厅关于全面实行行政许可事项清单管理的通知》（国办发〔2022〕2号）、《住房和城乡建设部 交通运输部 水利部 人力资源和社会保障部关于印发〈监理工程师职业资格制度规定〉〈监理工程师职业资格考试实施办法〉的通知》(建人规〔2020〕3号)等有关规定,水利部制定了《注册监理工程师(水利工程)管理办法》。

注册监理工程师(水利工程),是指通过水利工程专业类别监理工程师职业资格考试取得中华人民共和国监理工程师职业资格证书,受聘于一家水利工程建设监理单位或者水利水电工程勘察、设计、施工、招标代理、造价咨询、项目管理单位,并按照《注册监理工程师(水利工程)管理办法》注册后,从事水利工程建设监理执业活动的人员。

水利监理工程师应当按照国家专业技术人员继续教育的有关规定接受继续教育,更新理论知识,提升职业技能和专业水平,以适应岗位需要和职业发展要求。继续教育的内容包括监理专业技术人员应当掌握的法律法规、政策理论、职业道德、技术信息等基本知识;水利工程建设监理相关技术标准,水利工程建设监理新理论、新技术、新方法等专业知识。水利监理工程师继续教育每年应不少于30学时。取得职业资格证书超出1年期限申请初始注册的人员,申请当年继续教育应不少于30学时。被注销注册后重新申请注册的人员,自被注销注册当年至重新申请注册当年,继续教育平均每年应不少于30学时,或近三年累计不少于90学时。

水利监理工程师的继续教育形式包括面授培训、远程(网络)培训及学术会议、学术报告、专业论坛等。为水利监理工程师提供继续教育服务的机构,应当具备与继续教育目的、任务相适应的场所、设施、教材和人员,建立健全组织机构和管理制度,如实出具继续教育证明,载明继续教育的内容和学时,并加盖机构印章。水利部鼓励继续教育机构为水利监理工程师免费提供远程(网络)培训。水利监理工程师应当本着诚信原则参加继续教育。发现弄虚作假的,由水利部将其当年继续教育学时记录为零。继续教育机构应当本着诚信原则开展继续教育工作。发现存在违规行为的,由水利部责令改正,情节严重的依法依规进行处理。

水利监理工程师在执业中必须遵守国家有关法律法规和规定,恪守职业道德和从业规范,提高服务意识和社会责任感,诚实守信,独立、客观、公正履行监理工作职责,切实维护社会公共利益和公共安全,主动接受各级水行政主管部门的监督检查,执行行业自律相关规定。

水利监理工程师从事水利工程建设监理执业活动,应当受聘并注册于一个具有水利工程建设监理资质的单位。水利监理工程师的执业范围是注册专业对应的水利工程建设监理业务,具体工作内容执行《水利工程建设监理规定》《水利工程建设监理单位资质管理办法》等制度及相关技术标准。

水利监理工程师应当按照规定在本人执业活动中所形成的监理文件上签字并加盖执业印章,承担相应法律责任。修改经水利监理工程师签字和加盖执业印章的监理文件,应当由本人进行;因特殊情况,本人不能进行修改的,应当由其他水利监理工程师修改,并签字和加盖执业印章,修改人对修改部分承担相应法律责任。

# 第三节　监理工作内容

水土保持生态建设工程监理主要内容是对建设项目进行质量控制、资金控制、进度控制、合同管理、信息管理、安全管理、组织协调等,简称"三控制、三管理、一协调"。其中,质量控制和安全管理是前提,资金控制是保障,进度控制是关键,合同管理是中心,信息管理是手段,组织协调是保证。

## 一、工程质量控制的内容

(1)做好承包人的质量保证体系、施工组织设计、施工技术方案、开工条件等的审查工作,保证施工的正常进行。

(2)建立质量检查制度,做好工程施工阶段的巡视监理及平行检测。

(3)按照技术规范要求,严格监督施工单位工程质量的试验、检验工作,并及时进行足够数量的抽检。

(4)严格进场原材料、半成品的报验、抽检制度,不合格的材料及时清除出场。

(5)合理划分分部工程、分项工程和单元工程,及时做好单元工程的质量评验,做好阶段验收、竣工验收的各项准备工作。

(6)认真行使监理工程师的质量否决权,不合格的工序必须返工,未经评验合格的单元工程、分部工程不予计量工程量,不予签发支付证书。

## 二、进度控制的内容

(1)在项目设计前准备阶段,向建设单位提供有关工期的信息和咨询,协助其进行工期目标和进度控制决策。

(2)进行施工现场情况调查和分析,编制项目进度规划和总进度计划,编制设计前准备工作计划并控制其执行。

(3)依据授权发布开工批复、停工施工指示和复工通知。

(4)审核承建单位、设计单位及材料供应单位的进度控制计划,并在其实施过程中,通过履行监理职责,监督、检查、控制、协调各项进度计划的实施。

(5)通过核准、审批设计单位和承建单位的进度付款,对其进度实行动态间接控制,妥善处理和核批工期索赔。

## 三、投资控制的内容

施工阶段投资管理的主要工作内容是造价控制,通过施工过程中对工程费用的监测,确定工程项目的实际投资额,使它不超过项目的计划投资额,并在实施过程中进行费用动态管理控制。

(1)根据批准的工程施工控制性进度计划及其分解目标计划协助有关部门编制分年或单项工程合同支付资金计划。

(2)对变更、工期调整申报的经济合理性进行审议并提出审议意见。

(3)进行已完成工程量的支付计量,并对施工过程中工程费用计划值与实际值进行比较分析。

(4)依据工程施工合同文件规定受理合同索赔。

(5)合同支付审核与结算签证。

（6）依据工程施工合同文件规定和项目法人授权进行合同价格调整。

（7）协助项目法人进行工程完工结算。

## 四、安全控制的内容

（1）施工单位的安全组织：工程项目开工前，监理机构要求施工单位按施工合同文件规定，建立施工安全管理机构和施工安全保障体系；督促施工单位设立专职施工安全管理人员将全部工作时间用于施工过程中的安全检查、指导和管理，并及时向监理机构反馈施工作业中的安全事项。

（2）监理机构的安全监督：监理机构根据工程建设监理合同文件规定，建立施工安全监理制度，制订施工安全控制措施，必要时，监理机构还应设置安全监理工程师，以加强对施工安全作业行为进行检查、指导与监督。

（3）施工安全措施计划审批：

①工程项目开工前，监理机构要求施工单位按国家及有关部门关于施工安全的有关法律法规和施工合同文件规定，编制施工安全措施，报送监理机构审批和备存。

②工程项目开工前，监理机构还对施工单位安全作业措施和安全防护规程手册的学习、培训及施工安全教育情况进行检查。

（4）施工安全检查：工程施工过程中，监理机构对施工安全措施的执行情况进行经常性检查。还应派遣人员（包括施工安全监理人员）加强对高空、地下、高压及其他安全事故多发施工区域、作业环境和施工环节的施工安全进行检查和监督。

（5）安全事故处理：监理机构根据工程施工合同文件规定和项目法人授权，参加施工安全事故的调查和处理。

（6）防洪度汛措施检查：汛前，监理机构协助项目法人审查施工单位制订的防洪度汛方案和编写的防洪度汛措施，协助项目法人组织安全度汛大检查。监理机构应及时掌握汛期水文、气象预报，协调项目法人做好安全度汛和防汛防灾工作。

## 五、信息管理的内容

（1）对信息的采集、存储、处理、传递等工作采用现代办公手段。

（2）制定信息管理制度。

（3）检查和督促承建单位及时编报各类数据、报表。

（4）对承建单位的施工行为及管理过程中各类信息进行采集、分析、处理、存储、登记、管理与反馈。

## 六、合同管理的内容

（1）协助项目法人与承建单位编写开工报告。

（2）审查、确认承建单位选择的分包单位。

（3）审查承建单位提出的材料和设备清单及其所列的规格与质量。

（4）督促、检查承建单位严格执行工程承包合同和工程技术标准。

（5）调解项目法人与承建单位之间的争议。

（6）检查工程使用的材料、设备的质量,检查安全防护设施。

（7）检查工程进度和质量,参加验收分部工程。

（8）督促整理合同文件和技术档案资料。

（9）协助项目法人组织承建单位进行工程竣工初步验收,提出竣工验收报告。

（10）审查工程结算。

合同管理的工作还包括工程变更、索赔、违约管理、担保、保险、分包、化石和文物保护、施工合同解除、争议的解决及清场与撤离等。

## 七、协调的主要内容

（1）建立建设各方之间关系,协调处理工作制度。

（2）协助建设单位与施工单位编写开工报告。

（3）协助建设单位组织召开工程调度会、专题研讨会、设计交底会、情况汇报和工程分析会。

（4）确认施工单位选择的分包单位。

（5）审查施工单位提出的材料和设备清单及其所列的规格与质量。

（6）督促、检查施工单位严格执行工程承包合同和工程技术标准。

（7）调解建设单位与施工单位之间的争议。

（8）检查工程使用的材料、设备的质量,检查安全生产保障体系及防护设施。

（9）检查工程进度和质量,验收分部工程。

（10）督促整理合同文件和技术档案资料。

（11）协助建设单位组织施工单位进行工程竣工初步验收,提出竣工验收报告。

（12）审查工程结算。

## 八、环境保护主要内容

（1）施工环境保护措施:在工程项目开工前,监理机构督促承建单位按工程施工合同文件规定,编制施工环境管理和保护措施,并在报送监理机构批准后严格实施。

（2）施工场地环境保护:施工过程中,监理机构督促施工单位按工程施工合同文件规定,做好施工区界线之外的植物、生物和建筑物保护并使其维持原状。对施工活动界限之内的场地,监理机构督促承建单位按工程施工合同文件要求采取有效措施,防止造成破坏。

（3）施工废水弃渣管理:监理机构督促承建单位按工程施工合同文件规定,将工程施工弃渣、废渣、废料及生产和生活垃圾运至指定地点,并按合同要求进行处理。施工用水应尽量循环利用。必须排放的施工弃水、生产废水和生活污水,以及施工粉尘、废气、废油等,均应按合同规定进行处理,达到排放标准后准予排放。

（4）施工噪声:监理机构应督促承建单位按工程施工合同文件规定,对施工过程及施工附属企业中噪声严重的施工设备和设施进行消音、隔音处理,或按监理机构指示,控制噪声时段和范围,并对施工作业人员进行噪声防护。

（5）场地管理与清理:进入现场的材料、设备必须放置有序,防止任意堆放的器材杂物阻塞工地场地周围的通道和影响环境。工程完工后,监理机构应督促承建单位,按工程施工合同文件规定,拆除项目法人不再需要保留的施工临时设施,清理场地。

## 第四节　监理工作程序

(1)签订监理合同,明确监理范围、内容和责权。

(2)依据监理合同,组建现场监理机构,选派总监理工程师、监理工程师、监理员和其他工作人员。

(3)熟悉工程设计文件、施工合同文件和监理合同文件。

(4)编制项目监理规划。

(5)进行监理工作交底。

(6)编制监理实施细则。

(7)实施监理工作。

(8)督促施工单位及时整理、归档各类资料。

(9)向建设单位提交监理工作报告和有关档案资料。

(10)组织和参与验收工作。

(11)结算监理费用。

(12)向建设单位提交监理工作总结报告,移交所提供的文件资料和设备。

## 第五节　监理工作方法

(1)现场记录。监理机构记录每日施工现场的人员、原材料、中间产品、工程设备、施工设备、天气、施工环境、施工作业内容、存在的问题及其处理情况等。

(2)发布文件。监理机构采用通知、指示、批复、确认等书面文件开展施工监理工作。

(3)旁站监理。监理机构按照监理合同约定和监理工作需要,在施工现场对工程重要部位和关键工序的施工作业实施连续性的全过程监督、检查和记录。

(4)巡视检查。监理机构对所监理工程的施工进行的定期或不定期的监督与检查。

(5)跟踪检测。监理机构对承包人在质量检测中的取样和送检进行监督。跟踪检测费用由承包人承担。

(6)平行检测。在承包人对原材料、中间产品和工程质量自检的同时,监理机构按照监理合同约定独立进行抽样检测,核验承包人的检测结果。平行检测费用由发包人承担。

(7)协调。监理机构依据合同规定对施工合同双方之间的关系及工程施工过程中出现的问题和争议进行的沟通、协商和调解。

## 第六节　监理工作制度

(1)技术文件核查、审核和审批制度。根据施工合同约定由发包人或承包人提供的施工图纸、技术文件,以及承包人提交的开工申请、施工组织设计、施工措施计划、施工总进度计划、专项施工方案、安全技术措施、度汛方案和灾害应急预案等文件,均应经监理机构核查、审核或审批后方可实施。

(2)原材料、中间产品和工程设备报验制度。监理机构应对发包人或承包人提供的原材料、中间产品和工程设备进行核验或验收。不合格的原材料、中间产品和工程设备不得投入使用,其处置方式和措施应得到监理机构的批准或确认。

(3)工程质量检验制度。承包人每完成一道工序或一个单元工程,都应经过自检。承包人自检合格后方可报监理机构进行复核。上道工序或上一单元工程未经复核或复核不合格,不得进行下道工序或下一单元工程施工。

(4)工程计量付款签证制度。所有申请付款的工程量、工作均应进行计量并经监理机构确认。未经监理机构签证的付款申请,发包人不得付款。

(5)会议制度。监理机构应建立会议制度,包括第一次监理工地会议、监理例会和监理专题会议。会议由总监理工程师或其授权的监理工程师主持,工程建设有关各方应派人员参加。会议应符合下列要求:

①第一次监理工地会议。第一次监理工地会议应在监理机构批复合同工程开工前举行,会议内容应包括:介绍各方组织机构及其负责人;沟通相关信息;进行首次监理工作交底;合同工程开工准备检查情况。会议的具体内容可由有关各方会前约定,会议由总监理工程师主持召开。

②监理例会。监理机构应定期主持召开由参建各方现场负责人参加的会议,会上应通报工程进展情况,检查上次监理例会中有关决定的执行情况,分析当前存在的问题,提出问题的解决方案或建议,明确会后应完成的任务及其责任方和完成时限。

③监理专题会议。监理机构应根据工作需要,主持召开监理专题会议。会议专题可包括施工质量、施工方案、施工进度、技术交底、变更、索赔、争议及专家咨询等方面。

④总监理工程师或授权副总监理工程师组织编写由监理机构主持召开会议的纪要,并分发与会各方。

(6)紧急情况报告制度。当施工现场发生紧急情况时,监理机构应立即指示承包人采取有效紧急处理措施,并向发包人报告。

(7)工程建设标准强制性条文(水利工程部分)符合性审核制度。监理机构在审核施工组织设计、施工措施计划、专项施工方案、安全技术措施、度汛方案和灾害应急预案等文件时,应对其与工程建设标准强制性条文(水利工程部分)的符合性进行审核。

(8)监理报告制度。监理机构应及时向发包人提交监理月报、监理专题报告;在工程验收时,应提交工程建设监理工作报告。

(9)工程验收制度。在承包人提交验收申请后,监理机构应对其是否具备验收条件进行审核,并根据有关水利工程验收规程或合同约定,参与或主持工程验收。

# 第七节 监理机构与职责

监理单位应依照监理合同约定,组建监理机构,配置满足监理工作需要的监理人员,并根据工程进展情况及时调整。更换总监理工程师和其他主要监理人员应符合监理合同约定。

监理人员包括水土保持总监理工程师、水土保持监理工程师和水土保持监理员,必要时可配备水土保持副总监理工程师。

## 一、监理机构的基本职责与权限

(1)协助建设单位选择施工单位、设备和材料供货人。

(2)审核施工单位拟选择的分包项目和分包人。

(3)审核并签发施工图纸。

(4)审批施工单位提交的各类文件。

(5)签发指令、指示、通知、批复等监理文件。

(6)监督、检查施工过程及施工现场安全和文明施工情况。

(7)监督、检查工程施工进度。

(8)检验施工项目的材料、构配件、工程设备的质量和工程施工质量。

(9)处理施工中影响或造成工程质量和安全事故的紧急情况。

(10)审核工程计量,签发各类付款证书。

(11)处理合同违约、变更和索赔等合同实施中的问题。

(12)参与或协助建设单位组织工程验收,签发工程移交证书;监督、检查工程保修情况,签发保修责任终止证书。

(13)主持施工合同各方之间关系的协调工作。

(14)解释施工合同文件。

(15)监理合同约定的其他职责与权限。

## 二、监理人员的主要职责

### (一)总监理工程师的主要职责

水土保持工程施工监理实行总监理工程师负责制。总监理工程师应负责全面履行监理合同约定的监理单位的义务,主要职责应包括下列各项:

(1)主持编制监理规划,制定监理机构工作制度,审批监理实施细则。

(2)确定监理机构部门职责及监理人员职责权限;协调监理机构内部工作;负责本监理机构中监理人员的工作考核,调换不称职的监理人员;根据工程建设进展情况,调整监理人员。

(3)签发或授权签发监理机构的文件。

(4)主持审查承包人提出的分包项目和分包人,报发包人批准。

(5)审批承包人提交的合同工程开工申请、施工组织设计、施工总进度计划、资金流计划。

(6)审批承包人按有关安全规定和合同要求提交的专项施工方案、度汛方案和灾害应急预案。

(7)审核承包人提交的文明施工组织结构和措施。

(8)主持或授权监理工程师主持设计交底;组织核查并签发施工图纸。

(9)主持第一次监理工地会议,主持或授权监理工程师主持监理例会和监理专题会议。

(10)签发合同工程开工通知、暂停施工指示和复工通知等重要监理文件。

(11)组织审核已完成工程量和付款申请,签发各类付款证书。

(12)主持处理变更、索赔和违约等事宜,签发有关文件。

(13)主持施工合同实施中的协调工作,调解合同争议。

(14)要求承包人撤换不称职或不宜在本工程工作的现场施工人员或技术、管理人员。

(15)组织审核承包人提交的质量保证体系文件、安全生产管理机构和安全措施文件并监督其实施,发现安全隐患及时要求承包人整改或暂停施工。

(16)审批承包人施工质量缺陷处理措施计划,组织施工质量缺陷处理情况的检查和施工质量缺陷备案表的填写;按相关规定参与工程质量及安全事故的调查和处理。

(17)复核分部工程和单位工程的施工质量等级,代表监理机构评定工程项目施工质量。

(18)参加或受发包人委托主持分部工程验收,参加单位工程验收、合同工程完工验收、阶段验收和竣工验收。

(19)组织编写并签发监理月报、监理专题报告和监理工作报告;组织整理监理档案资料。

(20)组织审核承包人提交的工程档案资料,并提交审核专题报告。

总监理工程师可通过书面授权副总监理工程师或监理工程师履行其部分职责,但下列工作除外:

(1)主持编制监理规划,审批监理实施细则。

(2)主持审查承包人提出的分包项目和分包人。

(3)审批承包人提交的合同工程开工申请、施工组织设计、施工总进度计划、年施工进度计划、专项施工进度计划、资金流计划。

(4)审批承包人按有关安全规定和合同要求提交的专项施工方案、度汛方案和灾害应急预案。

(5)签发施工图纸。

(6)主持第一次监理工地会议,签发合同工程开工通知、暂停施工指示和复工通知。

(7)签发各类付款证书。

(8)签发变更、索赔和违约有关文件。

(9)签署工程项目施工质量等级评定意见。

(10)要求承包人撤换不称职或不宜在本工程工作的现场施工人员或技术、管理人员。

(11)签发监理月报、监理专题报告和监理工作报告。

(12)参加合同工程完工验收、阶段验收和竣工验收。

**(二)监理工程师的主要职责**

(1)参与编制监理规划,编制监理实施细则。

(2)预审承包人提出的分包项目和分包人。

(3)预审承包人提交的合同工程开工申请、施工组织设计、施工总进度计划、年施工进度计划、专项施工进度计划、资金流计划。

（4）预审承包人按有关安全规定和合同要求提交的专项施工方案、度汛方案和灾害应急预案。

（5）根据总监理工程师的安排核查施工图纸。

（6）审批分部工程或分部工程部分工作的开工申请报告、施工措施计划、施工质量缺陷处理措施计划。

（7）审批承包人编制的施工控制网和原始地形的施测方案；复核承包人的施工放样成果；审批承包人提交的施工工艺试验方案、专项检测试验方案，并确认试验成果。

（8）协助总监理工程师协调参建各方之间的工作关系；按照职责权限处理施工现场发生的有关问题，签发一般监理指示和通知。

（9）核查承包人报验的进场原材料、中间产品的质量证明文件；核验原材料和中间产品的质量；复核工程施工质量；参与或组织工程设备的交货验收。

（10）检查、监督工程现场的施工安全和文明施工措施的落实情况，指示承包人纠正违规行为；情节严重时，向总监理工程师报告。

（11）复核已完成工程量报表。

（12）核查付款申请报表。

（13）提出变更、索赔及质量和安全事故处理等方面的初步意见。

（14）按照职责权限参与工程的质量评定工作和验收工作。

（15）收集、汇总、整理监理档案资料，参与编写监理月报，核验或填写监理日志。

（16）施工中发生重大问题或遇到紧急情况时，及时向总监理工程师报告、请示。

（17）指导、检查监理员的工作。必要时可向总监理工程师建议调换监理员。

（18）完成总监理工程师授权的其他工作。

**(三) 监理员的主要职责**

（1）核实进场原材料和中间产品报验单并进行外观检查，核实施工测量成果报告。

（2）检查承包人用于工程建设的原材料、中间产品和工程设备等的使用情况，并填写现场记录。

（3）核查、确认承包人单元工程(工序)施工准备情况。

（4）检查并记录现场施工程序、施工工艺等实施过程情况，发现施工不规范行为和质量隐患，及时指示承包人改正，并向监理工程师或总监理工程师报告。

（5）对所监理的施工现场进行定期或不定期的巡视检查，依据监理实施细则实施旁站监理和跟踪检测。

（6）协助监理工程师预审分部工程或分部工程部分工作的开工申请报告、施工措施计划、施工质量缺陷处理措施计划。

（7）核实工程计量结果，检查和统计计日工情况。

（8）检查、监督工程现场的施工安全和文明施工措施的落实情况，发现异常情况及时指示承包人纠正违规行为，并向监理工程师或总监理工程师报告。

（9）检查承包人的施工日志和试验记录。

（10）核实承包人质量评定的相关原始记录。

（11）填写监理日记，依据总监理工程师或监理工程师授权填写监理日志。

# 第二章　施工准备阶段的监理工作

## 第一节　施工准备阶段的监理工作内容及措施

### 一、施工准备阶段的监理工作内容

(1)监理单位应按照水土保持生态工程监理合同的约定,在水土保持生态工程实施区设立总监理工程师办公室或项目监理机构,配备监理人员。

(2)项目监理机构应根据项目特点制定监理工作制度。

(3)项目监理机构人员在总监理工程师或其代表的组织下熟悉施工图纸,协助业主审查施工图纸。

(4)项目监理机构人员在总监理工程师的组织下熟悉、分析监理合同和建设工程施工合同。

(5)项目总监理工程师组织监理工程师完成编制工程项目监理规划及监理实施细则。

(6)参与由建设单位主持、设计单位和监理单位主要负责人及有关人员参加的施工图会审和设计交底,了解工程的基本内容。

(7)审定承包人编制的施工组织设计及施工总进度计划。

(8)查验施工测量放线成果。

(9)参加由建设单位主持的第一次工地会议,整理编印会议纪要并分发各方。

(10)项目总监理工程师或其代表主持有承包单位、分包单位和项目部有关监理人员参加的施工监理交底,贯彻执行项目监理规划。

(11)核查开工条件,签发施工单位提交的《工程开工报告》。

### 二、施工准备阶段的监理工作措施

**(一)组织措施**

(1)建立健全监理组织,完善职责分工及有关制度,落实责任。

(2)编制施工准备阶段的监理工作计划。

**(二)技术措施**

(1)利用公司技术骨干都曾长期从事工程监理、设计的优势,在熟悉图纸的同时审核图纸,提出合理化建议。

(2)组织主要骨干人员,审核施工组织设计和施工方案,对主要分项工程的施工方案进行技术经济分析。

(3)协助建设单位制订建设单位施工准备阶段的工作计划,使建设单位的工作能够及时、高效地完成。

（4）协助业主办理各种报建手续。

**（三）经济措施**

对施工准备阶段建设单位的各种开支提出合理化建议。

**（四）合同措施**

（1）字斟句酌地分析合同中涉及投资的条款，注意索赔的发生。

（2）督促施工单位及时完成施工准备工作，按合同要求开工。

# 第二节　范　例

## 一、监理规划编制的要点

（1）监理规划的具体内容应根据不同工程项目的性质、规模、工作内容等情况编制。

（2）监理规划的基本作用是指导监理机构全面开展监理工作。监理规划应对项目监理的计划、组织、程序、方法等做出表述。

（3）总监理工程师应主持监理规划的编制工作，所有监理人员应熟悉监理规划的内容。

（4）监理规划应在监理大纲的基础上，结合承包人报批的施工组织设计、施工总进度计划编制，并报监理单位技术负责人批准后实施。

（5）监理规划应根据其实施情况、工程建设的重大调整或合同重大变更等对监理工作要求的改变进行修订。

## 二、水土保持生态建设工程监理规划编制提纲及内容

**（一）编制依据**

编制依据应包括下列内容：

（1）上级主管单位下达的年度计划批复文件。

（2）与工程项目相关的法律法规和部门规章。

（3）与工程项目有关的标准、规范、设计文件和技术资料。

（4）监理大纲、监理合同文件及与工程项目相关的合同文件。

**（二）监理规划**

监理规划应包括以下主要内容：

（1）工程项目概况。①项目的基本情况：项目的名称、性质、规模，项目区位置及总投资和年度计划投资。②自然条件及社会经济状况：对项目区的地貌、气候、水文、土壤、植被和社会经济等与项目建设有密切关系的因子进行必要的描述。

（2）监理工作范围、内容。

（3）监理工作目标：项目的质量、进度、投资和安全目标。

（4）监理机构组织：项目的组织形式、人员配备计划及人员岗位职责。

（5）监理工作程序、方法、措施、制度及监理设施、设备等。

（6）其他根据合同项目需要包括的内容。

### 三、水土保持生态建设工程监理实施细则编制的要点

（1）在施工措施计划批准后、工程施工前，监理工程师应组织相关监理人员编制监理实施细则，并报总监理工程师批准。

（2）监理实施细则应符合监理规划的基本要求，充分体现工程特点和监理合同约定的要求，结合工程项目的施工方法和专业特点，明确具体的控制措施、方法和要求，具有针对性、可行性和可操作性。

（3）监理实施细则应针对不同情况制定相应的对策和措施，突出监理工作的事前审批、事中监督和事后检验。

（4）在监理实施细则条文中，应具体写明引用的规程、规范、标准及设计文件的名称、文号；文中涉及采用的报告、报表时，应写明报告、报表所采用的格式。

（5）在监理工作实施过程中，监理实施细则应根据实际情况进行补充、修改和完善。

### 四、水土保持生态建设工程监理实施细则编制提纲及内容

（1）总则。

①编制依据。应包括：施工合同文件、设计文件与图纸、监理规划、施工组织设计及有关的技术资料。

②适用范围。应包括：监理实施细则适用的项目和专业。

③负责本项目监理工作的人员及职责分工。

④适用工程范围内的全部技术标准的名称。

⑤项目法人为该工程开工和正常进展提供的必要条件。

（2）单位工程、分部工程开工审批的程序和申请内容。

（3）质量控制的内容、措施和方法，应包括下列内容：

①质量控制的标准与方法。应明确工程质量标准、检验内容及控制措施。

②材料、构配件、工程设备质量控制。应明确材料、构配件、工程设备报验收、签认程序，检验内容与标准。

③施工质量控制。应明确质量控制重点、方法和程序。

（4）进度控制的措施、内容和方法，应包括下列内容：

①进度目标控制体系。应包括工程的开竣工时间、阶段目标及关键工作时间。

②进度计划的表达方法。依据合同的要求和进度控制的需要，进度计划的表达可采用横道图、网络图等方式。

③施工进度计划的申报与审批。应明确进度计划的申报时间、内容、形式，明确进度计划审批的职责分工与时限。

④施工进度的过程控制。应明确进度控制的内容、进度控制的措施、进度控制的程序、进度控制的方法及进度偏差分析和预测的方法和手段。

⑤停工与复工。应明确停工与复工的条件、程序。

⑥工程延期及工程延误的处理。应明确工程延期及工程延误控制的措施和方法。

（5）投资控制的内容、措施和方法,应包括下列内容:

①投资控制的目标体系。应包括投资控制的措施和方法。

②计量与支付。应包括计量与支付的依据、范围和方法,计量与支付申请的内容及程序。

③费用索赔。应明确防止费用索赔的措施和方法。

（6）施工安全和文明施工内容、措施和方法,应包括下列内容:

①施工安全和文明施工的措施体系。

②主要的施工安全因素的分析。

③施工安全和文明施工的内容与措施。

（7）合同管理的主要内容。应包括工程变更、索赔、违约、担保、保险、分包、化石和文物保护、施工合同解除、争议的解决及清场与撤离等,并应明确监理工作内容与程序。

（8）信息管理,应包括下列内容:

①信息管理体系。应包括设置管理人员,制定管理制度。

②信息的收集和整理。应包括信息收集和整理的内容、措施和方法。

（9）工程验收与移交,应明确各类工程验收程序和监理工作内容。

### 五、《第一次工地会议纪要》实例

## 会议纪要

（监理〔20××〕纪要001号）

合同名称:××小流域综合治理工程　　　　　　　　　　合同编号:××××-01

| 工程地点 | ××省（区）××县（旗、市、区）××乡（镇）××村 | | |
| --- | --- | --- | --- |
| 会议名称 | ××小流域综合治理工程第一次工地会议 | | |
| 会议主要议题 | 第一次工地会议 | | |
| 会议时间 | 20××年××月××日 | 会议地点 | ××县水利局 |
| 会议组织单位 | ××小流域综合治理工程项目监理部 | 主持人 | ×××（总监理工程师） |
| 会议主要内容及结论 | 20××年××月××日,由××水利水电建设监理有限公司组织各参建单位,在××县水利局召开了××小流域综合治理工程第一次工地会议,会议由总监理工程师×××主持,现纪要如下:<br>1.参建各方介绍现场组织机构、人员及分工。<br>2.发包人对工程的概况作了简要说明,介绍了工程开工准备情况。<br>3.承包人介绍工程开工准备情况,××水利水电工程有限公司于20××年××月××日成立××小流域综合治理工程施工项目部,施工及管理人员已到位,投入的主要施工机械、设备、材料等已进场,介绍了该工程的施工组织设计和施工进度计划安排,各项准备工作已就绪。<br>4.××水利水电建设监理有限公司××小流域综合治理工程项目监理部总监理工程师介绍了对承包人的工程进场准备检查情况,并进行监理工作交底、安全技术交底。 | | |

| 会议主要内容及结论 | 5.建设单位及监理单位提出要求,总结如下: |
|---|---|
| | (1)施工单位要制订切实可行的施工进度计划,确保工程进度目标的实现,根据当地气候条件,抢抓工程实施的有利时机,按照设计文件和图斑要求,合理安排施工进度,确保施工资源投入,做好施工组织管理,做好生产调度、施工进度安排与调整等各项工作,切实做到以工程质量促施工进度,以安全施工促工程进度,确保项目按期完成,注重施工现场环境保护,安全文明施工,严格按照设计文件及图纸施工。 |
| | (2)按照国家有关法律、条例和施工合同约定,切实做好安全生产管理、教育,雨季施工要制订防汛计划和度汛预案,施工单位各管理人员的责任制及项目负责人的责任制必须落实到位,各专项施工方案的编制涉及安全的措施应在方案中提出重点要求;各工种的工人在进场前必须做安全技术交底,三级教育必须到位。各参建单位应自觉执行《中华人民共和国安全生产法》,管生产经营必须管安全,树牢安全发展理念,坚持安全第一、预防为主、综合治理的方针,实行从源头上防范化解重大安全风险。 |
| | (3)工程建设各方要严格履行合同约定的职责;及时对形成的工程文件资料进行编制、审核、签字、审批、盖章、上报、传递、保存、归档工作,做到完整、清晰、准确无误、实事求是,符合归档要求。 |
| | (4)各参建单位不得向承包人索要或接受回扣、礼金礼品、有价证券和好处费、感谢费等。不得接受承包人提供的通信工具、交通工具和办公用品等。不准参加承包人和相关单位有可能影响公正执行公务的宴请、健身、娱乐等活动。不准违反操作规程和合同要求,偷工减料、粗制滥造、弄虚作假;不准使用不符合要求和标准的材料。 |
| | 监 理 机 构:××水利水电建设监理有限公司<br>　　　　　　××小流域综合治理工程项目监理部<br>会议主持人:×××<br>日　　　期:20××年××月××日 |

附件:会议签到表(略)

**说明**:本表由监理机构填写,会议主持人签字后送达参会各方。

## 六、《设计技术交底会议纪要》实例

# 会议纪要

（监理〔20××〕纪要002号）

合同名称：××小流域综合治理工程　　　　　　　合同编号：××××-01

| 工程地点 | ××省(区)××县(旗、市、区)××乡(镇)××村 | | |
|---|---|---|---|
| 会议名称 | ××小流域综合治理工程设计技术交底会议 | | |
| 会议主要议题 | 设计技术交底会议 | | |
| 会议时间 | 20××年××月××日 | 会议地点 | ××县水利局 |
| 会议组织单位 | ××县水利工程建设管理办公室 | 主持人 | ×××(建设单位) |
| 会议主要内容及结论 | 20××年××月××日,××县水利工程建设管理办公室组织各参建单位,在××县水利局召开了××小流域综合治理工程设计技术交底会议,现纪要如下: <br><br>1.会议首先由××县水利工程建设管理办公室×××介绍了参建单位各方代表,对工程的概况作了简要说明。××小流域综合治理工程建设规模:水土流失治理面积为35 km²,其中新修水平梯田613.11 hm²,水土保持造林201.55 hm²,封育治理2 685.34 hm²,网围栏长度3 814 m,封禁警示牌9座,护岸墙418 m。项目区涉及××乡(镇)的××村。<br><br>2.××水利水电工程勘测设计院项目负责人对该工程的设计过程及设计要点、标准进行了介绍。本项目规划在实地调查和收集项目区内的自然条件、社会经济情况等资料的基础上,分析项目区水土流失规律、现有措施的运行现状及存在的问题,以小流域为单元,再对项目区的治理措施、建设规模和布局进行分析、反复论证,编制完成了本工程的规模与措施布局方案,该流域新增治理面积35 km²。<br><br>(1)水土保持造林:对荒坡地营造水土保持林,荒地水土保持造林旨在减缓坡度,截短坡长,改变小地形,以利保水保墒,拦蓄径流,造林的季节性强,要抢抓进度,造林穴状整地。穴状整地:穴径×坑深=40 cm×40 cm,坑内取土沿下沿做成弧形土埂,各坑在坡面基本上沿等高线布设,上下两行坑口呈"品"字形错开排列,坑距2.0 m,行距3.0 m。每坑栽植1株,1 667株/hm²。<br><br>造林植树:新增水土保持林201.55 hm²,造林类型为乔木纯林,种植祁连圆柏和云杉,其中种植云杉50 010株,种植祁连圆柏285 974株。苗木规格为树高81~100 cm,土球≥25 cm,树苗必须发育良好,根系完整,基茎粗壮,顶芽饱满,无病虫害,无机械损伤。同一地块内栽植的树苗,要求苗龄和苗木生长状况基本一致。起苗前必须提出选用苗木的规格标准,并严格按照标准要求起壮苗、好苗,防止弱苗、劣苗、病苗等混入。苗木出土前2~3 d应浇水,起苗后分级、包装、运送,整个过程需注意根部保湿,防止受冻和遭受风吹日晒。<br><br>(2)水平梯田工程:田面宽度要求8 m以上,施工工序按照定线、清基、保留表土、筑坎、修平田面5道工序进行,根据规划确定的顺序一般从顶部逐台往下定,以各台梯田的施工线为中心,上下各画出50~60 cm宽,作为清基线。在清基线范围内清除表土厚约20 cm,暂时堆积在清基线下,施工中与整个田面保留结合处理。将清基轮廓线内的地面翻松10 cm,清除石砾等杂物,整平,夯实。田坎必须用生土填筑,土中不能夹有石砾、树根、草皮等杂物。田坎修筑时应分层夯实,每层虚土厚约15 cm,夯实后厚约12 cm。修筑中每道埂坎作业面均匀地同时升高,并表层向内收缩,交坎面拍光。 |

续

| 会议主要<br>内容及结论 | 随田坎的长高,坎后的田面也相应升高,将坎后填实,使田面与田坎紧密结合起来。田面平整,田坎坚固,田面长度应坚持在因地制宜的前提下能长则长的原则,依具体地形、地貌变化而定。田面纵向水平,横向内低外高,呈反坡状,田面高差小于 20 cm。<br>　　(3)田间道路工程:根据所通行车辆的需要设计田间道路,田间道路要保障能通行小型农用机械,道路采用 S 形盘绕而上,减少路面最大比降。根据确定的田间道路布设情况,推土机整修路基。选用振动压路机进行碾压。<br>　　(4)封禁治理工程:采取围栏封育和政策性封育两种方式,一种是对于中高山区,采用设立标志牌,制定有效的管护办法、乡规民约等方式进行的政策性封禁;另一种是对距村庄近、人为活动干扰相对较大的地块设置围栏防护的围栏封禁。<br>　　1)定线:欲建封育地块应符合设计图斑,作业线路内土丘、石块等清除平整。围栏各标桩应呈直线。<br>　　2)原材料检验:检验网围栏片、刺丝、立柱等规格、数量和质量、出厂证明文件、材质证明书、质量检验报告。<br>　　3)围栏封育:<br>　　①立柱的埋设:立柱埋深 0.6 m,在其受力的方向上加支撑杆,立柱间距为 8.0 m,遇特殊地形时,间距可适当减小,但不小于 4.0 m,在潮湿地区使用角钢,应喷涂防锈漆。立柱基础浇筑 C20 混凝土,混凝土基础尺寸为 25 cm×25 cm×25 cm。<br>　　②角柱、地锚埋设和支撑架设:角柱埋深 0.6 m,在角柱受力的反向埋设地锚或在角柱内侧加支撑杆,角柱基础浇筑 C20 混凝土,混凝土基础尺寸为 25 cm×25 cm×25 cm。<br>　　③围栏的架设:围栏架设要以两个中间柱之间的跨度为作业单元,围栏线端应各自固定在中间柱上。<br>　　刺钢丝围栏的架设:刺钢丝围栏纬线的架设要逐条进行,放一道线安装好一道。程序如下:首先要在中间柱受力方向的延长点上竖立临时作业立柱,安装张紧器张紧刺线,为避免架设时刺线出现松弛,应由下往上一道一道地张紧。将刺钢丝线在中间柱的一端绑紧,然后放线。用张紧器张紧刺钢丝线,张紧要适度,防止纬线拉断或张紧器滑脱伤人。将刺钢丝线固定在中间柱和小立柱上。为防止因钢丝热胀冷缩而引起的围栏松动,每隔 80~100 m 加装一个花兰螺丝,各花兰螺丝之间的刺线用活钩或弹簧卡支撑,以便随时进行紧固。<br>　　编结网围栏的架设:从中间柱的一端开始,沿围栏线路铺放编结网。将编结网铺在围栏草原内侧,将网格较紧密的一端朝向立柱,起始端留 5~8 cm 编结网。编结网的一端剪去一根经线,将编结网竖起,把每一根纬线线端在起始中间柱上绑扎牢固。继续铺放围栏网,直到下一个中间柱,将编结网竖起并初步固定。若需将两部分编结网连接在一起,可使用围栏线绞结器接头。埋设临时作业立柱,安装张紧器张紧围栏,各纬线张紧力为 700~900 N,整片围栏受力要均匀。将围栏另一端相对中间柱的位置除去一根经线,自中纬线分别向上、向下将每根纬线分别绕中间柱绞紧。将编结网自边纬线向中间逐一绑扎在线桩上。<br>　　(5)格宾网箱护岸墙工程:<br>　　1)定线:根据初步设计位置,按照设计的断面尺寸,在地面画出墙基轮廓线。将轮廓线以内的浮土、草皮、乱石、树根全部清除,按照设计要求开挖到设计尺寸。<br>　　2)组装格宾网箱:组装网箱时,绑扎用的组合丝、水平固定丝及螺旋状固定丝必须与网丝(编织网片用的钢丝)一致,进场材料必须符合设计文件要求。组合丝绑扎必须是双股线并绞紧;螺旋状固定丝绑扎必须绞绕收紧。间隔网片与网身的四处交 |
|---|---|

续

| | |
|---|---|
| 会议主要<br>内容及结论 | 角各绑扎一道;网箱(组)的间隔网片框线与网身框线相接处,必须采用螺旋组合丝绞绕收紧联结,组装完成的单元网箱(组)必须按设计图示位置依次安放到位。多层网箱(组)挡土墙结构施工时,放置、绑扎上层网箱(组)时,必须与下方网箱(组)面层框线或网片绑扎在一起,使整个墙身连成一体。网箱挡土墙裸露部位的网片,必须设置水平固定丝,水平及垂直间距为 25~35 cm,呈"八"字形向内与边网片或临土面网片连接并拉紧。固滨石笼内填筑块石料粒径大于 200 mm,采用天然石块,饱和抗压强度大于 30 MPa,填充空隙率应小于 30%,密度不小于 2.5 t/m³,具有耐久性,遇水不易崩解和水解,抗风化。箱格填料时,内部连接加强钢丝应按下列要求绑扎 1 m 高的固滨笼单元,应在 1/3 和 2/3 处绑扎;0.5 m 高的单元格应在 1/2 处绑扎;水平方向应保证每一个单元格至少有两组加强钢丝,内连加强钢丝应连接格室的外露面及其对面。<br><br>    3)填充料施工:网箱的填充料规格、质量,必须符合设计规定。<br><br>    网箱在施工填充料前,应在网箱裸露面绑扎竹竿或木棒等,待填充料施工结束后拆除。必须依次、均匀、分批向同层的各箱格内同时投料,严禁往单个网箱格内投放填充料。填充料施工中,应控制每坯投料厚度在 30 cm 左右。机械化施工一般 1 m 高网箱分 4 坯投料为宜。空隙应用小碎石填塞,宜采取适当的捣实措施,确保结构体内填充料的密实度。填充料顶面宜适当高出网箱上部框线。裸露面的填充料,必须人工砌垒整平,填充料间应相互搭接。<br><br>    严格按尺寸角钢立柱,做到质量第一,提前做好定线工作,定线时要依据地形,尽量沿直线布设,拐弯处要加桩处理,角钢立柱埋深 60 cm,对桩基人工夯实,刺丝要做到拉紧、拉直。<br><br>    施工安全必须重视,要落实制度、措施、人员,班前对工人进行明确的安全交底、技术交底和动员,并交代好操作事项,坚决杜绝冒险施工、违章操作和违反安全工作纪律的现象,牢记"安全生产、人人有责"的原则,树立"安全第一"的思想意识。<br><br>    3.会议要求工程应按照《水土保持综合治理 验收规范》(GB/T 15773—2008)、《水土保持工程质量评定规程》(SL 336—2006)、《黄河水土保持生态工程施工质量评定规程》(试行),以及工程设计文件、批复文件、施工合同等技术规范要求进行质量验收与评定,监理单位严格按照监理规范进行质量控制。<br><br>    4.会议强调,施工单位在施工过程中,严格按照工程建设的相关规范与设计要求"科学组织,规范施工",现场管理必须有制度、有要求,重点在于落实,坚持"安全第一、预防为主、综合治理"的方针,认真落实质量保证体系,建设单位主管负责人要求各参建单位密切配合,相互协作,项目区实施需要解决的问题及时与参建单位沟通,及时协调处理,确保保质保量地完成建设任务。<br><br><br>                 监 理 机 构:××水利水电建设监理有限公司<br>                           ××小流域综合治理工程项目监理部<br>    会议主持人:×××(建设单位)<br>    日        期:20××年××月××日 |

附件:会议签到表(略)

**说明**:本表由监理机构填写,会议主持人签字后送达参会各方。

# 第三章　开工条件的控制

## 第一节　开工条件的检查与审核

合同项目开工条件的检查与审核,涉及发包人和承包人两方面的准备工作。

### 一、发包人准备工作

**(一)开工项目施工图纸和文件的供应**

发包人在工程开工前应向承包人提供已有的与本工程有关的水文和地质勘测资料以及应由发包人提供的实施方案及设计图纸。

**(二)测量基准点的移交**

发包人(或监理人)应该在规定的期限内,向承包人提供测量基准点、基准线和水准点及书面资料。

**(三)施工用地及必要的场内交通条件**

为了使承包人能尽早进入施工现场开始主体工程的施工,发包人应按合同规定,事先做好征地、移民工作,并且解决承包人施工现场占有权及通道。为了使施工承包人能进入施工现场,尽早开始工程施工,发包人应按照施工承包人所承包的工程施工的需要,事先划定并给予承包人占有现场各部分的范围。如果现场有的区域需要由不同的承包人先后施工,就应根据整个工程总施工进度计划,规定各承包人占用该施工区域的起讫期限和先后顺序。这种施工现场各承包人工作区域的划定和占有权,需要在施工平面布置图上标明,并对各工作区的坐标位置及占用时间,在各承包合同中进行详细的说明。

**(四)工程预付款的付款**

工程预付款是在项目施工合同签订后,由发包人按照合同约定,在正式开工前预先支付给承包人的一笔款项。主要供承包人进行施工准备使用。

**(五)施工合同中约定的应由发包人提供的道路、供电、供水、通信等条件**

监理人应协助发包人做好施工现场的"四通一平"工作,即通水、通电、通路、通信和场地平整。在施工总体平面布置图中,应明确表明供水、供电、通信线路的位置,以及各承包人从何处接水源、电源的说明,并将水、电送到各施工区,以免承包人进入施工工作区后因无水、电供应延误施工,引起索赔。

## 二、承包人准备工作

### (一)承包人组织机构和人员的审核

在合同项目开工前,承包人应向监理人呈报其实施工程承包合同的现场组织机构表及各主要岗位人员的主要资历及职业资格证书,监理人应认真予以审核。监理机构在总监理工程师的主持下进行认真审核,要求施工单位实质性地履行其投标承诺,做到组织机构完备,技术人员与管理人员熟悉各自的专业技术、有类似工程的长期经历和丰富经验,能够胜任所承包项目的施工、完工与工程保修;配备有能力对工程进行有效监督的工长和领班;投入顺利履行合同义务所需的技工和普工。

承包人派驻现场项目经理是承包人驻工地的全权负责人,必须持有项目经理职业资格证书,必须胜任现场履行合同的职责,主要管理人员、技术人员及特种作业人员必须与施工合同文件一致。如有变化,应重新审查并报发包人认可。

### (二)承包人进场施工设备的审核

为了保证施工的顺利进行,监理人在开工前对施工设备的审核内容主要包括以下几个方面:

(1)开工前对承包人进场施工设备的数量和规格、性能及进场时间是否符合施工合同约定的要求进行审核。

(2)监理机构应督促承包人按照施工合同约定保证施工设备按计划及时进场,并对进场的施工设备进行检查。禁止不符合要求的设备投入使用并应要求承包人及时撤换。在施工过程中,监理机构应督促承包人对施工设备及时进行补充、维修、维护,满足施工需要。

(3)旧施工设备进入工地前,承包人应提供该设备的使用和维修记录,以及具有设备鉴定资格的机构出具的检修合格证。经监理机构认可,方可进场。

### (三)对基准点、基准线和水准点的复核和工程放线审核

监理人应在合同规定的期限内,向承包人提供测量基准点、基准线和水准点及其平面资料。承包人应依上述基准点、基准线及国家测绘标准和精度要求,测设本工程的施工控制网,并将资料报送监理人审核。待工程完工后完好地移交给发包人。承包人应负责施工过程中的全部施工测量工作,包括地形测量、放样测量、断面测量、支付计量测量和验收测量等,同时应由承包人自行配置合格的人员、仪器、设备和其他物品。承包人在各项目施工测量前还应将所采取措施的报告报送监理人审批,监理人可以指示承包人在监理人监督下或联合进行抽样复测,当复测中发现有错误时,必须按照监理人指示进行修正或补测。监理人可以随时使用承包人的施工控制网,承包人应及时提供必要的协助。

承包人应负责管理好施工控制网点,若有丢失或损坏,应及时修复,其所需管理和修复费用由承包人承担,工程完工后应完好地移交给发包人。

**(四)进场原材料和构配件的检查**

检查进场原材料、构配件的质量、规格、性能是否符合有关技术标准和技术条款的要求,原材料的储存量是否满足工程开工及随后施工的需要。

**(五)砂石料系统、混凝土拌和系统及场内道路、供水、供电、供风等施工辅助设施的准备情况的检查**

砂石料生产系统的配置,是根据工程设计图纸的混凝土用量及各种混凝土的级配比例,计算出各种规格混凝土骨料的需用量,主要考虑日最大强度及月最大强度,确定系统设备的配置。砂石厂应设在料场附近;多料场供应时,应设在主料场附近;经论证亦可分别设厂;砂石利用率高、运距近、场地许可时,亦可设在混凝土工厂附近。主要设施的地基应稳定,有足够的承载力。

混凝土拌和系统选址,尽量选在地质条件良好的部位,拌和系统布置注意进出料高程,运输距离小,生产效率高。

对外交通方案应确保施工工地与国家或地方公路、铁路车站、水运港口之间的交通联系,具备完成施工期间外来物资运输任务的能力。场内交通方案确保施工工地内部各工区、当地材料场地、堆渣场、各生产区、各生活区之间的交通联系,主要道路与对外交通衔接。

工地施工用水、生活用水和消防用水的水压、水质应满足相应的规定,施工供水量应满足不同时期日高峰生产和生活用水的需要,并按消防用水量进行校核。生活和生产用水宜按水质要求、用水量、用户分布、水源、管道和取水建筑物的布置情况,通过技术、经济比较后确定集中或分散供水。

各施工阶段用电最高负荷宜按需要系数法计算。通信系统组成与规模应根据工程规模的大小、施工设施布置及用户分布的情况确定。

**(六)施工组织设计的审核**

在施工投标阶段,施工单位根据招标文件中规定的施工任务、技术要求、施工工期及施工现场的自然条件,结合本单位的人员、机械设备、技术水平和经验,在投标书中编制了施工组织设计,对拟承包工程做出了总体部署,如工程准备采用的施工方法、施工工序、机械设备和技术力量的配置等。它是承包人进行投标报价的主要依据之一。施工单位中标并签订合同后,这一施工组织设计也就成了施工合同文件的重要组成部分,并且按合同规定,承包人应在规定时间内进一步提交更为完备、具体的施工组织设计,得到监理机构的批准。

监理人审核施工组织设计应注意以下几个方面:

（1）承包人所选用的施工设备的型号、类型、性能、数量等,能否满足施工进度和施工质量的要求。

（2）拟采用的施工方法、施工方案在技术上是否可行,对质量有无保证。

（3）各施工工序之间是否平衡,会不会因工序的不平衡而出现窝工。

（4）质量控制点的设置是否正确,其检验方法、检验频率、检验标准是否符合合同技术规范的要求。

（5）计量方法是否符合合同的规定。

（6）技术保证措施是否切实可行。

（7）施工安全技术措施是否切实可行等。

监理人在对施工承包人的施工组织设计进行仔细审核后提出意见和建议,并用书面形式答复承包人是否批准施工组织设计,是否需要修改。如果需要修改,承包人应对施工组织设计进行修改后提出新的施工组织设计,再次报监理人审核,直至批准。在施工组织设计获得批准后,承包人就应严格遵照批准的施工组织设计和技术措施实施。根据合同条件的规定,承包人应对其编制的施工组织设计的完备性负责,监理人对施工方案的批准,不解除承包人对此方案应负的责任。

对关键部位、工序或重点控制对象,在施工之前,承包人必须向监理人提交更为详细的施工措施计划,经监理人审批后方能进行施工。

# 第二节　开工程序

## 一、合同工程开工审批内容及程序

（1）监理机构应经建设单位同意后向施工单位下发载明开工日期的合同工程开工通知。

（2）施工进场道路已经开通,供水、供电、通信设施等已到位。

（3）施工用地已经落实。

（4）施工设备、材料和施工人员已准备就绪。

（5）有满足施工需要并经监理机构签认的施工图纸、测量基准点和有关技术文件。

（6）施工组织设计、施工总进度计划已审批,已建立相应的质量保证体系、安全保证体系。

（7）承包人完成合同工程开工准备后,应向监理机构提交合同工程开工申请表。监理机构检查发包人及承包人开工准备工作满足开工要求后,批复承包人的合同工程开工申请,由总监理工程师签发合同工程开工批复。

## 二、分部工程开工审批内容及程序

### (一)分部工程开工审批内容

分部工程开工前施工单位需进行以下工作:

(1)对施工班组进行施工图纸、技术标准、施工技术交底和安全交底。

(2)检查主要施工设备到位情况。

(3)检查施工安全和质量保证措施落实情况。

(4)检查工程设备检查验收情况。

(5)检查原材料、中间产品质量及准备情况。

(6)检查施工人员安排情况。

(7)检查风、水、电等必需的辅助生产设施准备情况。

(8)检查场地平整、交通、临时设施准备情况。

(9)检查测量放样情况。

(10)检查工艺试验情况。

### (二)分部工程开工审批程序

承包人根据检查情况填写分部工程开工申请表并附分部工程施工措施计划、分部工程进度计划、施工安全交底记录、施工技术交底记录等,监理机构收到承包人提交的分部工程开工申请表,审查承包人提交的资料,分部工程开工检查内容满足条件后,由监理工程师签发分部工程开工批复。

## 三、单元工程开工报审内容及程序

第一个单元工程应在分部工程开工批准后开工,后续单元工程凭监理工程师签认的上一单元工程施工质量合格文件方可开工。

## 四、混凝土浇筑开仓报审内容及程序

### (一)混凝土浇筑开仓检查内容

(1)检查混凝土浇筑前各种材料的准备情况。

(2)检查混凝土基面(仓面)的清理验收情况。

(3)对照设计图纸检查钢筋绑扎情况。

(4)检查验收模板情况。

(5)检查特殊部位的细部结构。

(6)检查混凝土拌和系统的准备情况。

### (二)程序

监理机构应对承包人报送的混凝土浇筑开仓报审表进行审核,检查上述(1)~(6)内容,符合条件后方可签发。

# 第三节　范　例

## 一、《合同工程开工通知》实例

### 合同工程开工通知

（监理〔20××〕开工 001 号）

合同名称：××小流域综合治理工程　　　　　　　　　　　　合同编号：××××-01

| 工程地点 | ××省(区)××县(旗、市、区)××乡(镇)××村 |
|---|---|

致：××水利水电工程有限公司××小流域综合治理工程项目部

　　根据施工合同约定,现签发　××小流域综合治理工程第××标段　合同工程开工通知。你方在接到该通知后,应及时调遣人员和施工设备、材料进场,完成各项施工准备工作,尽快提交《合同工程开工申请表》。

　　该合同工程的开工日期为　20××　年　××　月　××　日。

监 理 机 构：××水利水电建设监理有限公司

　　　　　　××小流域综合治理工程项目监理部

总监理工程师：×××

日　　　　期：20××年××月××日

今已收到　××水利水电建设监理有限公司　签发的合同工程开工通知。

施工单位：××水利水电工程有限公司

　　　　　××小流域综合治理工程项目部

项目经理：×××

日　　　期：20××年××月××日

## 二、《合同工程开工申请表》实例

# 合同工程开工申请表

（承包〔20××〕合开工 001 号）

合同名称:××小流域综合治理工程　　　　　　　　　　　　　合同编号:××××-01

| |
|---|
| 致:××水利水电建设监理有限公司××小流域综合治理工程项目监理部<br>　　我方承担的　__××小流域综合治理工程__　合同项目工程,已完成了各项准备工作,具备了开工条件,现申请开工,请贵方审批。<br><br>　　　附件:合同工程开工申请报告。<br><br><br><br><br><br><br><br><br>　　　　　　　　　　　　　　　　　施工单位:××水利水电工程有限公司<br>　　　　　　　　　　　　　　　　　　　　××小流域综合治理工程项目部<br>　　　　　　　　　　　　　　　项目经理:×××<br>　　　　　　　　　　　　　　　日　　　期:20××年××月××日 |
| 审批后另行批复。<br><br><br><br><br><br><br><br><br><br><br>　　　　　　　　　　　　　　　项目监理机构:××水利水电建设监理有限公司<br>　　　　　　　　　　　　　　　　　　××小流域综合治理工程项目监理部<br>　　　　　　　　　　　　　　　监 理 工 程 师:×××<br>　　　　　　　　　　　　　　　日　　　期:20××年××月××日 |

附件:开工申请报告

## 开工申请报告

××水利水电建设监理有限公司××小流域综合治理工程项目监理部:

　　××小流域综合治理工程于20××年××月××日由我公司中标,并于20××年××月××日与建设单位签订了施工合同。合同签订后,我公司按照投标文件立即组建了××水利水电工程有限公司××小流域综合治理工程项目部,并于20××年××月××日组织人员进场,投入的主要施工机械、设备、材料等已进场。施工现场的布置、安全防护设施,施工现场水、电、路、场地已满足施工要求,施工人员及管理人员已到位,各项准备工作已就绪,具备了开工条件,现申请××小流域综合治理工程开工,请予以批复。


　　　　　　　　　　　申请单位:××水利水电工程有限公司
　　　　　　　　　　　　　　　　××小流域综合治理工程项目部
　　　　　　　　　　　日　　期:20××年××月××日

## 三、《合同工程开工批复》实例

### 合同工程开工批复

(监理〔20××〕合开工 001 号)

合同名称:××小流域综合治理工程　　　　　　　　　　合同编号:××××-01

| 工程地点 | ××省(区)××县(旗、市、区)××乡(镇)××村 |
| --- | --- |

致:××水利水电工程有限公司××小流域综合治理工程项目部

你方　20××　年　××　月　××　日报送的　××小流域综合治理工程　合同工程开工申请(承包〔20××〕合开工 001 号)已经通过审核,同意贵方按施工进度计划组织施工。

批复意见:(可附页)

经审核承包人开工准备工作已完成,贵方可从即日起,按施工计划安排施工。

本开工批复确定此合同项目的实际开工日期为20××年××月××日。

　　　　　　　　　　监 理 机 构:××水利水电建设监理有限公司

　　　　　　　　　　　　　　　　××小流域综合治理工程项目监理部

　　　　　　　　　　总监理工程师:×××

　　　　　　　　　　日　　　期:20××年××月××日

今已收到合同工程的开工批复。

　　　　　　　　　　施工单位:××水利水电工程有限公司

　　　　　　　　　　　　　　　××小流域综合治理工程项目部

　　　　　　　　　　项目经理:×××

　　　　　　　　　　日　　　期:20××年××月××日

## 四、《分部工程开工批复》实例

**分部工程开工批复**

(监理〔20××〕分开工 001 号)

合同名称:××小流域综合治理工程　　　　　　　　合同编号:××××-01

| 工程地点 | ××省(区)××县(旗、市、区)××乡(镇)××村 |
|---|---|

致:××水利水电工程有限公司××小流域综合治理工程项目部

　　你方　20××　年　××　月　××　日报送的□分部工程/□分部工程部分工作开工申请表　××××
分部工程　(承包〔20××〕分开工 001 号)已经通过审核,同意开工。

　　批复意见:(可附页)

　　确定该分部工程的开工日期为　20××　年　××　月　××　日。


监 理 机 构:××水利水电建设监理有限公司

××小流域综合治理工程项目监理部

监理工程师:×××

日　　　　期:20××年××月××日

今已收到分部工程的开工批复。


施工单位:××水利水电工程有限公司

××小流域综合治理工程项目部

项目经理:×××

日　　　　期:20××年××月××日

· 35 ·

## 五、《批复表》实例 1

### 批复表

（监理〔20××〕批复 001 号）

合同名称：××小流域综合治理工程                    合同编号：××××-01

| 工程地点 | ××省（区）××县（旗、市、区）××乡（镇）××村 |
|---|---|

致：××水利水电工程有限公司××小流域综合治理工程项目部

　　贵方于 ＿＿20××＿＿ 年 ＿＿××＿＿ 月 ＿＿××＿＿ 日报送的 ＿＿××小流域综合治理工程施工组织设计＿＿
（ ＿＿承包〔20××〕技案 001 号＿＿ ），经监理机构审核，批复意见如下：

　　1.经审核，你方申报的施工组织设计，满足施工要求，符合有关规范标准和图纸及合同要求，同意按此施工组织设计指导施工。

　　2.严格按照批复的施工组织设计组织施工。

监　理　机　构：××水利水电建设监理有限公司

　　　　　　　　　××小流域综合治理工程项目监理部

总监理工程师：×××

日　　　　　期：20××年××月××日

今已收到监理〔20××〕批复 001 号。

施工单位：××水利水电工程有限公司

　　　　　　××小流域综合治理工程项目部

签　收　人：×××

日　　　期：20××年××月××日

## 六、《批复表》实例 2

# 批复表

（监理〔20××〕批复 002 号）

合同名称：××小流域综合治理工程　　　　　　　　　　　合同编号：××××-01

| 工程地点 | ××省（区）××县（旗、市、区）××乡（镇）××村 |
|---|---|

致：××水利水电工程有限公司××小流域综合治理工程项目部

　　贵方于 ___20××___ 年 ___××___ 月 ___××___ 日报送的 ___××小流域综合治理工程施工进度计划___ （ ___承包〔20××〕进度 001 号___ ），经监理机构审核，批复意见如下：

　　1.经审核，施工进度计划符合合同要求，同意报送的施工进度计划。

　　2.严格按照批复的施工进度计划组织施工。

监 理 机 构：××水利水电建设监理有限公司

××小流域综合治理工程项目监理部

总监理工程师：×××

日　　　　期：20××年××月××日

　　今已收到监理〔20××〕批复 002 号。

施工单位：××水利水电工程有限公司

××小流域综合治理工程项目部

签 收 人：×××

日　　　期：20××年××月××日

## 七、《工程项目划分报审表》实例

## 工程项目划分报审表

(监理〔20××〕报审 001 号)

合同名称:××小流域综合治理工程　　　　　　　　　　　合同编号:××××-01

| 工程地点 | ××省(区)××县(旗、市、区)××乡(镇)××村 |
|---|---|

致:(建设单位)××县水利工程建设管理办公室

　　根据工程设计图纸和 <u>《水土保持工程质量评定规程》</u> 规定,经与相关单位研究,建议该工程项目划分为 <u>　××　</u> 个单位工程, <u>　××　</u> 个分部工程, <u>　××　</u> 个单元工程。请审定。

　　附件:□工程项目划分及编码一览表

　　　　　　　　　　　　　　　　监 理 机 构:××水利水电建设监理有限公司

　　　　　　　　　　　　　　　　　　　　　　××小流域综合治理工程项目监理部

　　　　　　　　　　　　　　总监理工程师:×××

　　　　　　　　　　　　　　日　　　　期:20××年××月××日

## 八、《施工图纸核查意见单》实例

# 施工图纸核查意见单

（监理〔20××〕图核 001 号）

合同名称：××小流域综合治理工程　　　　　　　　　　　合同编号：××××-01

经对以下图纸(共　××　张)核查,意见如下：

| 序号 | 施工图纸名称 | 图号 | 核查人员 | 说明 |
|---|---|---|---|---|
| 1 | 地理位置图 | YGGLYZL-01 | ××× | |
| 2 | 项目区工程措施布局图 | YGGLYZL-02 | ××× | |
| 3 | 坡改梯设计图 | YGGLYZL-03 | ××× | |
| 4 | 田间道路设计图 | YGGLYZL-04 | ××× | |
| 5 | 警示牌设计图 | YGGLYZL-05 | ××× | |
| 6 | 网围栏设计图 | YGGLYZL-06 | ××× | |
| 7 | 造林设计图 | YGGLYZL-07 | ××× | |
| 8 | 谷坊设计图 | YGGLYZL-08 | ××× | |
| 9 | … | … | … | |
| 10 | | | | |
| 11 | | | | |
| 12 | | | | |
| 13 | | | | |
| 14 | | | | |
| 15 | | | | |
| 16 | | | | |
| 17 | | | | |
| 18 | | | | |
| 19 | | | | |

附件：施工图纸核查意见

监 理 机 构：××水利水电建设监理有限公司

××小流域综合治理工程项目监理部

总监理工程师：×××

日　　　　期：20××年××月××日

附件：

# 施工图纸核查意见

（监理〔20××〕图核001号）

| 施工图纸名称 | ××小流域综合治理工程施工图纸 | 图号 | YGGLYZL-01~YGGLYZL-08 |
|---|---|---|---|
| 预核意见 | 根据监理合同及技术规范要求,××水利水电建设监理有限公司××小流域综合治理工程项目监理部对××小流域综合治理工程图纸进行了核查:<br><br>　　经审查,图册中图纸内容清晰,图纸质量良好。 | | |
| 核查意见 | 1.图纸内容清晰;<br>2.请建设单位组织各参建单位进行图纸会审。<br><br><br><br><br>　　　　　　　　　　监 理 机 构:××水利水电建设监理有限公司<br>　　　　　　　　　　　　　　　××小流域综合治理工程项目监理部<br>　　　　　　　总监理工程师:×××<br>　　　　　　　日　　　　期:20××年××月××日 | | |

## 九、《施工图纸签发表》实例

## 施工图纸签发表

（监理〔20××〕图发 001 号）

合同名称:××小流域综合治理工程　　　　　　　　　　　　　合同编号:××××-01

致:××水利水电工程有限公司××小流域综合治理工程项目部

　　本批签发下表所列施工图纸____××____张,××小流域综合治理工程图纸____××____张。

| 序号 | 施工图纸/其他设计文件名称 | 文图号 | 份数 | 说明 |
|---|---|---|---|---|
| 1 | 地理位置图 | YGGLYZL-01 | 4 份 | |
| 2 | 项目区工程措施布局图 | YGGLYZL-02 | 4 份 | |
| 3 | 坡改梯设计图 | YGGLYZL-03 | 4 份 | |
| 4 | 田间道路设计图 | YGGLYZL-04 | 4 份 | |
| 5 | 警示牌设计图 | YGGLYZL-05 | 4 份 | |
| 6 | 网围栏设计图 | YGGLYZL-06 | 4 份 | |
| 7 | 造林设计图 | YGGLYZL-07 | 4 份 | |
| 8 | 谷坊设计图 | YGGLYZL-08 | 4 份 | |
| 9 | … | … | … | |
| 10 | | | | |
| 11 | | | | |
| 12 | | | | |
| 13 | | | | |
| 14 | | | | |

　　　　　　　　　监 理 机 构:××水利水电建设监理有限公司

　　　　　　　　　　　　　　××小流域综合治理工程项目监理部

　　　　　　　　总监理工程师:×××

　　　　　　　　日　　　　期:20××年××月××日

　　今已收到经监理机构签发的施工图纸____××____张,××小流域综合治理工程图纸____××____张。。

　　　　　　　　　　施工单位:××水利水电工程有限公司

　　　　　　　　　　　　　　　××小流域综合治理工程项目部

　　　　　　　　　　签 收 人:×××

　　　　　　　　　　日　　　　期:20××年××月××日

## 十、《工程预付款付款证书》实例

# 工程预付款付款证书

（监理〔20××〕工预付001号）

合同名称：××小流域综合治理工程          合同编号：××××-01

| 工程地点 | ××省(区)××县(旗、市、区)××乡(镇)××村 |
|---|---|

致：(建设单位)××县水利工程建设管理办公室

    经审核，施工单位提供的预付款担保符合合同约定，并已获得你方认可，具备预付款支付条件。根据施工合同，你方应向施工单位支付第 __1__ 次工程预付款，金额为：

    （大写）：__×拾×万×仟×佰×拾×元×角整__

    （小写）：__××××××.××元__ 。

    请按合同规定及时付款。

<br><br><br><br>

                  监 理 机 构：××水利水电建设监理有限公司

                              ××小流域综合治理工程项目监理部

                  总监理工程师：×××

                  日       期：20××年××月××日

# 第四章　工程质量控制

## 第一节　工程质量控制的概念

### 一、工程质量

水土保持工程质量是指国家和行业的有关法律法规、技术标准、设计文件和合同中，对水土保持工程的安全、适用、经济、美观等特性的综合要求，包括设计质量、施工质量、供应材料质量等。

工程质量具有两个方面的含义：一是指工程产品的特征性能，即工程产品的质量；二是指参与工程建设各方面的工作水平、组织管理等，即工作质量。

水土保持工程的质量优劣，不仅关系到区域生产生活条件的改善，而且关系到江河的治理和国家经济的可持续发展，同时也直接影响到广大人民群众的切身利益。

水土保持工程质量目标是监理工作控制的四大目标之一，质量控制是为了全面实现水土保持工程质量目标所采取的作业技术和活动。这些作业技术和活动包括水土保持工程的前期、施工过程和后期管理工作中，如规划、可行性研究、初步设计、招标投标、施工准备、材料与苗木及种子的采购、施工试验与检验、阶段验收、竣工验收、缺陷修补等一系列的环节。对这一系列环节的作业技术和活动进行有效控制，就是水土保持工程质量控制。只有这样，才能使水土保持工程质量满足规定要求。

水土保持工程作为国家基础设施建设项目，由建设单位对工程质量负全部责任。建设单位委托监理单位对水土保持工程质量进行全面监理，其中主要是工程施工阶段的监理。施工阶段的监理，大量的工作就是工程的质量控制。水土保持工程建设质量控制的对象是建设过程，质量控制贯穿于水土保持工程建设的每一个过程，其结果是全过程都达到规定的质量要求。因此，水土保持工程建设质量控制是监理工作中最基础、工作量最大的一项任务。

### 二、质量控制

质量控制就是指为保证某一产品、过程或服务满足规定的质量要求所采取的作业技术和活动。水土保持工程质量的控制，实际上就是对水土保持工程在可行性研究、勘测设计、施工准备、建设实施、后期运行等各阶段、各环节、各因素的全过程、全方位的质量监督控制。

水土保持工程施工阶段是形成工程质量的重要环节，也是监理机构进行质量监控的重点。水土保持工程质量的优劣，对水土保持工程能否安全、可靠、经济、适用地在规定经济寿命内正常运行，发挥设计功能，达到预期的目的关系重大。没有质量就谈不上进度和

---

效益,没有质量就没有一切。

### 三、影响工程质量的因素

施工阶段水土保持工程质量控制是在产品形成过程中,监理机构控制合同各方,主要是控制施工单位的工程质量,工程质量又反映到工序施工过程中每一环节、每一因素。所以,工程质量取决于施工过程的工序质量,就是说水土保持工程质量控制,是利用各种手段对每道工序的人、机械、材料、方法、环境要素进行控制。

(1)人的因素。对工序质量的影响主要是操作人员的质量意识、是否遵守操作规程、技术水平、操作熟练程度等。对人的因素的控制措施是:严格质量制度,明确质量责任,进行质量教育,提高其责任心;建立质量责任制,进行岗位技术"练兵";严格遵守规程,加强监督检查,改进操作方法等。

(2)机械因素。对工序质量影响的机械因素主要是机械的数量与性能,特别是机械的性能,所以采取的控制措施是符合质量进度要求的机械数量和合理地选择施工机械的形式和性能参数,加强对施工机械的维修、保养和使用管理。

(3)材料因素。影响工序质量的材料因素主要是材料的成分、物理性能、化学性能等。控制的措施是加强订货、采购和进场后的检查、验收工作,使用前的试验、检验工作,以及材料的现场管理和合理使用等。

(4)方法因素。影响工序质量的方法因素主要是工艺方法,即工艺流程、工序间的衔接、工序施工手段的选择等。控制的主要方法是制订正确的施工方案,加强技术业务培训和工艺管理,严格工艺纪律,合理配合和使用机具等。

(5)环境因素。影响工序质量的环境因素有工程地质、水文地质、水文气象、噪声、通风、振动、照明、污染等,控制的措施主要是创造良好的工序环境,排除环境的干扰等。

### 四、工程质量管理体系

水土保持工程建设项目,具有投资小而分散、建设周期长、生产环节较多、参与方多、影响质量形成的因素多等特点,不论哪个方面、哪个环节出现了问题,都会导致工程质量缺陷,甚至造成质量事故。譬如,如果建设单位将工程发包给不具备相应资质等级的单位承包,或指示施工单位使用不合格的建筑材料、构配件和设备,或者勘察单位提供的水文地质资料不准确,或设计单位计算错误,设备选型不准,或者施工单位不按图施工,偷工减料,或者监理单位把关不严,不严格进行隐蔽工程检查等都会造成工程质量出现缺陷,导致重大事故。因此,水土保持工程质量管理最基本的原则和方法就是建立健全质量责任制,有关各方对其自身的工作负责。影响水土保持工程建设质量的责任主体主要有建设单位、勘察设计单位、监理单位、施工单位等。

#### (一)建设单位的质量检查体系

为了规范和约束建设单位的行为,确保水土保持工程建设的质量,国家有关职能部门对建设单位的质量责任做了一系列的规定。建设单位为了维护政府部门或自身的利益,充分发挥投资效益,需要建立自己的质量检查体系,成立质量检查机构,对工程建设的各个工序、隐蔽工程和各个建设联合体的水土保持工程质量进行检查、复核和认可。在已实行建设监理的水土保持工程项目中,建设单位已把这部分工作的全部或部分委托给监理单位来承担。但建设单位仍要对水土保持工程建设的质量进行检查和管理,以担负起水土保持工程质量建设的全面责任。

**(二)勘察设计单位的质量保证体系**

水土保持工程项目勘察设计是水土保持工程建设最重要的阶段。其质量的优劣,直接影响建设项目的功能和使用价值,关系到国民经济及社会的发展和人民生命财产的安全。只有勘察设计的工作做好了,才能为保证整个水土保持工程建设质量奠定基础。否则,后续工作的质量做得再好,也会因勘察设计的"先天不足"而不能保证水土保持工程建设的最终质量。水土保持工程地质勘察是工程建设的一项基础性工作,其任务是查明水土保持工程建设地区的工程地质条件,研究地形地貌、地质构造及水文地质特征,预测建筑物在施工及运行中地质环境可能产生的变化,并对存在的工程地质问题做出评价,为设计提供可靠的地质资料。水土保持工程结构设计是按照技术先进、经济合理、安全适用、确保质量的要求对承受外来作用(荷载等)的水土保持工程进行设计,使之能满足各项预定功能。水土保持工程项目设计是依据勘察成果进行的,勘察成果文件是设计的基础资料和依据,勘察文件资料的质量直接影响设计的质量。例如,在不知道地基承载力的情况下,就无法进行地基基础设计,而一旦地基承载力情况发生变化,随之基础的尺寸、配筋等都要修改,甚至基础的设计方案也要改变,这就给设计工程增添很多的工作量,造成工作的反复,继而影响设计的质量。设计是整个水土保持工程项目建设的灵魂,水土保持工程质量在很大程度上取决于设计质量。建设项目能否满足规定要求和具备所需要的特征和特性,主要靠设计的质量来体现。如果一个项目设计方案选择不合理,或计算错误,就直接影响水土保持工程效益和使用寿命,后期的施工质量再好,也没有实际意义,即便是设计图纸出现小小的差错,也可能给水土保持工程施工带来不必要的麻烦,影响水土保持工程建设进度。为此,应以较好的勘察设计质量来保证水土保持工程建设质量,是水土保持工程建设的一个中心环节。要想取得较好的勘察设计质量,勘察设计单位就应顺应市场经济发展的要求,建立健全自己的质量保证体系,从组织、制度、工作程序和方法等方面来保证勘察设计质量,以此来赢得社会信誉,增强在社会市场经济中的竞争力。勘察设计单位也只有通过建立为达到一定的质量目标而通过一定的规章制度、程序、方法、机构,把质量保证活动加以系统化、程序化、标准化和制度化的质量保证体系,才能保证勘察设计成果质量,从而担负起勘察设计单位的质量责任。

**(三)监理单位的质量控制体系**

监理单位受建设单位委托,按照监理合同对水土保持工程建设参与者的行为进行监控和督导。它以水土保持工程建设活动为对象,以政令法规、技术标准、设计文件、工程合同为依据,以规范建设行为、提高经济效益为目的。从监理的过程来看,它既可以包括项目评估、决策的监理,又可以包括项目实施阶段和保修期的监理。其任务是从组织和管理的角度来采取措施,以期达到合理地进行投资控制、质量控制和进度控制。在水土保持工程项目建设实施阶段,监理单位依据监理合同的授权,进行进度控制、投资控制和质量控制。质量控制是监理工作的中心内容,其主要任务是:审查承包单位选择的分包单位;组织设计交底和图纸会审,审查设计变更;审查施工单位提出的施工技术措施、安全施工措施和度汛方案等;检查用于工程的设备、材料和构配件的质量,审查试验报告和质量说明书;采取旁站、巡视或平行检验等形式对施工工序和过程的质量进行监控;签发工序工程、单元工程、分部工程验收合格证;核实工程量,签发工程付款凭证,审查工程结算;督促施工单位履行承包合同,调解合同双方的争议;督促整理承包合同文件的技术档案资料;协助建设单位搞好各阶段的工程验收和主持竣工初验工作,提出竣工验收报告等。对所有单元工程(对于分工序的单元工程,应为工序)的施工,施工单位应在自检合格后,填写单元工程报验单,并附上单元工程质量评定表和必要的试验报告单;属隐蔽工程的,应填报隐蔽工程验收报验单。监理工程师必须严格对每一个单元工程(工序)进行检查,检查合格,签发单元工程(工序)合格认可单,方可进行下一单元工程(工序)的施工。如不合格,给施工单位下达监理通知书,并指明整改项目。凡整改的项目,整改结果应反馈给监理工程师。对未经监理工程师审查或审查不合格的单元工程(工序),不予认可,不签发付款凭证。对质量可疑的部位,监理工程师可以要求进行抽检,要求施工单位对不合格或者有缺陷的工程部位进行返工或补修。

监理机构对工程质量的控制,有一套完整的、严密的组织机构、工作制度、控制程序和方法,构成了水土保持工程建设项目质量控制体系,是我国水土保持工程质量管理体系中一个重要的组成部分,对强化水土保持工程质量管理工作、保证水土保持工程建设质量发挥着越来越重要的作用。

**(四)施工单位的质量保证体系**

施工阶段是水土保持工程建设质量形成阶段,是水土保持工程质量监督的重点,勘察设计的思想和方案都要在这一阶段得以实现。水土保持工程施工,是指根据合同约定和水土保持工程的设计文件及相应的技术标准要求,通过各种技术作业,最终形成建设水土保持工程实体的活动。由于水土保持工程施工面宽、分散、时间长,影响质量稳定的因素多,管理的难度较大,因此施工阶段质量控制的任务十分艰巨。在勘察设计质量搞好的前提下,整个水土保持工程建设的质量状况,最终取决于施工质量。所以说,施工单位必须以对国家、对人民高度负责的精神,严格按照水土保持工程设计文件和技术标准进行施工,严把质量关,认真做好水土保持工程施工过程中的各项质量控制和质量管理工作,切实担负起施工单位的质量责任。为此,施工单位应建立和运用系统工程的观点与方法,以保证工程质量为目的,将企业内部的各部门、各环节的生产、经营、管理等活动严密地组织起来,明确他们在保证水土保持工程质量方面的任务、责任、权限、工作程序和方法,形成一个有机整体的质量保证体系,并采取必要的措施,使其有效运行,从而保证水土保持工程施工的质量。

**(五)政府质量监督体系**

为了保证水土保持工程建设的质量,保障公共安全,保护人民群众生命和财产安全,维护国家和人民群众的利益,政府必须加强对水土保持工程建设质量的监督管理。《建设工程质量管理条例》(国务院令 279 号,简称《条例》)的颁布,将政府质量监督作为一项制度,以法规的形式予以明确,强调了建设工程的质量必须实行政府监督管理。国家对建设工程质量的监督管理主要是以保证建设工程使用安全和环境质量为主要目的,以法律法规和强制性标准为依据,以工程建设实物质量和有关的工程建设单位、勘察设计单位、监理单位,以及材料、构配件和设备供应单位的质量行为为主要内容,以监督认可与质量核验为主要手段。政府质量监督体现的是国家的意志,工程项目接受政府质量监督的程度是由国家的强制力来保证的。政府质量监督并不局限于某一个分阶段或某一个方面,而是贯穿于建设活动的全过程,并适用于建设单位、勘察设计单位、监理单位、施工单位,以及材料、构配件和设备供应单位等。由于建设工程周期长、环节多、点多面广,而工程质量监督是一项专业性强、技术性强且很繁杂的工作,政府不可能有那么多的精力来亲自进行日常监督检查,为此《条例》第四十六条规定,建设工程质量的监督管理职责可以是建设行政主管部门或者其他有关部门委托的工程质量监督机构来承担,各级工程质量监督机构是代表政府履行相应权力,其工作是向各级政府部门负责。

综上所述,水土保持工程建设质量管理体系是项目建设单位负责,监理单位控制,勘察设计单位、施工单位保证和政府监督相结合的体制。他们都有各自的质量责任,不能相互代替。

## 五、工程建设各单位的质量责任

### (一)项目法人(建设单位)的质量责任

(1)项目法人(建设单位)应根据国家和水利部有关规定依法设立,主动接受水利工程质量监督机构对其质量体系的监督检查。

(2)项目法人(建设单位)应根据工程规模和工程特点,按照水利部有关规定,通过资质审查招标选择勘察设计、施工、监理单位并实行合同管理。在合同文件中,必须有工程质量条款,明确图纸、资料、工程、材料、设备等的质量标准及合同双方的质量责任。

(3)项目法人(建设单位)要加强工程质量管理,建立健全施工质量检查体系,根据工程特点建立质量管理机构和质量管理制度。

(4)项目法人(建设单位)在工程开工前,应按规定向水利工程质量监督机构办理工程质量监督手续。在工程施工过程中,应主动接受质量监督机构对工程质量的监督检查。

(5)项目法人(建设单位)应组织设计和施工单位进行设计交底;施工中应对工程质量进行检查,工程完工后,应及时组织有关单位进行工程质量验收、签证。

### (二)监理单位的质量责任

(1)监理单位必须持有水利部颁发的监理单位资格等级证书,依照核定的监理范围承担相应水利工程的监理任务。监理单位必须接受水利工程质量监督机构对其监理资格、质量检查体系及质量监理工作的监督检查。

(2)监理单位必须严格执行国家法律、水利行业法规、技术标准,严格履行监理合同。

(3)监理单位根据所承担的监理任务向水利工程施工现场派出相应的监理机构,人员配备必须满足项目要求。监理工程师上岗必须持有水利部颁发的监理工程师岗位证书。

(4)监理单位应根据监理合同参与招标工作,从保证工程质量全面履行工程承建合同出发,签发施工图纸;审查施工单位的施工组织设计和技术措施;指导监督合同中有关质量标准、要求的实施;参加工程质量检查、工程质量事故调查处理和工程验收工作。

**(三)设计单位的质量责任**

(1)设计单位必须按其资质等级及业务范围承担勘测设计任务,并应主动接受水利工程质量监督机构对其资质等级及质量体系的监督检查。

(2)设计单位必须建立健全设计质量保证体系,加强设计过程质量控制,健全设计文件的审核、会签批准制度,做好设计文件的技术交底工作。

(3)设计文件必须符合下列基本要求:

①设计文件应当符合国家、水利行业有关工程建设法规、工程勘测设计技术规程、标准和合同的要求。

②设计依据的基本资料应完整、准确、可靠,设计论证充分,计算成果可靠。

③设计文件的深度应满足相应设计阶段有关规定要求,设计质量必须满足工程质量、安全需要并符合设计规范的要求。

(4)设计单位应按合同规定及时提供设计文件及施工图纸,在施工过程中要随时掌握施工现场情况,优化设计,解决有关设计问题。对大中型工程,设计单位应按合同规定在施工现场设立设计代表机构或派驻设计代表。

(5)设计单位应按有关规定在单位工程验收和竣工验收中,对施工质量是否满足设计要求提出评价意见。

**(四)施工单位的质量责任**

(1)施工单位必须按其资质等级和业务范围承揽工程施工任务,接受水利工程质量监督机构对其资质和质量保证体系的监督检查。

(2)施工单位必须依据国家、水利行业有关工程建设法规、技术规程、技术标准的规定以及设计文件和施工合同的要求进行施工,并对其施工的工程质量负责。

(3)施工单位不得将其承接的水利建设项目的主体工程进行转包。对工程的分包,分包单位必须具备相应资质等级,并对其分包工程的施工质量向总包单位负责,总包单位对全部工程质量向项目法人(建设单位)负责。工程分包必须经过项目法人(建设单位)的认可。

(4)施工单位要推行全面质量管理,建立健全质量保证体系,制定和完善岗位质量规范、质量责任及考核办法,落实质量责任制。在施工过程中要加强质量检验工作,认真执行"三检制",切实做好工程质量的全过程控制。

(5)凡进入施工现场的工程材料(苗木、籽种、构配件、设备)应按有关规定进行检验。经检验不合格的产品不得用于工程。

(6)工程发生质量事故,施工单位必须按照有关规定向监理单位、项目法人(建设单位)及有关部门报告,并保护好现场,接受工程质量事故调查,认真进行事故处理。

(7)竣工工程质量必须符合国家和水利行业现行的工程标准及设计文件要求,并应向项目法人(建设单位)提交完整的技术档案、试验成果及有关资料。

## 六、监理机构工程质量控制的目标、原则与依据

### (一)工程质量控制的目标

监理机构通过有效的质量控制工作和具体的质量控制措施,使建设工程项目施工质量满足设计要求和规范规定,施工质量等级达到合格或者优良。

### (二)工程质量控制的原则

(1)坚持质量第一。

(2)坚持以人为控制核心。

(3)坚持预防为主。

(4)坚持质量标准。

(5)坚持"守法、诚信、公正、科学"的执业准则。

### (三)工程质量控制的依据

施工阶段质量控制的依据,根据其适用范围及性质,可分为共同性依据和有关质量检验与控制的专门技术法规性依据。

1.质量控制的共同性依据

(1)工程合同文件。如工程施工承包合同、设备材料供应合同、监理合同等。

(2)设计文件。经过批准的实施方案、设计图纸和技术说明书,由监理单位组织设计单位、施工单位参加的设计交底及图纸会审形成的纪要文件等。

(3)国家及政府有关部门颁布的质量管理方面的法律法规文件。

2.有关质量检验与控制的专门技术法规性依据

这类依据包括各种有关质量检验与控制的技术标准、规范、规程或规定等。技术标准可分为国际标准、国家标准、行业标准和企业标准,如质量检验及评定标准、材料半成品技术检验和验收标准等;技术规范、规程是为有关人员制定的行动准则,通常与质量形成有密切关系,如施工技术规程、施工及验收规范等;有关质量方面的规定,是有关主管部门发布的带有方针目标性的文件,它对于保证标准和规范、规程实施和改善实际存在问题,具有指令性和及时性的特点。

## 七、影响工程质量控制的因素

影响工程质量控制的因素多种多样,但归结起来可分为五个方面,即人、材料、机械、方法、环境。

### (一)人的控制

人是生产经营活动的主体,在水土保持生态工程建设中,项目建设的决策、管理、操作均是通过人来完成的。其中,既包括了施工承包人的操作者、指挥者及组织者,也包括了监理人员。人作为控制的对象,要避免产生失误,要充分调动人的积极性。因此,建设工程质量控制中人的因素是质量控制的重点。

在工程监理质量控制中,应从领导者的素质、人的理论和技术水平、人的生理缺陷、人的心理行为、人的错误行为和人的违纪违章行为等方面考虑对质量的影响。

总之,在对人的控制上,应从人的思想素质、业务素质和身体素质等方面综合考虑,全面控制。

**(二)材料质量控制**

工程材料包括工程实体所用的原材料、成品、半成品、构配件等,是工程质量的物质基础。材料不符合要求,就不可能有符合要求的工程质量。

1.材料质量控制的要点

材料质量控制的要点包括订货前的控制、进货后的控制、现场配制材料的控制、现场使用材料的控制等。

2.材料质量控制的内容

(1)掌握材料质量标准。

(2)材料质量检验。材料质量检验的方法分为书面检验、外观检验、理化检验和无损检验4种。

①书面检验。是通过对提供的材料质量保证资料、试验报告等进行审核,取得认可方能使用。

②外观检验。是对材料从品种、规格、标志、外形尺寸等进行直观检验,看其有无质量问题。

③理化检验。是指在物理、化学等方法的辅助下的量度。它借助于试验设备和仪器对材料样品的化学成分、机械性能等进行科学的鉴定。

④无损检验。是在不破坏材料样品的前提下,利用超声波、X射线、表面探伤仪等进行检测。

3.材料质量检验程度

(1)免检,如质量足够保证的一般材料、实践证明质量长期稳定且保证资料齐全的材料等。

(2)抽检,如性能不清楚的材料、质量保证资料有怀疑的材料、成批生产的构配件等。

(3)全检,如重要工程部位的材料、贵重材料等。

4.材料质量检验项目

材料质量检验项目通常分为一般试验项目和其他试验项目。一般试验项目即常规进行的试验项目,其他试验项目即根据实际需要而进行的试验项目。

**(三)机械设备控制**

机械设备包括组成工程实体和配套的工程设备及施工机械设备两大类。

1.机械设备控制的要点

监理工程师应从保证项目施工质量角度出发,着重对机械设备的选型、机械设备的主要性能参数和机械设备的使用操作要求三方面予以控制。

(1)机械设备的选型。机械设备选型的原则:技术上先进、经济上合理、生产上适用、性能上可靠、使用上安全、操作上方便、维修上简便。机械设备选型的方针:贯彻执行机械化、半机械化与改良工具相结合的方针,突出机械与施工相结合的特色,使其具有适用性、可靠性、方便性、安全性。

(2)机械设备的主要性能参数。机械设备的主要性能参数必须满足施工需要和保证工程质量。

(3)机械设备的使用操作要求。机械设备的使用操作贯彻"人机固定"的原则,实行定机、定人、定岗的"三定制"。操作人员认真执行各项规章制度,严格遵守操作规程。

2.施工机械设备控制的内容

监理工程师应按照质量控制的要求进行审核,以确保为施工提供性能好、效率高、操作方便、安全可靠、经济合理且数量足够的施工机械设备。督促承包人做好施工机械设备的使用管理工作。督促承包人对施工机械设备特别是关键性的施工机械设备的性能和状况定期进行维护和鉴定。

对施工设备的主要控制内容如下:

(1)审核承包人在其施工组织设计和施工技术方案中所选择的施工机械设备的型式、性能和数量。

(2)按照施工合同约定保证施工设备按计划及时进场,并对进场的施工设备进行评定和认可。禁止不符合要求的设备投入使用并应要求承包人及时撤换。检查操作人员的合格性。

(3)督促承包人确保施工机械设备,特别是关键性的施工机械设备的及时进场和对其性能、状况定期进行维护和鉴定。

(4)督促承包人建立健全机械设备维修、保养、使用管理的各种规章制度与措施,严格执行各项技术规定。

(5)旧施工设备进入工地前,承包人应提供该设备的使用和检修记录,以及具有设备鉴定资格的机构出具的检修合格证。经监理机构认可,方可进场。

(6)设备专用于本工程管理。

(7)监理机构若发现承包人使用的施工设备影响施工质量和进度,应及时要求承包人增加或撤换。

**(四)施工方法控制**

施工方法即工艺方法,包括施工组织设计、施工方案、施工计划及工艺技术等。控制施工方法的要点如下:

(1)制订正确的施工方案。

(2)加强技术业务培训和工艺管理。

(3)严格工艺操作规程。

(4)合理配合和使用机械机具。

监理工程师在制订和审核施工方案和施工工艺时,必须结合工程实际,从技术、管理、经济、组织等方面进行全面分析,综合考虑,确保施工方案、施工工艺在技术上可行、经济上合理,且有利于提高施工质量。

**(五)环境因素控制**

通常影响工程质量的环境因素如下:

(1)自然环境,如工程地质、水文、气象、温度。

（2）管理环境，如质量保证体系、三检制、质量管理制度、质量签证制度、质量奖惩制度等。

（3）技术环境，如施工所用的规程、规范、设计图纸、质量评定标准等。

（4）作业环境，如作业面大小、防护设施、通风照明和通信条件等。

（5）周边环境，如工程邻近的建筑物、高空设施、地下管线等。

（6）社会环境，如社会秩序、社会治安等。

对环境因素控制的措施主要是创造良好的工序环境、排除环境的干扰等。

# 第二节　工程质量控制的内容

## 一、工程质量控制的内容及要求

工程质量控制的内容及要求，分述如下：

（1）监理机构应监督施工单位建立健全质量保证体系，并应监督其贯彻执行。

（2）应检查施工单位的现场组织机构、主要管理人员、技术人员及特种作业人员是否符合要求，对无证上岗、不称职或违章、违规人员，应要求施工单位暂停或禁止其在本工程中工作。

（3）应对施工质量及与质量活动相关的人员、原材料（工程材料、苗木、籽种）等要素进行监督控制，应核查工程中使用的材质证明和产品合格证（含苗木、籽种的合格证和检疫证），监督施工单位应对材料和构配件进行检验。未经检验或检验不合格的材料和构配件不得在工程中使用。

原材料、中间产品和工程设备的检验或验收应符合下列规定：

①承包人对原材料和中间产品按照有关规定的工作内容进行检验，核查工程中使用的材质证明和产品合格证（含苗木、籽种的合格证和检疫证），合格后向监理机构提交原材料和中间产品进场报验单。

②监理机构应现场查验原材料和中间产品，核查承包人报送的进场报验单；监理合同约定需要平行检测的项目，按照有关规定进行。

③经监理机构核验合格并在进场报验单签字确认后，原材料和中间产品方可用于工程施工。原材料和中间产品的进场报验单不符合要求的，承包人应进行复查，并重新上报；平行检测结果与承包人自检结果不一致的，按照有关规定处理。

④对承包人或发包人采购的原材料和中间产品，承包人应按供货合同的要求查验质量证明文件，并进行合格性检测。若承包人认为发包人采购的原材料和中间产品质量不合格，应向监理机构提供能够证明不合格的检测资料。

⑤对承包人生产的中间产品，承包人应按施工合同约定和有关规定进行合格性检测。

⑥监理机构发现承包人未按施工合同约定和有关规定对原材料、中间产品进行检测时，应及时指示承包人补做检测；若承包人未按监理机构的指示补做检测，监理机构可委托其他有资质的检测机构进行检测，承包人应为此提供一切方便并承担相应费用。

⑦监理机构发现承包人在工程中使用不合格的原材料、中间产品时,应及时发出指示禁止承包人继续使用,监督承包人标识、处置并登记不合格原材料、中间产品。对已经使用了不合格原材料、中间产品的工程实体,监理机构应提请发包人组织相关参建单位及有关专家进行论证,提出处理意见。

⑧监理机构应按施工合同约定的时间和地点参加工程设备的交货验收,组织工程设备的到场交货检查和验收。

(4)淤地坝、拦沙坝、坡耕地治理等工程还应对中间产品、施工设备、工艺方法和施工环境等质量要素进行监督和控制。淤地坝、拦沙坝等单项工程还应复核并签认施工单位的施工控制网和测量基准点,并应严格按设计要求核查各施工环节(工序)的施工质量。

①施工设备的检查应符合下列规定;

a.监理机构应监督承包人按照施工合同约定安排施工设备及时进场,并对进场的施工设备及其合格性证明材料进行核查。在施工过程中,监理机构应监督承包人对施工设备及时进行补充、维修和维护,以满足施工需要。

b.旧施工设备(包括租赁的旧设备)应进行试运行,监理机构确认其符合使用要求和有关规定后方可投入使用。

c.监理机构发现承包人使用的施工设备影响施工质量、进度和安全时,应及时要求承包人增加、撤换。

②施工测量控制应符合下列规定:

a.监理机构应主持测量基准点、基准线和水准点及其相关资料的移交,并督促承包人对其进行复核和照管。

b.监理机构应审批承包人编制的施工控制网施测方案,并对承包人施测过程进行监督,批复承包人的施工控制网资料。

c.监理机构应审批承包人编制的原始地形施测方案,可通过监督、复测、抽样复测或与承包人联合测量等方法,复核承包人的原始地形测量成果。

d.监理机构可通过现场监督、抽样复测等方法,复核承包人的施工放样成果。

③施工过程质量控制应符合下列规定:

a.监理机构可通过现场察看、查阅施工记录及按照有关规定实施旁站监理、跟踪检测对施工过程质量进行检测。

b.监理机构应加强重要隐蔽单元工程和关键部位单元工程的质量控制,注重对易引起渗漏、冻融、冻蚀、冲刷、气蚀等部位的质量控制。

c.监理机构应要求承包人按施工合同约定及有关规定对工程质量进行自检,合格后方可报监理机构复核。

d.监理机构应定期或不定期对承包人的人员、原材料、中间产品、工程设备、施工设备、工艺方法、施工环境和工程质量等进行巡视、检查。

e.单元工程(工序)的质量评定未经监理机构复核或复核不合格,承包人不得开始下一单元工程(工序)的施工。

f.监理机构发现由于承包人使用的原材料、中间产品、工程设备以及施工设备或其他原因可能导致工程质量不合格或造成质量问题时,应及时发出指示,要求承包人立即采取措施纠正,必要时,责令其停工整改。监理机构应对要求承包人纠正问题的处理结果进行复查,并形成复查记录,确认问题已经解决。

g.监理机构发现施工环境可能影响工程质量时,应指示承包人采取消除影响的有效措施。必要时,按照有关规定要求其暂停施工。

h.监理机构应对施工过程中出现的质量问题及其处理措施或遗留问题进行详细记录,保存好相关资料。

i.监理机构应参加工程设备的安装技术交底会议,监督承包人按照施工合同约定和工程设备供货单位提供的安装指导书进行工程设备的安装。

j.监理机构应按施工合同约定和有关技术要求,审核承包人提交的工程设备启动程序,并监督承包人进行工程设备启动与调试工作。

④工程质量检验应符合下列规定:

a.承包人应首先对工程施工质量进行自检。承包人未自检或自检不合格、自检资料不齐全的单元工程(工序),监理机构有权拒绝进行复核。

b.监理机构对承包人经自检合格后报送的单元工程(工序)质量评定表和有关资料应按有关技术标准和施工合同约定的要求进行复核。复核合格后方可签认。

c.重要隐蔽单元工程和关键部位单元工程应按有关规定组成联合小组共同检查并核定其质量等级,监理工程师应在质量等级签证表上签字。

(5)监理机构应按合同约定对工程的关键部位和关键工序开展旁站监理,并做好旁站监理记录。

旁站监理应符合下列规定:

①监理机构应依据监理合同和监理工作的需要,结合批准的施工措施计划,在监理实施细则中明确旁站监理的范围、内容和旁站监理人员职责,并通知承包人。

②监理机构应严格实施旁站监理,旁站监理人员应及时填写旁站监理值班记录。

③除监理合同约定外,发包人要求或监理机构认为有必要并得到发包人同意增加的旁站监理工作,其费用应由发包人承担。

(6)应建立质量检查制度,跟踪检查工程的关键部位和关键工序的旁站监理和重要控制点的质量。监理工程师应定期开展巡视检查工作,并应填写监理巡视记录表。

(7)应按《水土保持工程质量评定规程》(SL 336—2006)的要求,以单元工程为基础,开展质量评定工作。单元工程质量评定应由施工单位自评,监理机构复核评定结果。

(8)监理工程师应行使质量否决权,当单元工程质量达不到合格标准时,应及时处理。

## 二、工程质量控制、评定监理工作程序

(1)工程质量控制监理工作程序。工程质量控制监理工作程序如图4-1所示。

(2)工程质量评定监理工作程序。工程质量评定监理工作程序如图4-2、图4-3所示。

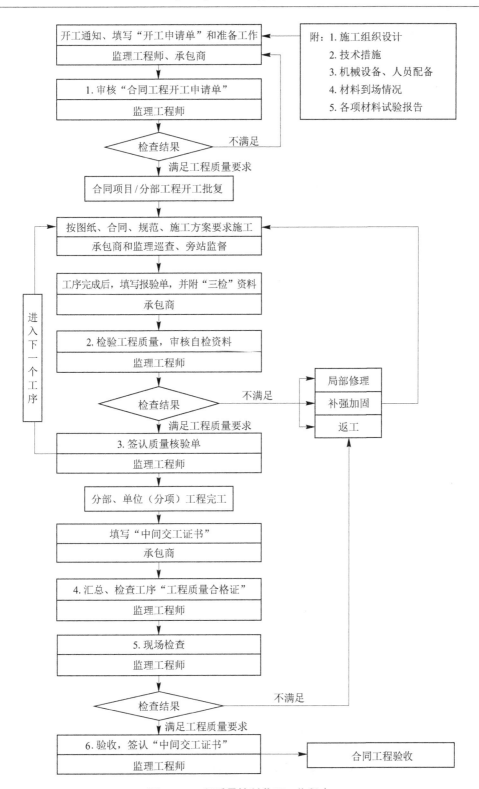

图 4-1 工程质量控制监理工作程序

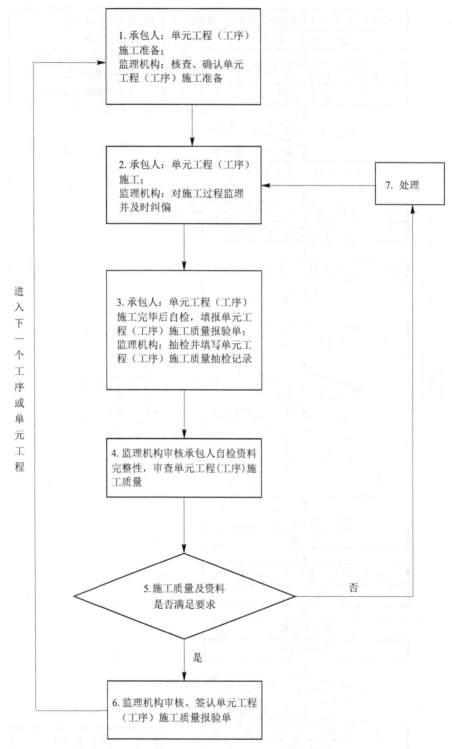

**图 4-2 单元工程(工序)质量评定监理工作程序**

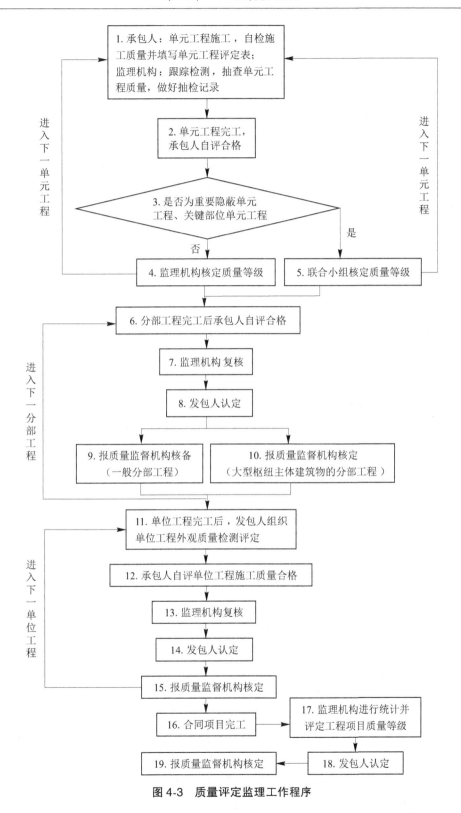

图 4-3 质量评定监理工作程序

### 三、工序(单元工程)质量控制

#### (一)工序质量控制的含义

工序是指人、机械、材料、方法、环境等因素对工程综合起作用的过程,它是组成工程施工过程的最基本单位。

工序质量控制是指对施工过程的每一道工序质量进行控制,使每一道工序质量符合要求。工序质量控制是生产活动效果的质量控制,根据工序质量检验及对反馈来的工程产品性能特征的各方面质量数据的分析,针对存在的差异问题采取措施,消除这些差异因素,使质量达到合同规定的要求,并保持稳定的调节管理过程。

#### (二)工序分析的步骤

工序质量控制应以工序分析为基础,工序分析为工序质量控制提供了信息和方法。

工序分析一般按下述三个步骤:

(1)采用排列图、直方图、控制图、因果分析图、分层法、相关图法、调查表等方法进行分析,找出工序支配性要素。

(2)找出质量特性和工序支配性要素之间的关系,按试验方案进行试验,确定试验结果。

(3)制定质量标准,控制工序支配性要素。

#### (三)工序质量控制的内容

(1)工序施工前的质量控制,首先要检查上一道工序有无质量合格证。

(2)工序施工过程中的质量控制,重点对承包人设置的两类质量检验点(见证点和待检点)进行检查和控制。

在工序施工过程中,监理工程师也应加强工序质量检查控制,在工序施工过程中及时检查和抽查,对重要的工序实行旁站检查。对承包人设置的两类检验点,应重点检查和控制。

所谓见证点,是指承包人在施工过程中达到这一类质量检验点时,应事先书面通知监理工程师到现场见证,观察和检查承包人对这些关键工序的实施过程。如果监理工程师接到通知后未能在约定的时间到达现场见证,承包人有权继续施工该见证点相应的工序。

所谓待检点,是指对于选定在某些特殊工序或特殊过程上的质量检验点,必须要在监理工程师到场监督、检查的情况下,承包人才能进行检验。如某些重要的预应力钢筋混凝土结构或构件的预应力张拉工序等,均可设置为待检点。如果监理工程师接到通知后未能在约定的时间到达现场监督检查,承包人应停止施工该待检点相应的工序,并按合同规定等待监理工程师,未经其认可不能越过该点继续施工。

见证点和待检点的设置,是监理工程师对工程质量进行检验的一种行之有效的方法。这些检验点应根据承包人的施工技术力量、工程经验、具体的施工条件、环境、材料、机械等各种因素的情况来选定。各承包人的这些因素不同,见证点或待检点也就不同。有些检验点在施工初期当承包人对施工还不太熟悉、质量还不稳定时可以定为待检点;而承包人已较熟练地掌握施工过程的内在规律、工程质量较稳定时,又可以改为见证点。某些质量检验点对于这个承包人可能是待检点,而对另一承包人则可能是见证点。

(3)工序完成后的施工质量检验,应符合相关规定。工序完成后的施工质量检验,应符合水利部颁布的《水土保持工程质量评定规程》(SL 336—2006)等技术标准的规定。

## 四、施工过程的质量控制

### (一)植物措施

水土保持植物措施类型多,涉及面大。因此,监理机构应严格依据有关技术规范和设计文件,通过监理工程师的技术培训、巡回检查及抽样检查、测量、测定,对其施工质量进行全面控制。

(1)技术培训。考虑到植物措施的特殊性,为了确保施工质量,监理工程师应督促施工单位安排技术人员对施工人员现场进行必要的技术培训。监理工程师亦可应邀进行技术指导。

(2)巡回检查。监理工程师应检查和督促施工单位建立质量管理保证体系,按照施工的季节顺序做好各单项措施的质量自检,并进行必要的记录。监理工程师采取不定期巡回检查的方式,进行施工质量的检查,对存在的问题,以书面或口头的形式向施工单位及时指出。

(3)抽样检查。在施工过程中监理工程师应适时对施工质量与数量(面积)按照图斑进行抽查、测定、测量,对抽查结果要进行详细记录,必要时还可以拍照、录像。检查结果应以书面形式反馈给施工单位。

(4)验收确认。在一个施工季节结束(如春季造林、种草)或一项单项工程完工后,施工单位应及时组织自检,对存在的问题及时进行处理,并现场勾绘图斑,填写自检表。对自检合格的工程,填写工程质量报验单,并附自检资料,报请监理工程师进行检查确认。监理工程师应采取全面检查或抽样检查的方法,对质量合格的植物措施数量进行确认,签发工程计量单及工程质量评定表,并作为计量支付的依据;对检查质量不合格的治理措施不予确认,并及时通知施工单位进行整改。

另外,对水土保持生态工程项目植物措施,在每年施工结束后,监理机构应组织建设单位、施工单位对实施的措施质量与数量进行全面检查确认。对检查中存在的问题以书面形式通知施工单位,以便施工单位在次年的综合治理安排中予以考虑。必须说明的是,对已确认的综合治理成果,施工单位仍然具有管护职责,以保证竣工验收能够达到项目设计要求的目标。

### (二)工程措施

工程措施是水土保持工程的重要措施,按照其施工特点、施工的先后顺序严格实施,其施工过程中的质量控制是通过对这些分部工程的每一道施工工序的质量控制来实现的。其具体的质量控制过程如下:

(1)审核施工单位的开工申请。施工单位在做好施工前的准备工作后,填写工程开工报审表,并附上施工组织计划、施工技术措施设计、劳力的数量、机械设备和材料的到场情况等上报监理机构。监理机构在收到工程开工报审表后,在规定的时间内,会同有关部门核实施工准备工作情况,认为满足合同要求和具备施工条件时,可签发工程开工报审表,施工单位在接到签发的工程开工报审表后即可开工。

(2)现场检查和监理抽样试验或联合检查。在施工过程中,监理工程师应检查、督促施工单位履行好工程质量的检验制度。在每一道工序完成后,由施工班组做好初验,施工兼质量检查员与施工技术人员一起搞好复验,施工单位组织进行终检,每一次检验都应进行记录,并填写检验意见。在终检合格后,由施工单位填写工程质量报验单并附上自检材料,报请监理工程师进行检查认证,监理工程师应在商定的时间内到场对每一道工序用目测、手测或仪器测量等方法逐项进行检查,必要时进行取样试验抽检,所有检查结果均要进行详细记录。对重要的隐蔽工程应进行旁站检查、中间检查和技术复核,以防质量隐患。对重要部位的施工状况或发现的质量问题,除做详细的记录外,还应采用拍照、录像等手段存档。

(3)填写工程报验申请表。通过现场检查和取样试验所有项目合格后,施工单位可进行下一道工序的施工。在完成的单项工程每一道工序都经过监理机构的检查认可后,施工单位可填写工程报验申请表,上报监理机构,监理机构汇总每一道工序检查检验资料,如果监理机构认为有必要,可对施工单位覆盖的工程质量进行抽检,施工单位必须提供抽检条件。如抽检不合格,应按工程质量事故处理,返工合格后方可继续施工。

(4)联合检查。监理机构在收到施工单位的工程报验申请表,并进行有关资料汇总后,应配合建设单位、质量监督机构、施工单位再次对工程进行现场全面检查,以确定是否具备中间验收条件。必要时,可进行抽样试验。

(5)施工单位对已完成的单元工程施工质量自检合格后,填写检验记录及质量评定表向监理单位申请复核工程质量等级。经现场检查如果发现工程质量不合格,监理机构不予签字确认,待施工质量缺陷处理合格后重新评定复核工程质量等级。分部工程及单位工程具备验收条件后,施工单位向项目法人提交验收申请报告,项目法人组织参建单位组成验收工作组进行验收,验收合格后签发分部工程验收鉴定书及单位工程验收鉴定书。

# 第三节　工程质量事故的分析与处理

一、工程质量事故的概念与分类

**(一) 工程质量事故的概念**

在水利水电工程及水土保持工程建设过程中,由于建设管理、监理、勘测设计、咨询、施工、材料、设备等原因造成工程质量不符合国家和行业相关标准以及合同约定的质量标准,影响使用寿命和对工程安全运行造成隐患和危害的事件,称为工程质量事故。它具有复杂性、严重性、可变性和多发性等特点。

### (二)水利工程质量事故的分类

水利工程质量事故按照直接经济损失大小、处理事故对工期影响时间的长短及事故处理后对工程功能和寿命的影响,分为一般质量事故、较大质量事故、重大质量事故和特大质量事故,其分类标准见表4-1。

**表 4-1　水利工程质量事故分类标准**

| 损失情况 | | 事故类别 | | | |
|---|---|---|---|---|---|
| | | 特大质量事故 | 重大质量事故 | 较大质量事故 | 一般质量事故 |
| 事故处理所需的物资、器材和设备、人工等直接经济损失费用/万元 | 大体积混凝土、金属结构制作和机电安装工程 | >3 000 | 500~3 000 | 100~500 | 20~100 |
| | 土石方工程、混凝土薄壁工程 | >1 000 | 100~1 000 | 30~100 | 10~30 |
| 事故处理所需合理工期/月 | | >6 | 3~6 | 1~3 | ≤1 |
| 事故处理后对工程功能和寿命的影响 | | 影响工程正常使用,需限制条件运行 | 不影响工程正常使用,但对工程寿命有较大影响 | 不影响工程正常使用,但对工程寿命有一定影响 | 不影响工程正常使用和工程寿命 |

注:1.直接经济损失费用为必需条件,其余两项主要适用于大中型工程。

2.小于一般质量事故的质量问题称为质量缺陷。

3.表中的数值范围内,上限值为应小于或等于的数值,下限值为应大于的数值。

## 二、工程质量事故原因分析

常见的工程质量事故的表现形式有结构倒塌、倾斜、错位、不均匀或超量沉陷、变形、开裂、渗漏、破坏、强度不足、尺寸偏差大等。工程质量事故产生的原因一般可分为以下几个方面。

### (一)违背基本建设程序和法规

(1)违背基本建设程序。如边设计边施工、未搞清地质情况就仓促开工、未经竣工验收就交付使用等。

(2)违反有关法规和工程合同的规定。如无证设计、无证施工、越级设计、越级施工;工程招标投标中的不公平竞争,超常的低价中标;擅自转包或分包,多次转包;擅自修改设计等。

## （二）地质勘察原因

如地质勘察、勘探的孔深、间距不符合要求，地质勘察报告不详细、不准确，不能全面反映实际地基情况等。

## （三）对不均匀地基处理不当

如对软弱土、杂填土、冲填土、大孔性土、湿陷性黄土、膨胀土、红黏土、溶岩、土洞、岩层出露等不均匀地基未处理或处理不当。

## （四）设计计算问题

如盲目套用图纸，采用不合理的结构方案，计算简图与实际受力不符，荷载取值过小，内力分析有误，沉降缝或变形缝设置不当，悬挑结构未进行抗倾覆演算等。

## （五）建筑材料及制品不合格

如建筑材料及制品的规格、种类、性能、尺寸、数量或质量等达不到要求。

## （六）施工与管理问题

如未经设计部门同意擅自修改图纸，或不按图纸施工；图纸未经会审即仓促施工，或不熟悉图纸，盲目施工；不按有关的施工规范和操作规程施工；管理混乱，施工方案考虑不周，施工工序错误，技术交底不清，违章作业，疏于检查、验收等。

## （七）自然条件影响

如空气温度、湿度、暴雨、风、浪、洪水、雷电、日晒等。

## （八）建筑结构或设施使用不当

如未经核验任意加层，任意拆除承重结构，结构物上任意开槽、打洞等。

## 三、工程质量事故的处理程序

工程质量事故处理的一般程序为发现质量事故、下达暂停施工指示、质量事故调查、质量事故原因分析、质量事故处理设计、质量事故处理、检查鉴定验收结论、下达复工通知。工程质量事故的具体处理程序如下：

（1）当发现工程出现质量事故后，现场监理人员应及时上报项目总监理工程师。

监理机构应以"监理通知"的形式通知施工单位，要求其停止有质量缺陷部位和与其有关联部位及下道工序施工，需要时，还应要求施工单位采取防护措施。同时，要视情况决定是否上报主管部门。

（2）施工单位接到监理通知单后，在总监理工程师的组织与参与下，尽快进行工程质量事故的调查，写出调查报告。

调查报告主要包括以下内容：

①与事故有关的工程情况。

②质量事故的详细情况，如质量事故发生的时间、地点、部位、性质、现状及发展变化情况等。

③事故调查中有关的数据、资料。

④质量事故原因分析与判断。

⑤是否需要采取临时防护措施。

⑥事故处理及缺陷补救的建议方案与措施。

⑦事故涉及的有关人员和责任者的情况。

事故情况调查是事故原因分析的基础,有些质量事故原因复杂,常常涉及勘察、设计、施工、材料、维护管理、工程环境条件等方面,因此调查必须全面、详细、客观、准确。

(3)在质量事故调查的基础上全面分析质量事故原因,正确判断质量事故原因。

质量事故原因分析是确定质量事故处理措施方案的基础。正确的质量事故处理来源于对质量事故原因的正确判断,项目总监理工程师应当组织设计、施工、建设单位等各方参加质量事故原因分析。

(4)在质量事故原因分析的基础上,集中研究,由施工单位制订质量事故处理方案,并报项目总监理工程师批准。

制订的质量事故处理方案,应体现安全可靠、不留隐患、满足建筑物的功能和使用要求、技术可行、经济合理等原则。如果一致认为质量缺陷不需专门的处理,必须经过充分的分析、论证。

(5)确定质量事故处理方案后,由项目总监理工程师指令施工单位按既定的质量事故处理方案实施对质量事故的处理。

如果发生的质量事故不是由于施工单位方面的责任原因造成的,则处理质量事故所需的费用或延误的工期,应给予施工单位补偿。

(6)在质量事故处理完毕后,总监理工程师应组织有关人员对处理的结果进行严格的检查、鉴定和验收,写出质量事故处理报告,提交建设单位,并视情况决定是否上报有关主管部门。

质量事故处理报告主要包括以下内容:

①工程质量事故的情况。

②质量事故的调查与检查情况,包括调查的有关数据、资料。

③质量事故原因分析。

④质量事故处理的依据。

⑤质量缺陷处理方案及技术措施。

⑥实施质量处理中的有关原始数据、记录、资料。

⑦对处理结果的检查、鉴定和验收。

⑧结论意见。

## 四、工程质量事故的处理原则和方法

### (一) 工程质量事故的处理原则

(1)"四不放过"原则。即事故原因没有查清楚不放过,事故责任者没有严肃处理不放过,广大职工没有受到教育不放过,防范措施没有落实不放过。

(2)经济损失负担原则。由质量事故而造成的经济损失费用,坚持"谁承担事故责任,谁负担"的原则。

### (二)工程质量事故的处理方法

监理机构对质量事故的处理,常用的方法有以下三种。

(1)不需进行处理。监理工程师一般在不影响结构安全、生产工艺和使用要求,或某些轻微的质量缺陷通过后续工序可以弥补等情况下,可做出不需要进行处理的决定;或检验中的质量问题,经论证后可不做处理;或对出现的事故,经复核验算,仍能满足设计要求者,也可不做处理。

(2)修补处理。监理工程师对某些虽然未达到规范规定的标准,存在一定的缺陷,但经过修补后还可以达到规范要求的标准,同时又不影响使用功能和外观的质量问题,可以做出进行修补处理的决定。

(3)返工处理。凡是工程质量未达到合同规定的标准,有明显而又严重的质量问题,又无法通过修补来纠正所产生的缺陷,监理工程师应对其做出返工处理的决定。

工程质量事故处理后,应由项目法人委托具有相应资质等级的工程质量检测单位检测后,按照处理方案的质量标准,重新进行工程质量评定。

工程质量事故处理的结论一般有以下几种:

(1)事故已排除,可继续施工。

(2)隐患已消除,结构安全有保证。

(3)经修补处理后,完全能够满足使用要求。

(4)基本上满足使用要求,但使用时应有附加的限制条件,如限制荷载等。

(5)对耐久性的结论。

(6)对建筑物外观影响的结论。

(7)对短期难以做出结论者,可提出进一步观测检验的意见。

## 五、工程质量缺陷的处理

### (一)工程质量缺陷的概念

工程质量缺陷是指对工程质量有影响,但小于一般质量事故的质量问题。工程建设中发生的以下质量问题属于质量缺陷:

(1)发生在大体积混凝土、金属结构制作安装及机电设备安装工程中,处理所需物资、器材及设备、人工等直接损失费用不超过 20 万元。

(2)发生在土石方工程或混凝土薄壁工程中,处理所需物资、器材及设备、人工等直接损失费用不超过 10 万元。

(3)处理后不影响工程正常使用和寿命。

### (二)工程质量缺陷备案

在施工过程中,工程个别或局部部位发生达不到技术标准和设计要求(但不影响使用)且不能及时进行处理的工程质量缺陷问题(质量评定为合格),应以工程质量缺陷备案形式进行记录备案。

质量缺陷备案表由监理机构组织填写,内容应真实、准确、完整。各参建单位代表应在质量缺陷备案表上签字,有不同意见应明确记载。质量缺陷备案表应及时报工程质量监督机构备案。质量缺陷备案资料按竣工验收的标准制备。工程竣工验收时,项目法人应向竣工验收委员会提交历次质量缺陷备案资料。

# 第四节　范　例

## 一、《监理日志》实例

### 监理日志

（监理〔20××〕日志××号）

填写人：<u>×××</u>　　　　　　　　　　　　　　　　日期：20××年××月××日

| 工程地点 | ××省（区）××县（旗、市、区）××乡（镇）××村 | | | | | |
|---|---|---|---|---|---|---|
| 天气 | 晴 | 气温 | 10~23 ℃ | 风力 | 2级 | 风向 | 东风 |
| 施工部位、施工内容、施工形象及资源投入（人员、原材料、中间产品、工程设备和施工设备动态） | 1.施工部位及施工内容：××图斑水土保持造林整地（苗木栽植），××图斑封禁治理拉设网围栏，××村沟道浆砌石谷坊，××图斑机修梯田。<br>2.施工形象：完成水土保持造林×× hm²，拉设网围栏×× m，谷坊××座，机修梯田×× hm²。<br>3.施工资源投入：管理人员××人、技术人员××人、工人××人，挖掘机××台、搅拌机××台、推土机××台、装载机××台。<br>4.施工机械设备投入情况：施工机械设备投入运行正常。 | | | | | |
| 承包人质量检验和安全作业情况 | 1.施工质量检验情况：现场施工人员对每项工程安排专职质检人员及时检验，施工质量检验合格，符合设计及规范要求。<br>2.安全作业情况：施工现场设置了安全标志，现场人员全部佩戴了安全帽，施工作业安全，未发生安全事故。 | | | | | |
| 监理机构的检查、巡视、检验情况 | 监理机构检查各项施工作业安全、施工进度符合施工总进度计划安排，施工质量合格，符合设计及规范技术标准。 | | | | | |
| 施工作业存在的问题、现场监理提出的处理意见以及承包人对处理意见的落实情况 | 无 | | | | | |
| 监理机构签发的意见 | 1.施工现场继续加强安全管理，提高安全意识。<br>2.施工质检人员加强施工现场检查自检，及时报验单元工程质量评定。 | | | | | |
| 其他事项 | ××县水利局组织对××小流域综合治理工程进行了检查，要求加强安全管理，提高安全意识。<br>××水利水电建设监理有限公司××小流域综合治理工程项目监理部组织参建单位召开了监理例会。<br>总监理工程师审核了工程价款支付证书，向建设单位上报了监理月报。 | | | | | |

## 二、《监理巡视记录》实例

# 监理巡视记录

（监理〔20××〕巡视××号）

合同名称：××小流域综合治理工程　　　　　　　　　　　合同编号：××××-01

| 巡视范围 | ××小流域综合治理工程：<br>1.水土保持造林工程<br>2.封禁治理工程<br>3.浆砌石谷坊工程<br>4.坡改梯工程<br>5.浆砌石护岸工程 |
|---|---|
| 巡视情况 | 1.水土保持造林工程正在进行水土保持造林整地,完成造林整地××hm²。<br>2.封禁治理工程正在进行网围栏封禁,埋设立柱,拉设网围栏片,完成封禁治理面积××hm²,围栏长度××m。<br>3.浆砌石谷坊工程正在进行浆砌石坝体砌筑,完成谷坊××座。<br>4.坡改梯工程正在进行机修梯田,完成梯田面积××hm²。<br>5.浆砌石护岸工程正在进行基础开挖,铺设土工布,完成××m。 |
| 发现问题及处理意见 | 1.浆砌石护岸工程基础面平整度不够,现场已要求施工单位落实整改,平整基面。<br>2.××图斑机修梯田,局部地块田面平整度达不到设计要求,梯田田埂未拍实。现场要求承包人立即整改,重新推平梯田,人工配合机械修筑田埂。<br>3.施工区域范围大,作业点多且分散,现场缺少安全管理人员,要求承包人增派施工现场安全管理人员,对施工人员进行安全宣讲教育,并加强现场安全检查力度,保证施工安全。 |
|  | 巡视人：×××<br>日　期：20××年××月××日 |

## 三、《监理旁站值班记录》实例

# 监理旁站值班记录

（监理〔20××〕旁站××号）

合同名称:××新建淤地坝工程 　　　　　　　　　　合同编号:××××-01

| 工程地点 | ××省(区)××县(旗、市、区)××乡(镇)××村 | | | |
|---|---|---|---|---|
| 工程部位 | ××新建淤地坝溢洪道消力池(墙体) | | 日期 | 20××年××月××日 |
| 时　间 | 9:00~12:00 | 天气 晴 | 温度 | 23 ℃ |
| 人员情况 | 施工技术员:×××　　　　施工班组长:×××<br>质　检　员:××× | | | |
| | 现场人员数量及分类人员数量 | | | |
| | 管理人员 | ××人 | 技术人员 | ××人 |
| | 特种作业人员 | ××人 | 普通作业人员 | ××人 |
| | 其他辅助人员 | ××人 | 合计 | ××人 |
| 主要施工设备及运转情况 | 搅拌机1台、装载机1台、运输车2辆、振捣器1台。<br>施工机械安全性能良好,安全可靠,机械运行正常。 | | | |
| 主要材料使用情况 | 采用自拌混凝土,混凝土强度等级为C30;坍落度为140~220 mm | | | |
| 施工过程描述 | 浇筑顺序:自侧墙墙体底部逐层向上浇筑,浇筑至设计高程。<br>施工方法:施工顺序正确,施工缝处理符合要求。<br>施工机具:振捣器安全性能良好、安全可靠。 | | | |
| 监理现场检查、检测情况 | 1.检查情况<br>(1)人员到位:施工企业人员到岗情况,电工、操作人员均持证上岗,质检员、安全员及施工队长在现场监督、巡查。<br>(2)钢筋保护:保护层控制良好,钢筋数量、规格尺寸、安装位置符合质量标准及设计要求,绑扎牢固。<br>(3)模板情况:模板稳定性、刚度和强度满足混凝土施工荷载要求,支撑无松动下沉现象,缝隙已补好。<br>(4)混凝土振捣情况:未有使用振捣器现象,无漏振,振捣方法正确,混凝土3次抹压、平整度符合要求,混凝土厚度符合要求。<br>(5)安全情况:施工现场人员全部正确佩戴安全帽,无穿拖鞋现象,用电安全、漏电保护装置符合要求。<br>2.检测情况<br>现场检测混凝土坍落度3次,实测坍落度180 mm(9:10)、162 mm(10:40)、175 mm(11:20)。<br>混凝土标准试块取样3组。<br>检查构件截面尺寸变化和模板加固情况:无变形、爆模现象。 | | | |
| 承包人提出的问题 | 无 | | | |
| 监理人答复或指示 | 无 | | | |
| 当班监理员:　×××　　　　　施工技术员:　××× | | | | |

## 四、《监理通知》实例

### 监理通知

（监理〔20××〕通知001号）

合同名称：××小流域综合治理工程　　　　　　　　　　合同编号：××××-01

| 工程地点 | ××省（区）××县（旗、市、区）××乡（镇）××村 |
|---|---|

致：××水利水电工程有限公司××小流域综合治理工程项目部

事由：

20××年××月××日，监理工程师在现场监理时发现水土保持乔木造林（CB-X）6#图斑造林整地外沿土埂未拍光踩实，整地外沿土埂土质疏松；T40图斑机修梯田田面宽度、田面平整度达不到设计要求。

通知内容：

1.严格按照批复的水土保持实施方案设计要求的穴状整地规格直径0.6 m、坑深0.6 m、坑距2.0 m、行距3.0 m进行造林整地，人工开挖穴坑后对穴坑下边沿土埂进行踩实拍光。

2.T40第7、8、9、11、13、16、22地块机修梯田，经监理工程师现场检查发现，局部地块梯田田面宽度、田面平整度达不到设计要求。T60第20、22、24、26、28地块机修梯田，经监理工程师现场检查发现，局部地块梯田田面宽度、田面平整度达不到设计要求。现要求贵方按照设计方案典型图斑和技术要求返工整改，梯田地块沿等高线布设，兼顾等宽，大弯就势，小弯取直，严格按照水平梯田典型设计要求组织施工。

3.水土保持造林各班组负责人必须跟踪到位，各班组上下班及施工中必须清点人数，集体作业。上下班严禁非载人机动车载人、车辆超速超载行驶，确保所有人员必须安全上班，安全回家。

　　　　　　　　监 理 机 构：××水利水电建设监理有限公司
　　　　　　　　　　　　　　　××小流域综合治理工程项目监理部
　　　　　　　　监理工程师：×××
　　　　　　　　日　　　期：20××年××月××日

　　　　　　　　施工单位：××水利水电工程有限公司
　　　　　　　　　　　　　××小流域综合治理工程项目部
　　　　　　　　签 收 人：×××
　　　　　　　　日　　　期：20××年××月××日

# 监理通知

（监理〔20××〕通知 002 号）

合同名称：××小流域综合治理工程　　　　　　　　合同编号：××××-01

| 工程地点 | ××省（区）××县（旗、市、区）××乡（镇）××村 |
|---|---|

致：××水利水电工程有限公司××小流域综合治理工程项目部

事由：

20××年××月××日，监理工程师在现场监理时发现安全管理不到位，安全作业意识淡薄，各班组负责人管理跟踪不到位。

通知内容：

1.施工区域范围大，作业点多且分散，现场缺少安全管理人员，要求你单位增派施工现场安全管理人员，对施工人员进行安全宣讲教育，并加强现场安全检查力度，保证施工安全。

2.对施工人员进行安全教育，使施工人员真正认识到安全生产的重要性和必要性，提高施工人员的安全生产法律意识和安全生产素质。

3.临时住宿帐篷、柴油存放场地、机械存放场地等施工场地要设置安全标志标牌。项目班组负责人应严格管理施工机械燃油，禁止私自将燃油转交他人所用，施工作业人员不许酗酒上岗。班前对工人进行明确的安全、技术交底和动员，并交代好操作事项，坚决杜绝冒险施工、违章操作和违反安全工作纪律的现象，牢记"安全生产、人人有责"的原则，树立"安全第一"的思想意识。

　　　　　　　　　　　　监 理 机 构：××水利水电建设监理有限公司
　　　　　　　　　　　　　　　　　　××小流域综合治理工程项目监理部
　　　　　　　　　　　监理工程师：×××
　　　　　　　　　　　日　　　期：20××年××月××日

　　　　　　　　　　　　施工单位：××水利水电工程有限公司
　　　　　　　　　　　　　　　　　××小流域综合治理工程项目部
　　　　　　　　　　　签 收 人：×××
　　　　　　　　　　　日　　　期：20××年××月××日

## 五、《整改通知》实例

### 整改通知

（监理〔20××〕整改 001 号）

合同名称：××小流域综合治理工程          合同编号：××××-01

| 工程地点 | ××省（区）××县（旗、市、区）××乡（镇）××村 |
|---|---|

致：××水利水电工程有限公司××小流域综合治理工程项目部

　　事由：

　　由于本通知所述原因，通知你方对 ___格宾石笼护岸（K1+000～K1+200）___ 工程项目应按下述要求进行整改，并于 ___20××___ 年 ___××___ 月 ___××___ 日前提交整改措施报告，按要求进行整改。

　　整改原因：

　　格宾石笼护岸（K1+000～K1+200）左岸基础块石填充、石笼绑扎不符合规范标准和设计要求，存在机装块石、填充料用河卵石、网箱内有砂砾、网箱严重变形、网箱绑扎未达到设计要求等现象，施工质量达不到设计标准及规范要求。

　　整改要求：

　　要求对该段基础网箱全部拆除、返工。施工单位严抓工程质量，严格按照设计图纸及施工技术规范组织施工，确保格宾网箱护岸质量达到合格标准。

<br>

　　　　　　　　　　　　监 理 机 构：××水利水电建设监理有限公司

　　　　　　　　　　　　　　　　　　××小流域综合治理工程项目监理部

　　　　　　　　　　　　总监理工程师：×××

　　　　　　　　　　　　日　　　期：20××年××月××日

<br>

　　　　　　　　　　　　施工单位：××水利水电工程有限公司

　　　　　　　　　　　　　　　　　　××小流域综合治理工程项目部

　　　　　　　　　　　　签 收 人：×××

　　　　　　　　　　　　日　　　期：20××年××月××日

## 六、《工程现场书面通知》实例

### 工程现场书面通知

（监理〔20××〕现通 001 号）

合同名称:××小流域综合治理工程　　　　　　　　　　　　合同编号:××××-01

| 工程地点 | ××省(区)××县(旗、市、区)××乡(镇)××村 |
|---|---|

致:××水利水电工程有限公司××小流域综合治理工程项目部

事由:

雨水排水渠工程项目,应加强现场安全管理。

通知内容:

1.景区 B 型断面渠道工程:渠线长,施工期长,分段渠道渠底、侧墙已浇筑,未回填,未封盖。该段道路上游人多,车辆多。

要求你方对景区 B 型断面渠道施工现场派专人管理安全,设置锥桶、警戒线、应急灯及障碍物对渠道边进行拦挡等安全警示。

2.渠道工程:距离村庄近,多处经过住户门前,路上车辆多,又遇假期学生放假,汛期已来临。

要求你方对上庙村、下庙村、来去沟渠道施工现场派专人管理安全,设置锥桶、警戒线、应急灯及障碍物对渠道边进行拦挡等安全警示;对每条渠道统一放线,分段施工,及时回填,及时封盖。

　　　　　　　　　　　　　监　理　机　构:××水利水电建设监理有限公司

　　　　　　　　　　　　　　　　　　　　　××小流域综合治理工程项目监理部

　　　　　　　　　　　　监理工程师/监理员:×××

　　　　　　　　　　　　日　　　　　期:20××年××月××日

承包人意见:

将依照监理现场通知执行。

　　　　　　　　　　　　　施　工　单　位:××水利水电工程有限公司

　　　　　　　　　　　　　　　　　　　　　××小流域综合治理工程项目部

　　　　　　　　　　　　现场负责人:×××

　　　　　　　　　　　　日　　　　　期:20××年××月××日

## 七、《监理报告》实例

# 监理报告

(监理〔20××〕报告001号)

合同名称:××淤地坝除险加固工程                    合同编号:××××-01

| 工程地点 | ××省(区)××县(旗、市、区)××乡(镇)××村 |
|---|---|

致:(建设单位)××县水利工程建设管理办公室

　　事由:

　　需建设单位解决的事宜。

　　报告内容:

　　建议按抽检的数量做抗冻和抗渗的试验。

　　根据招标图纸和设计要求,××淤地坝除险加固工程溢洪道引水口、泄槽段工程有抗冻要求,卧管消力池、溢洪道消力池有抗冻和抗渗的要求,因此建议贵单位按抽检数量做抗冻和抗渗的试验。这样做:①有利于对混凝土抗冻和抗渗质量情况的掌握和控制,以免发生混凝土裂缝、冻融破坏和渗漏等质量问题;②可使归档资料与设计要求保持一致,为资料的归档和今后工程运行提供数据依据;③保证分部工程验收检测数据的完整性,以利于分部工程和单位工程的顺利验收。

　　　　　　　　　　　　　　　　　监　理　机　构:××水利水电建设监理有限公司

　　　　　　　　　　　　　　　　　　　　　　　　　××小流域综合治理工程项目监理部

　　　　　　　　　　　　　　　　　总监理工程师:×××

　　　　　　　　　　　　　　　　　日　　　　期:20××年××月××日

　　就贵方报告事宜答复如下:

　　　　　　　　　　　　　　　　　发包人:××县水利工程建设管理办公室

　　　　　　　　　　　　　　　　　负责人:×××

　　　　　　　　　　　　　　　　　日　　期:20××年××月××日

# 八、《计日工工作通知》实例

## 计日工工作通知

(监理〔20××〕计通 001 号)

合同名称:××淤地坝除险加固工程　　　　　　　　　　　合同编号:××××-01

| 工程地点 | ××省(区)××县(旗、市、区)××乡(镇)××村 |
|---|---|

致:××水利水电工程有限公司××小流域综合治理工程项目部

　　依据合同约定,经发包人批准,现决定对下列工作按计日工予以安排,请据以执行。

| 序号 | 工作项目或内容 | 计划工作时间 | 计价及付款方式 | 说明 |
|---|---|---|---|---|
| 1 | 根据发包人20××年××月××日"关于道路恢复的函"中"需恢复因汛期冲毁的上坝道路" | 以实际发生的工作时间为准 | 以投标书中零星工作项目计价表单价计价支付 | |
| 2 | … | … | … | |

附件:

　　注:施工单位需每日向监理提交从事该工作的所有工人的姓名、工种和工时的确切清单,一式两份;同时提交该项工作使用和所需设备的种类、数量等的报表,一式两份。

　　　　　　　　　　　　　　　监 理 机 构:××水利水电建设监理有限公司
　　　　　　　　　　　　　　　　　　　　　　××小流域综合治理工程项目监理部
　　　　　　　　　　　　　　　总监理工程师:×××
　　　　　　　　　　　　　　　日　　　　期:20××年××月××日

我方将按通知执行。

　　　　　　　　　　　　　　　施工单位:××水利水电工程有限公司
　　　　　　　　　　　　　　　　　　　　××小流域综合治理工程项目部
　　　　　　　　　　　　　　　项目经理:×××
　　　　　　　　　　　　　　　日　　　　期:20××年××月××日

## 九、《监理月报》实例

**(一)编写要求**

监理月报应全面反映当月的监理工作情况,编制周期与支付周期宜同步,在约定时间前报送发包人和监理单位。

**(二)监理月报的主要内容**

(1)本月工程施工概况。

(2)工程质量控制情况(包括本月工程质量状况及影响因素分析、工程质量问题处理过程及采取的控制措施等)。

(3)工程进度控制情况(包括本月施工资源投入、实际进度与计划进度比较、对进度完成情况的分析、存在的问题及采取的措施等)。

(4)工程资金控制情况(包括本月工程计量、工程款支付情况及分析、本月合同支付中存在的问题及采取的措施等)。

(5)施工安全监理情况(本月施工安全措施执行情况、安全隐患及处理情况、对存在的问题采取的措施等)。

(6)文明施工监理情况(本月文明施工情况、对存在的问题采取的措施等)。

(7)合同管理的其他工作情况(包括本月施工合同双方提出的问题,监理机构的答复意见和工程分包、变更、索赔、争议、协调等的处理情况,以及对存在的问题采取的措施等)。

(8)监理机构运行情况(包括本月监理机构的人员及设施、设备情况,尚需发包人提供的条件或解决的情况等)。

(9)监理工作小结(包括对本月工程质量、进度、计量与支付、合同管理其他事项、施工安全、监理机构运行状况的综合评价)。

(10)存在问题及有关建议。

(11)下月工作安排(包括监理工作重点,在质量、进度、投资、合同其他事项和施工安全等方面需采取的预控措施等)。

(12)监理大事记。

(13)附表。

**(三)实例**

# 监理月报

（监理〔20××〕月报 06 号）
20×× 年　　第 6 期
20×× 年 5 月 26 日至 20×× 年 6 月 25 日

工程名称：_____××小流域综合治理工程_____

发包人：_____××县水利工程建设管理办公室_____

监理机构：___××水利水电建设监理有限公司××小流域综合治理工程项目监理部___

总监理工程师：_____×××_____

日　　期：___20×× 年 6 月 30 日___

# 目　录

## 1　本月工程施工概况

### 1.1　工程概况

××小流域综合治理工程建设规模为:治理水土流失面积为 3 500 hm²,其中新修水平梯田 613.11 hm²,水土保持造林 201.55 hm²,封育治理 2 685.34 hm²;网围栏长度 3 814 m;封禁警示牌 9 座;护岸墙 418 m。

### 1.2　本月各项目进展情况

本项目自 20××年××月××日开工建设,截至 20××年××月××日完成水土保持云杉及圆柏造林 201.55 hm²,封禁治理 2 685.34 hm²,网围栏长 3 814 m,封禁警示牌 9 座。

## 2　工程质量控制情况

封禁治理工程监理质量控制:定线→展开网片→固定起始端→专用张紧器固定→夹紧纬线→实施张紧→绑扎固定网片→移至下一个网片段施工。

(1)定线:欲建封育地块应符合设计图斑,作业线路内土丘、石块等清除平整。围栏各标桩应呈直线。

(2)原材料检验:检验网围栏片、刺丝、立柱等规格、数量和质量,出厂证明文件,材质证明书,质量检验报告。

(3)围栏封育:

①立柱的埋设:立柱埋深 0.6 m,在其受力的方向上加支撑杆,立柱间距为 8.0 m,遇特殊地形时,间距可适当减小,但不小于 4.0 m,在潮湿地区使用角钢,应喷涂防锈漆。立柱基础浇筑 C20 混凝土,混凝土基础尺寸为 25 cm×25 cm×25 cm。

②角柱、地锚埋设和支撑架设:角柱埋深 0.6 m,在角柱受力的反向埋设地锚或在角柱内侧加支撑杆,角柱基础浇筑 C20 混凝土,混凝土基础尺寸为 25 cm×25 cm×25 cm。

③围栏的架设:围栏的架设要以两个中间柱之间的跨度为作业单元,围栏线端应各自固定在中间柱上。

刺钢丝围栏的架设:刺钢丝围栏纬线的架设要逐条进行,放一道线安装好一道。程序如下:首先要在中间柱受力方向的延长点上竖立临时作业立柱,安装张紧器张紧刺线,为避免架设时刺线出现松弛,应由下往上一道一道张紧。将刺钢丝线在中间柱的一端绑紧,然后放线。用张紧器张紧刺钢丝线,张紧要适度,防止纬线拉断或张紧器滑脱伤人。将刺钢丝线固定在中间柱和小立柱上。为防因钢丝热胀冷缩而引起的围栏松动,每隔 80~100 m 加装一个花兰螺丝,各花兰螺丝之间的刺线用活钩或弹簧卡支撑,以便随时进行紧固。

编结网围栏的架设:从中间柱的一端开始,沿围栏线路铺放编结网。将编结网铺在围栏草原内侧,将网格较紧密的一端朝向立柱,起始端留 5~8 cm 编结网。编结网的一端剪去一根经线,将编结网竖起,把每一根纬线线端在起始中间柱上绑扎牢固。继续铺放围栏网,直到下一个中间柱,将编结网竖起并初步固定。若需将两部分编结网连接在一起,可使用围栏线绞结器接头。埋设临时作业立柱,安装张紧器张紧围栏,各纬线张紧力为 700~900 N,整片围栏受力要均匀。将围栏另一端相对中间柱的位置除去一根经线,自中纬线分别向上向下将每根纬线分别绕中间柱绞紧。将编结网自边纬线向中间逐一绑扎在线桩上。

检查、监理围栏立柱的埋设间距、深度及其牢固性,角柱埋设深度及角柱受力的反向埋设地锚或在角柱内侧加支撑杆情况。围栏架设应以两个立柱之间的跨度为作业单元,起始端留5~8cm编结网沿围栏线路内侧铺放编结网,将网格较紧密的一端朝向立柱,将编结网竖起,把每一根纬线线端固定在立柱上,上端一道架设刺钢丝。

(4)检查验收:对照封禁治理规划图与完成情况验收图,检查封禁范围要求符合设计的图斑,封禁周围有明确的界限。围栏规格符合设计要求,围栏纬线与各立柱的绑结应牢固可靠,所有立柱应牢固可靠,所有紧固螺丝应拧紧,围栏绷紧,外观整齐,地面碎钢丝、铁钉等金属物清除干净,配套的管护制度及乡规民约、管护措施齐备。经检验合格方可交付使用。

### 3 工程进度控制情况

总监理工程师审核了施工单位编制的进度计划,并在其实施过程中,通过履行监理职责,监督、检查、控制、协调各项进度计划的实施。督促施工单位依据承建合同文件规定的合同总工期目标和报经批准的施工进度计划,合理安排施工进度,确保施工资源投入,做好施工组织与准备,做到按章作业、均衡施工、文明施工,避免出现突击抢工、赶工局面。督促施工单位建立工程进度管理机构,做好生产调度、施工进度安排与调整等各项工作,切实做到以安全施工促工程进展,以工程质量促施工进度,确保合同工期的按期实现。密切注意施工进度,控制关键路线项目各重要事件的进展。随施工进展,逐旬、逐月检查施工准备、施工条件和工程进度计划的实施情况,及时发现、协调和解决影响工程进展的外部条件和干扰因素,促进工程施工的顺利进行。

监理机构要求施工单位高度重视水土保持植物措施实施工作,抢抓当前春季植树造林的有利时机,精心组织,迅速行动,全面完成水土保持造林及封禁治理工程。该工程开工建设以来,截至20××年6月25日,水土保持造林工程及封禁治理工程全部完工,施工进度符合总进度计划安排。

### 4 工程资金控制情况

该工程开工建设以来,截至20××年6月25日,施工单位完成工程投资4583110.3元,占合同总额的27.0%。

### 5 施工安全监理情况

在该项目监理过程中,督促施工单位建立健全施工安全保障体系,逐级明确安全责任人,建立安全管理制度,加强安全管理,对施工人员进行安全教育,下发现场书面指示及监理通知,要求施工单位增派施工现场安全管理人员,对施工人员进行安全宣讲教育,并加强现场安全检查力度,保证施工安全;高陡边坡未能施工的地点千万不能实施,保证在安全施工作业面内实施。通过安全教育及安全管理,本月未发生安全事故。

### 6 文明施工监理情况

从开工至今在安全文明施工上都达到了预期的效果,无任何安全事故发生。

### 7 合同管理的其他工作情况

本月合同履行正常,合同双方未发生争议。

### 8 监理机构运行情况

项目监理部由总监理工程师、监理工程师、监理员组成,××水利水电建设监理有限公司××小流域综合治理工程项目监理部自觉履行了建设监理合同授权的责任、义务和权利。按照工程建设有关技术标准、工程设计、管理文件等对工程水土保持造林的施工进度、工程质量、安全、投资及合同管理、信息管理、组织协调、施工安全及环境保护等进行了全面监理,全面完成了水土保持造林工程及封禁治理工程。

### 9 监理工作小结

本月监理部工作人员遵守国家法律法规,独立、公正、公平、诚信、科学地开展了监理工作,认真履行了监理合同约定的职责,以合同管理为中心,有效控制工程质量、投资、安全、进度等目标,加强信息管理,协调建设各方关系,严把工程质量关,要求施工方对原材料及时送检,严禁不合格材料进场。严格按照设计文件施工,同时整理归档资料,保证施工质量。

### 10 存在问题及有关建议

(1)继续加强安全管理。

(2)加强对水土保持造林的抚育管护,保证造林成活率及造林出苗率达到设计标准。

(3)施工单位加强与乡镇、村委沟通,做好梯田实施前的衔接工作,确保后期梯田工程按期顺利实施。

(4)护岸墙施工做好防汛,施工时加强安全管理,设置安全警示牌。

### 11 下月工作安排

按照监理合同及建设监理规划、监理实施细则开展监理工作。加强安全管理,落实安全责任制,做好安全文明施工,杜绝安全事故发生。

### 12 监理大事记

略。

## 13 附表

### 附表1 合同完成额月统计表

（监理[20××]完成统006号）

| 标段 | 序号 | 项目编号 | 一级项目 | 合同金额/元 | 截至上月末累计完成额/元 | 截至上月末累计完成额比例/% | 本月完成额/元 | 截至本月末累计完成额/元 | 截至本月末累计完成额比例/% |
|---|---|---|---|---|---|---|---|---|---|
| 1 | 1 | YGGLY-2021 | 第一部分 工程措施 | 12 392 028.26 | | | | | |
| | 2 | | 梯田工程 | 11 869 365.14 | | | | | |
| | 3 | | 道路工程 | 83 390.31 | | | | | |
| | 4 | | 护岸墙 | 439 272.81 | | | | | |
| | 5 | | 第二部分 林草措施 | 4 485 597.22 | 4 485 597.22 | 100 | | 4 485 597.22 | 100 |
| | 6 | | 水土保持造林工程 | 4 485 597.22 | 4 485 597.22 | 100 | | 4 485 597.22 | 100 |
| | 7 | | 第三部分 封育治理措施 | 97 513.08 | | | 97 513.08 | 97 513.08 | 100 |
| | 8 | | 网围栏 | 90 071.71 | | | 90 071.71 | 90 071.71 | 100 |
| | 9 | | 封禁警示牌 | 7 441.37 | | | 7 441.37 | 7 441.37 | 100 |
| | | | 合计 | 16 975 138.56 | 4 485 597.22 | 26.4 | 97 513.08 | 4 583 110.30 | 27 |

监 理 机 构：××水利水电建设监理有限公司

××小流域综合治理工程项目监理部

监理工程师：×××

总监理工程师：×××

日　　　　期：20××年×××月××日

## 附表 2　工程质量评定月统计表

（监理〔20××〕评定统 006 号）

| 序号 | 标段名称 | 单位工程 | | | | 分部工程 | | | | 单元工程 | | | | 说明 |
|---|---|---|---|---|---|---|---|---|---|---|---|---|---|---|
| | | 合同工程单位工程个数/个 | 本月评定个数/个 | 截至本月末累计评定个数/个 | 截至本月末累计评定比例/% | 合同工程分部工程个数/个 | 本月评定个数/个 | 截至本月末累计评定个数/个 | 截至本月末累计评定比例/% | 合同工程单元工程个数/个 | 本月评定个数/个 | 截至本月末累计评定个数/个 | 截至本月末累计评定比例/% | |
| 1 | 1 | 4 | | | | 5 | | | | 286 | 93 | 115 | 40.2 | |
| 2 | | | | | | | | | | | | | | |
| 3 | | | | | | | | | | | | | | |
| 4 | | | | | | | | | | | | | | |
| 5 | | | | | | | | | | | | | | |
| 6 | | | | | | | | | | | | | | |
| 7 | | | | | | | | | | | | | | |
| 8 | | | | | | | | | | | | | | |
| | | | | | | | | | | | | | | |

监　理　机　构：××水利水电建设监理有限公司

××小流域综合治理工程项目监理部

总监理工程师：×××

日　　　　期：20××年××月××日

### 附表3 工程质量平行检测试验月统计表

（监理〔20××〕平行统006号）

| 标段 | 序号 | 单位工程名称及编号 | 工程部位 | 平行检测日期 | 平行检测内容 | 检测结果 | 检测机构 |
|---|---|---|---|---|---|---|---|
| 1 | 1 | 封禁治理 FJZL | 封禁治理 | 20××.××.×× | 立柱间距、高度；网片规格 | 合格 | 监理现场量测 |
| | 2 | | 封禁治理 | 20××.××.×× | 立柱间距、高度；网片规格 | 合格 | 监理现场量测 |
| | 3 | | 封禁治理 | 20××.××.×× | 立柱间距、高度；网片规格 | 合格 | 监理现场量测 |
| | 4 | | 封禁治理 | 20××.××.×× | 立柱间距、高度；网片规格 | 合格 | 监理现场量测 |
| | 5 | | 封禁治理 | 20××.××.×× | 立柱间距、高度；网片规格 | 合格 | 监理现场量测 |
| | 6 | | 封禁治理 | 20××.××.×× | 立柱间距、高度；网片规格 | 合格 | 监理现场量测 |
| | 7 | | 封禁治理 | 20××.××.×× | 立柱间距、高度；网片规格 | 合格 | 监理现场量测 |
| | 8 | | 封禁治理 | 20××.××.×× | 立柱间距、高度；网片规格 | 合格 | 监理现场量测 |
| | 9 | | 封禁牌 | 20××.××.×× | 封禁牌规格 | 合格 | 监理现场量测 |
| | 10 | | | | | | |

监　理　机　构：××水利水电建设监理有限公司

　　　　　　　　××小流域综合治理工程项目监理部

总监理工程师：×××

日　　　　　期：20××年××月××日

## 附表4　变更月统计表

（监理〔20××〕变更统006号）

| 标段 | 序号 | 变更项目名称/编号 | 变更文件、图号 | 变更内容 | 价格变化 | 工期影响 | 实施情况 | 说明 |
|---|---|---|---|---|---|---|---|---|
| 1 | 1 | 无 | | | | | | |
| | 2 | | | | | | | |
| | 3 | | | | | | | |
| | ⋮ | | | | | | | |
| | 1 | | | | | | | |
| | 2 | | | | | | | |
| | 3 | | | | | | | |
| | ⋮ | | | | | | | |
| | 1 | | | | | | | |
| | 2 | | | | | | | |
| | 3 | | | | | | | |
| | ⋮ | | | | | | | |
| | 1 | | | | | | | |
| | 2 | | | | | | | |
| | 3 | | | | | | | |
| | ⋮ | | | | | | | |
| | 1 | | | | | | | |
| | 2 | | | | | | | |
| | 3 | | | | | | | |
| | ⋮ | | | | | | | |

监　理　机　构：××水利水电建设监理有限公司

　　　　　　　　××小流域综合治理工程项目监理部

总监理工程师：×××

日　　　　期：20××年××月××日

## 十、《工程质量平行检测记录》实例

# 工程质量平行检测记录

（监理〔20××〕平行 001 号）

合同名称：××淤地坝除险加固工程　　　　　　　　　　　合同编号：××××-01

| 单位工程名称及编号 | | | | ××淤地坝除险加固工程 XQB | | | | | | | | |
|---|---|---|---|---|---|---|---|---|---|---|---|---|
| 承包人 | | | | ××水利水电工程有限公司××淤地坝除险加固项目部 | | | | | | | | |
| 序号 | 检测项目 | 对应单元工程编号 | 取样部位 桩号 | 取样部位 高程 | 代表数量 | 组数 | 取样人 | 送样人 | 送样时间 | 检测机构 | 检测结果 | 检测报告编号 |
| 1 | 溢洪道引水渠溢流堰混凝土 C25 | XQB-01-02 | ××～×× | ×× | ×× | 1 | ××× | ××× | ×× | 省水利水电工程质量检测中心 | 合格 | ××× |
| 2 | 溢洪道泄槽段混凝土 C25 | XQB-01-07 | ××～×× | ×× | ×× | 1 | ××× | ××× | ×× | | 合格 | ××× |
| 3 | 溢洪道泄槽段混凝土 C25 | XQB-01-08 | ××～×× | ×× | ×× | 1 | ××× | ××× | ×× | | 合格 | ××× |
| 4 | 溢洪道消力池混凝土 C25 | XQB-01-12 | ××～×× | ×× | ×× | 1 | ××× | ××× | ×× | | 合格 | ××× |
| 5 | 卧管消力池混凝土 C25 | XQB-02-02 | ××～×× | ×× | ×× | 1 | ××× | ××× | ×× | | 合格 | ××× |
| 6 | 坝体排水沟混凝土 C25 | XQB-03-02 | ××～×× | ×× | ×× | 1 | ××× | ××× | ×× | | 合格 | ××× |
| | | | | | | | | | | | | |
| | | | | | | | | | | | | |

**注**：委托单、平行检测送样台账、平行检测报告台账要相互对应。

## 十一、《工程质量跟踪检测记录》实例

# 工程质量跟踪检测记录

（监理〔20××〕跟踪 001 号）

合同名称：××淤地坝除险加固工程　　　　　　　　　　　　　　合同编号：××××-01

| 单位工程名称及编号 | | | | | | | | | | | | | |
|---|---|---|---|---|---|---|---|---|---|---|---|---|---|
| 序号 | 检测项目 | 对应单元工程编号 | 取样部位 桩号 | 取样部位 高程 | 代表数量 | 组数 | 取样人 | 送样人 | 送样时间 | 检测机构 | 检测结果 | 检测报告编号 | 跟踪监理人员 |
| | | | ××淤地坝除险加固工程XQB | | | | | | | | | | |
| | 承包人 | | ××水利水电工程有限公司××淤地坝除险加固项目部 | | | | | | | | | | |
| 1 | Φ10钢筋 | 溢洪道 | | | ×× | 2 | ××× | ××× | ×× | ××水利检测试验中心 | 合格 | ××× | ××× |
| 2 | Φ14钢筋 | | | | ×× | 2 | ××× | ××× | ×× | | 合格 | ××× | ××× |
| 3 | Φ16钢筋 | | | | ×× | 2 | ××× | ××× | ×× | | 合格 | ××× | ××× |
| 4 | 砂子 | | | | ×× | 1 | ××× | ××× | ×× | | 合格 | ××× | ××× |
| 5 | | | | | ×× | 1 | ××× | ××× | ×× | | 合格 | ××× | ××× |
| 6 | 石子 | | | | ×× | 1 | ××× | ××× | ×× | | 合格 | ××× | ××× |
| 7 | | | | | ×× | 1 | ××× | ××× | ×× | | 合格 | ××× | ××× |
| 8 | 水泥 | | | | ×× | 1 | ××× | ××× | ×× | | 合格 | ××× | ××× |
| 9 | | | | | ×× | 1 | ××× | ××× | ×× | | 合格 | ××× | ××× |
| 10 | C25混凝土 | XQB-01-02 | ××～×× | ×× | ×× | 1 | ××× | ××× | ×× | | 合格 | ××× | ××× |
| 11 | C25混凝土 | XQB-01-07 | ××～×× | ×× | ×× | 1 | ××× | ××× | ×× | | 合格 | ××× | ××× |
| 12 | C25混凝土 | XQB-01-08 | ××～×× | ×× | ×× | 1 | ××× | ××× | ×× | | 合格 | ××× | ××× |
| 13 | C25混凝土 | XQB-01-12 | ××～×× | ×× | ×× | 1 | ××× | ××× | ×× | | 合格 | ××× | ××× |
| | | | | | | | | | | | | | |

**注：**本表按月装订成册。

## 十二、《见证取样跟踪记录》实例

# 见证取样跟踪记录

(监理〔20××〕见证001号)

合同名称：××淤地坝除险加固工程　　　　　　　　　　合同编号：××××-01

| 单位工程名称及编号 | | | | | | | | | | | | | ××淤地坝除险加固工程XQB |
|---|---|---|---|---|---|---|---|---|---|---|---|---|---|
| 承包人 | | | | | | | | | | | | | ××水利水电工程有限公司××淤地坝除险加固项目部 |

| 序号 | 检测项目 | 对应单元工程编号 | 取样部位 | | 代表数量 | 组数 | 取样人 | 送样人 | 送样时间 | 检测机构 | 检测结果 | 检测报告编号 | 跟踪(见证)监理人员 |
|---|---|---|---|---|---|---|---|---|---|---|---|---|---|
| | | | 桩号 | 高程 | | | | | | | | | |
| 1 | 橡胶止水带 | | | | ×× | 1 | ××× | ××× | ×× | 省水利水电工程质量检测中心 | 合格 | ××× | ××× |
| 2 | Φ10钢筋 | | | | ×× | 1 | ××× | ××× | ×× | | 合格 | ××× | ××× |
| 3 | Φ14钢筋 | 溢洪道 | | | ×× | 1 | ××× | ××× | ×× | | 合格 | ××× | ××× |
| 4 | Φ16钢筋 | | | | ×× | 1 | ××× | ××× | ×× | | 合格 | ××× | ××× |
| 5 | 砂子 | | | | ×× | 1 | ××× | ××× | ×× | | 合格 | ××× | ××× |
| 6 | 石子 | | | | ×× | 1 | ××× | ××× | ×× | | 合格 | ××× | ××× |
| 7 | 水泥 | | | | ×× | 1 | ××× | ××× | ×× | | 合格 | ××× | ××× |
| 8 | C25混凝土 | XQB-01-02 | ××～×× | ×× | ×× | 1 | ××× | ××× | ×× | | 合格 | ××× | ××× |
| 9 | C25混凝土 | XQB-01-07 | ××～×× | ×× | ×× | 1 | ××× | ××× | ×× | | 合格 | ××× | ××× |
| 10 | C25混凝土 | XQB-01-08 | ××～×× | ×× | ×× | 1 | ××× | ××× | ×× | | 合格 | ××× | ××× |
| | | | | | | | | | | | | | |
| | | | | | | | | | | | | | |
| | | | | | | | | | | | | | |

**注**：本表按月装订成册。

# 十三、《监理例会会议纪要》实例

## 监理例会会议纪要

(监理〔20××〕纪要 005 号)

合同名称:××小流域综合治理工程　　　　　　　　　　　合同编号:××××-01

| 会议名称 | ××小流域综合治理工程监理例会 | | |
|---|---|---|---|
| 会议主要议题 | 工程项目质量、安全、进度会 | | |
| 会议时间 | 20××年××月××日 | 会议地点 | ××县水利局 |
| 会议组织单位 | ××水利水电建设监理有限公司<br>××小流域综合治理工程项目监理部 | 会议主持人 | ×××(总监理工程师) |
| 会议主要内容<br>及结论 | 20××年××月××日,××水利水电建设监理有限公司××小流域综合治理工程项目监理部在××县水利局组织召开了××小流域综合治理工程项目质量、安全、进度监理例会。经会议商定,现纪要如下:<br>1.工程进度:<br>　施工单位根据总进度合理安排工期,合理安排施工作业班组、作业工点,加强施工现场施工组织管理,责任到人,层层把关。确保施工进度与施工总进度计划一致。<br>　本项目自20××年××月××日开工建设,累计完成水土保持云杉及圆柏造林 201.55 hm$^2$,封禁治理 2 685.34 hm$^2$,网围栏长 3 814 m,封禁警示牌 9 座,护岸墙 418 m。<br>2.工程安全:<br>　安全员加强现场安全检查力度,确保安全文明施工,安全措施落实到位,不留死角。做好疫情防控工作,每天对施工现场所有人员进行体温测量,每天对施工现场所有人员做好疫情防控登记。<br>3.工程质量:<br>　原材料进场及时报验,上报工程检验成果。严格按照设计文件、设计图纸和技术规范的要求施工,保质保量完成工程,施工中既要注重施工过程质量,也要注重外观质量。<br>4.工程投资:<br>　完成金额 5 022 383.11 元,完成率为 29.58%。<br>5.信息管理:<br>　按照工程进展情况完成相应工程工序和单元工程质量评定、资料整编。资料整理必须与施工进度同步,资料归档齐全,资料规整符合规范要求,归档率达到 100%,影像资料收集六大要求齐全。<br>6.组织协调:<br>　加强各方沟通,需要协调解决的事宜,各方积极配合,协调解决好工程建设中的问题。施工单位加强与乡镇、村委沟通,做好梯田实施前的衔接工作,确保后期梯田工程按期顺利实施。<br><br>　　　　　　　　　　　监 理 机 构:××水利水电建设监理有限公司<br>　　　　　　　　　　　　　　　　　　××小流域综合治理工程项目监理部<br>　　　　　　　　　　会议主持人:×××<br>　　　　　　　　　　日　　　　期:20××年××月××日 | | |
| 会议签到表(略) | | | |

注:本表由监理机构填写,会议主持人签字后送达参会各方。

# 监理例会会议纪要

（监理〔20××〕纪要008号）

合同名称：××小流域综合治理工程　　　　　　　　　　　合同编号：××××-01

| 会议名称 | ××小流域综合治理工程监理例会 | | |
|---|---|---|---|
| 会议主要议题 | 工程项目质量、安全、进度会 | | |
| 会议时间 | 20××年××月××日 | 会议地点 | ××县水利局 |
| 会议组织单位 | ××水利水电建设监理有限公司<br>××小流域综合治理工程项目监理部 | 会议主持人 | ×××（总监理工程师） |
| 会议主要内容<br>及结论 | 20××年××月××日，××水利水电建设监理有限公司××小流域综合治理工程项目监理部在××县水利局组织召开了××小流域综合治理工程项目质量、安全、进度监理例会。经会议商定，现纪要如下：<br>　　1.工程进度：<br>　　根据当地气候条件，抢抓工程实施的有利时机，按照设计文件和图纸要求，合理安排施工进度，确保施工资源投入，做好施工组织管理，做好生产调度、施工进度安排与调整等各项工作，切实做到以工程质量促施工进度，以安全施工促工程进度，确保项目按期完成。<br>　　2.工程投资：<br>　　工程支付按照工程进度款支付，支付工程款时工程资料必须完善，工程质量经建设单位、监理单位验收合格后工程资料齐全，签发工程进度款。<br>　　3.工程安全：<br>　　(1)各参建单位应自觉执行《中华人民共和国安全生产法》，管生产经营必须管安全，树牢安全发展理念，坚持安全第一、预防为主、综合治理的方针，实行从源头上防范化解重大安全风险。<br>　　(2)从实际出发，做好人力、物资、机械的综合平衡，组织均衡施工。坚持"安全第一、质量第一"的方针，把施工安全工作摆在重要位置，行之有效地贯彻到各个环节中去。<br>　　(3)施工单位安全管理人员应各尽其职，开展好安全教育，给施工作业班组贯彻宣传好各类法规、通知和上级部门的文件精神。<br>　　(4)班前对工人进行明确的安全交底、技术交底和动员，并交代好操作事项，坚决杜绝冒险施工、违章操作和违反安全工作纪律的现象，牢记"安全生产、人人有责"的原则，树立"安全第一"的思想意识。<br>　　(5)做好疫情防控工作，每天对施工现场所有人员进行体温测量，每天对施工现场所有人员做好疫情防控登记。<br>　　4.工程质量：<br>　　施工单位要高度重视，严格按照设计要求施工，梯田地块沿等高线布设，兼顾等宽，大弯就势，小弯取直，宽适当，长不限，田面长度应坚持在因地制宜的前提下，能长则长的原则，即"长不限，绕山转"，依具体地形、地貌变化而定。在地形比较复杂的地段，尽量使埂线平滑，坡耕地实施田面宽度大于8 m，田面平整。 |

续

| 会议主要内容及结论 | （1）质量要求：<br>①坎埂修筑要牢固顺直。清基后，在开挖线处取宽1.0 m铺平，再分层加筑至设计高度。埂坎整体坚固，埂坎顶水平，埂坎侧外坡均匀一致、顺直。<br>②田面要整平。纵向高低绝对值不大于0.2 m，横向比不大于0.3%。填方区预留5°以上反坡沉陷高度，无尾留，无陷裂和潜在水土流失危害。<br>③施工机械遗留死角不大于5%。<br>④田埂尺寸高为0.3 m，顶宽0.3 m，内坡比1∶1，外坡比按田坎坡度确定。<br>⑤土坎侧坡坡度一般在70°~80°，该项目设计田坎外侧坡坡度70°~74°。<br>（2）规格要求：<br>①一般要求梯田田面净宽大于8 m。<br>②田面平整，田坎坚固，地边埂高符合设计标准，并做到生土深翻，路通水畅，便于机耕。<br>③田面长度应坚持在因地制宜的前提下，能长则长的原则，即"长不限，绕山转"，依具体地形、地貌变化而定。<br>④田面纵向水平，横向内低外高，呈反坡状，田面高差小于20 cm。<br>⑤田间道路宽2.5~3.5 m，且土路现状路况较好，本项目田间道路不铺设砂砾石，只进行简单的路面平整，并采用机械压实。<br>5.组织协调：<br>施工单位加强与乡镇、村委沟通，各方积极配合，协调解决。<br><br><br><br><br><br><br>           监 理 机 构：××水利水电建设监理有限公司<br>                    ××小流域综合治理工程项目监理部<br>           会议主持人：×××<br>           日       期：20××年××月××日 |
| --- |
| 会议签到表（略） |

注：本表由监理机构填写，会议主持人签字后送达参会各方。

# 第五章　工程进度控制

## 第一节　工程进度控制的概念

进度控制是建设监理中目标控制之一。工程进度失控,必然导致人力、物力、财力的浪费,甚至可能影响工程质量与安全。拖延工期后赶进度,引起费用的增加,工程质量也容易出现问题。特别是植物措施受季节制约,如赶不上工期,错过有利的施工机会,将会造成重大的损失。若工期大幅拖延,便不能发挥应有的效益。特别是淤地坝、拦洪坝等具有防洪要求的工程,如汛前不能达到防汛坝高,将会严重影响工程安全度汛。投资、进度、质量三者是相辅相成的统一体,只有将工程进度与资金投入和质量要求协调起来,才能取得良好的效果。

### 一、基本概念

#### (一)建设工期

建设工期是指建设项目从正式开工到全部建成投产或交付使用所经历的时间。建设工期一般按日历月或日历天计算,并在总进度计划中明确建设的起止日期。建设工期分为工程准备阶段、工程主体施工阶段和工程完工阶段。

#### (二)合同工期

合同工期是业主与承包商签订的施工合同中确定的承包商完成所承包项目的时间。施工合同工期应按日历天计算。合同工期一般是指从开工日期到合同规定的竣工日期所用的时间,再加上以下情况的工期延长:①额外或附加的工作;②合同条件中提到的任何误期原因;③异常恶劣的气候条件;④由发包人造成的任何延误、干扰或阻碍;⑤除去承包人不履行合同或违约或由其负责的外,其他可能发生的特殊情况。

#### (三)建设项目进度计划

一个建设项目的顺利完成需要对其实施过程中的各项活动进行周密安排,这一安排就是建设项目进度计划。它体现了项目实施的整体性、全局性和经济性,是项目实施的纲领性计划安排,它确定了工程建设的工作项目、工作进度以及完成任务所需的资金、人力、材料和设备等资源的安排。组成项目进度计划的建设活动具有以下特点:

(1)建设活动应该是有序的。

(2)建设活动需要全局的总体控制。

(3)建设活动需要合理的资源配置和必要的资源供应保障。

(4)建设活动受到建设环境因素的制约。

#### (四)进度控制

进度控制是指在水土保持工程建设项目实施过程中,监理机构运用各种手段和方法,依据合同文件赋予的权利,监督、管理建设项目施工单位(或设计单位),采用先进合理的施工方案和组织、管理措施,在确保工程质量、安全和投资的前提下,通过对各建设阶段的工作内容、工作程序、持续时间和衔接关系编制计划动态控制,对实际进度与计划进度出现的偏差及时进行纠正,并控制整个计划实施,按照合同规定的项目建设期限加上监理机构批准的工程延期时间,以及预定的计划目标去完成项目的活动。

## 二、水土保持工程进度控制的特殊性

(1)施工的季节性。

水土保持工程施工受季节性影响较大,如造林,宜在苗木休眠期而且土壤含水量较高的季节栽植,一般在春秋季比较好,一旦错过适时施工季节,就会影响造林的成活率。同样,如果种草不能在适时的季节进行,也会影响出苗率。而有些工程措施,如淤地坝则要考虑汛期的防汛,在我国北方,冬天冻土季节土方不能上坝,混凝土、浆砌石也不容易施工;否则,就不能保证工程质量。

(2)投资体制多元化。

水土保持生态工程是公益性建设工程,长期以来,工程投资由中央投资、地方匹配、群众自筹三部分组成。近几年,国家实行积极的"三农政策",取消了农民的义务工,工程投资变成了中央投资和地方匹配两部分,水土保持工程大多处于贫困地区,地方财政比较困难,建设资金难以落实,工程建设资金往往不能足额保证或及时到位,从而增加了工程进度控制的复杂性。

## 三、监理机构工程进度控制的目标

建设工程进度控制的总目标是建设工期,即监理机构以施工合同工期为基准,采取有力的动态控制手段和措施,通过资源调配,加强施工协调,力争使建设工程项目在合同工期前完成。

## 四、监理机构工程进度控制的原则

(1)工程进度控制的依据是施工合同约定的工期目标。
(2)在确保工程质量和安全的原则下,控制工程进度。
(3)采用动态的控制方法,对工程进度进行主动控制。

## 五、影响工程进度的主要因素

影响水土保持工程进度的因素很多,总体上可概括为以下几个主要方面。

### (一)投资主体因素

目前,水土保持工程的投资主体主要包括国家投资和企业出资两个方面,投资主体、责任主体和受益主体往往不统一。就水土保持生态工程而言,通过科学规划、统筹安排、合理布设,实现生态环境改善的长远利益和群众脱贫致富的现实利益结合,调动地方政府尤其是当地群众治山治水的积极性,是确保水土保持工程进度的根本因素。

## (二)计划制订因素

水土保持工程具有很强的综合性,工程分布点多面广,工程类型多样,工程规模差异很大,施工对象参差不一。通过制订切实可行、细致周密的实施计划,科学确定工程的工作目标、工作进度以及完成工程项目所需的资金、人力、材料、设备等,实现费省效宏的目标。

在制订计划过程中应注意以下几个方面问题:一是水土保持工程施工作业面大。水土保持工程大多属于面状和线状工程,作业面跨度很大,与点状工程集中施工调度相比,有明显的不同。二是施工专业类型多。水土保持工程施工涉及水利工程、造林种草、土地整治、地质灾害防治、小型水土保持工程等诸多专业,具有综合性、交叉性的特点,要求设计、监理、施工企业技术人员熟练掌握各相关专业的知识。三是人力、物力和资金调度不同。水土保持工程施工人员大多属于专业施工队临时聘用的当地农民,加之工程项目分散分布,劳动力的组织、调度较为困难。在资金的计划调度使用上,水土保持生态工程的建设资金往往到位较晚,先期组织施工需大量的启动和预付资金,在制订计划时,也应予以充分考虑。

## (三)合同管理因素

目前水土保持工程主要实行招标投标制,签订责、权、利对等统一,公正、合法、明晰、操作性强的项目建设合同,防止"不平等条约",避免合同履行中出现的歧义,减少争议和调解,是保证工程按期顺利实施的重要条件。

## (四)生产力要素

组织项目实施的劳动力、劳动材料、机械设备、资金、管理等生产力要素,都会对水土保持工程建设产生直接影响,各生产力要素之间的不同配置,会产生不同的实施效果。

人是生产力要素中具有能动作用的因素。人员素质、工作技能、人员数量、工作效率、分工与协作安排、职业道德与责任心等都对施工进度有重大影响。

一定程度上讲,工艺技术和设备水平决定着施工效率,所以先进的工艺和设备,是施工进度的重要保证。

材料也是一个不可忽视的因素。只有材料按时供应,才能保证现场施工不出现停工、窝工现象。另外,材料不同,对工艺技术、施工条件的要求也不同,对施工进度影响很大。

资金是施工进度顺利进行的基本保证。资金不能按时足额到位,其他生产力要素也就无法正常投入,因此保证资金投入,合理地安排和使用资金,对工程建设进度具有决定性的影响。

## (五)项目建设自然环境因素

任何项目的建设都要受当地气象、水文、地质等自然因素的影响。要保证工程的顺利实施,就要合理编制项目进度计划,抓住有利时机,避开不利的自然环境因素。例如,治沟骨干坝应在汛期之前达到防汛坝高,冬季封冻以后不能进行土坝施工;水土保持造林、种草措施要避开干旱时节,抓住春秋两季进行,如果春季非常干旱,秋季也可进行造林种草;小型蓄水保土工程应安排在农闲时节,以免与农事活动相冲突。因此,为保证水土保持工程建设的进度,要充分考虑这些多变因素,制订应急方案和替代方案,及时调整进度安排,将不利环境因素影响减小到最低程度。

# 第二节　监理人施工进度控制的合同权限

## 一、监理人施工进度控制的权限

在发包人与监理人签订的监理委托合同中,明确规定了发包人授予监理人进行施工合同管理的权限,并在发包人与承包人签订的施工合同中予以明确,作为监理人进行施工合同管理的依据。监理人施工进度控制的权限如下:

(1)签发合同工程开工通知。监理人应在专用合同条款规定的期限内,向承包人发出合同工程开工通知。承包人应在接到合同工程开工通知后及时调遣人员和调配施工设备、材料进入工地。合同工程开工通知具有十分重要的合同效力,对合同项目开工日期的确定、开始施工具有重要作用。

(2)审批施工进度计划。承包人应按技术条款规定的内容和期限及监理人的指示,编制施工总进度计划报送监理人审批,监理人应在技术条款规定的期限内批复。经监理人批准的施工总进度计划(称合同进度计划),作为控制本合同工程进度的依据,并据此编制年、季和月进度计划报送监理人审批。监理人认为有必要时,承包人应按监理人指示的内容和期限,并根据合同进度计划的进度控制要求,编制单位工程进度计划报送监理人审批。

(3)审批施工组织设计和施工措施计划。承包人应按合同规定的内容和时间要求,编制施工组织设计、施工措施计划和由承包人负责的施工图纸,报送监理人审批,并对现场作业和施工方法的完备和可靠负全部责任。

(4)审核劳动力、材料、设备使用监督权和分包单位。监理人有权深入施工现场监督检查承包人的劳动力、施工机械及材料等使用情况,并要求承包人做好施工日志,在进度报告中反映劳动力、施工机械及材料等使用情况。

对承包人提出的分包项目和分包人,监理人应严格审核,提出建议,报发包人批准。

(5)监督检查施工进度。不论何种原因发生工程的实际进度与合同进度计划不符时,承包人应按监理人的指示在28 d内提交一份修订的进度计划报送监理人审批,监理人应在收到该进度计划后的28 d内批复承包人。批准后的修订进度计划作为合同进度计划的补充文件。

不论何种原因造成施工进度计划拖后,承包人均应按监理人的指示,采取有效措施赶上进度。承包人应在向监理人报送修订进度计划的同时,编制一份赶工措施报告报送监理人审批,赶工措施应以保证工程按期完工为前提调整和修改进度计划。

(6)下达暂停施工指示和复工通知。监理人下达暂停施工指示或复工通知,应事先征得发包人同意。监理人向承包人发布暂停工程或部分工程施工的指示,承包人应按指示的要求立即暂停施工。不论由于何种原因引起的暂停施工,承包人应在暂停施工期间负责妥善保护工程和提供安全保障。工程暂停施工后,监理人应与发包人和承包人协商采取有效措施积极消除停工因素的影响。当工程具备复工条件时,监理人应立即向承包人发出复工通知,承包人收到复工通知后,应在监理人指定的期限内复工。

(7)协调施工进度。监理人在认为有必要时,有权发出命令协调施工进度,这些情况一般包括各承包人之间的作业干扰、场地与设施交叉、资源供给与现场施工进度不一致、进度拖延等。但是,这种进度的协调在影响工期改变的情况下,应事先得到发包人同意。

(8)建议工程变更与签署变更指示。监理人在认为有必要时,可以对工程或其任何部分的形式、质量或数量做出变更,指示承包人执行。但是,对涉及工期较长、提高造价、影响工程质量等的变更,在发出指示前,应事先得到发包人批准。

(9)核定工期索赔。对于承包人提出的工期索赔,监理人有权组织核定,如核实索赔事件、审定索赔依据、审查索赔计算与证据材料等。监理人在从事上述工作时,应作为公正的、独立的第三方开展工作,而不是仲裁人。

(10)建议撤换承包人工作人员或更换施工设备。承包人应对其在工地的人员进行有效的管理,使其能做到尽职尽责。监理人有权要求撤换那些不能胜任本职工作或行为不端或玩忽职守的任何人员,承包人应及时予以撤换。

监理人一旦发现承包人使用的施工设备影响工程进度或质量时,有权要求承包人增加或更换施工设备,承包人应予及时增加或更换,由此增加的费用和工期延误责任由承包人承担。

(11)确定完工日期。监理人收到承包人提交的完工验收申请报告后,应审核其报告的各项内容。在签署移交证书前,应由监理人与发包人和承包人协商核定工程项目的实际完工日期,并在移交证书中写明。

二、监理人施工进度控制的任务

(1)编制工程项目建设监理工作进度控制计划。
(2)审查承包单位提交的施工进度计划。
(3)检查并掌握工程实际进度情况。
(4)比较实际进度与计划进度目标,分析计划提前或拖后的主要原因。
(5)决定应该采取的相应措施和补救方法。
(6)及时调整施工进度控制计划,使总目标得以实现。

# 第三节　工程进度控制的内容

一、工程进度控制的内容及要求

(1)施工总进度计划应符合下列规定:

监理机构应在合同工程开工前依据施工合同约定的工期总目标、阶段性目标和发包人的控制性总进度计划,制订施工总进度计划的编制要求并书面通知承包人。

①施工总进度计划的审批程序应符合下列规定:

a.承包人应按施工合同约定的内容、期限和施工总进度计划的编制要求,编制施工总进度计划,报送监理机构。

b.监理机构应在施工合同约定的期限内完成审查并批复或提出修改意见。

c.根据监理机构的修改意见,承包人应修正施工总进度计划,重新报送监理机构。

d.监理机构在审查中,可根据需要提请发包人组织设计单位、承包人等有关方参加施工总进度计划协调会议,听取参建各方的意见,并对有关问题进行处理,形成结论性意见。

②施工总进度计划审查应包括下列内容:

a.是否符合监理机构提出的施工总进度和编制要求。

b.施工总进度计划与合同工期和阶段性目标的响应性与符合性。

c.施工总进度计划中有无项目内容漏项或重复的情况。

d.施工总进度计划中各项目之间逻辑关系的正确性与施工方案的可行性。

e.施工总进度计划中关键路线安排的合理性。

f.人员、施工设备等资源配置计划和施工强度的合理性。

g.原材料、中间产品和工程设备供应计划与施工总进度计划的协调性。

h.本合同工程施工与其他合同工程施工之间的协调性。

i.用图计划、用地计划等的合理性,以及与发包人提供条件的协调性。

j.其他应审查的内容。

(2)分阶段、分项目施工进度计划控制应符合下列规定:

①监理机构应要求承包人依据施工合同约定和批准的施工总进度计划,分年度编制年度施工进度计划,报监理机构审批。

②根据进度控制需要,监理机构可要求承包人编制季、月施工进度计划,以及单位工程或分部工程施工进度计划,报监理机构审批。

(3)施工进度的检查应符合下列规定:

①监理机构应检查承包人是否按照批准的施工进度计划组织施工,资源的投入是否满足施工需要。

②监理机构应跟踪检查施工进度,分析实际施工进度与施工进度计划的偏差,重点分析关键路线的进展情况和进度延误的影响因素,并采取相应的监理措施。

(4)施工进度计划的调整应符合下列规定:

①监理机构在检查中发现实际施工进度与施工进度计划发生了实质性偏离时,应指示承包人分析进度偏差原因、修订施工进度计划,报监理机构审批。

②当变更影响施工进度时,监理机构应指示承包人编制变更后的施工进度计划,并按施工合同约定处理变更引起的工期调整事宜。

③施工进度计划的调整涉及总工期目标、阶段目标改变,或者资金使用有较大的变化时,监理机构应提出审查意见报发包人批准。

(5)监理机构在签发暂停施工指示时,应遵守下列规定:

①在发生下列情况之一时,监理机构应提出暂停施工的建议,报发包人同意后签发暂停施工指示。

a.工程继续施工将会对第三者或社会公共利益造成损害。

b.为了保证工程质量、安全所必要。

c.承包人发生合同约定的违约行为,且在合同约定时间内未按监理机构指示纠正其违约行为,或拒不执行监理机构的指示,从而将对工程质量、安全、进度和资金控制产生严重影响,需要停工整改。

②监理机构认为发生了应暂停施工的紧急事件时,应立即签发暂停施工指示,并及时向发包人报告。

③在发生下列情况之一时,监理机构可签发暂停施工指示,并抄送发包人。

a.发包人要求暂停施工。

b.承包人未经许可便进行主体工程施工时,改正这一行为所需要的局部停工。

c.承包人未按照批准的施工图纸进行施工时,改正这一行为所需要的局部停工。

d.承包人拒绝执行监理机构的指示,可能出现工程质量问题或造成安全事故隐患,改正这一行为所需要的局部停工。

e.承包人未按照批准的施工组织设计或施工措施计划施工,或承包人的人员不能胜任作业要求,可能会出现工程质量问题或存在安全事故隐患,改正这些行为所需要的局部停工。

f.发现承包人所使用的施工设备、原材料或中间产品不合格,或发现工程设备不合格,或发现影响后续施工的不合格的单元工程(工序),处理这些问题所需要的局部停工。

④监理机构应分析停工后可能产生影响的范围和程度,确定暂停施工的范围。

(6)发生暂停施工时,发包人在收到监理机构提出的暂停施工建议后,应在施工合同约定时间内予以答复。若发包人逾期未答复,则视为其已同意,监理机构可据此下达暂停施工指示。

(7)若由于发包人的责任需暂停施工,监理机构未及时下达暂停施工指示时,在承包人提出暂停施工的申请后,监理机构应及时报告发包人并在施工合同约定的时间内答复承包人。

(8)监理机构应在暂停施工指示中要求承包人对现场施工组织做出合理安排,以尽量减少停工影响和损失。

(9)下达暂停施工指示后,监理机构应按下列程序执行:

①指示承包人妥善照管工程,记录停工期间的相关事宜。

②督促有关方及时采取有效措施,排除影响因素,为尽早复工创造条件。

③具备复工条件后,监理机构应明确复工范围,报发包人批准后,及时签发复工通知,指示承包人执行。

(10)在工程复工后,监理机构应及时按施工合同约定处理因工程暂停施工引起的有关事宜。

(11)施工进度延误管理应符合下列规定:

①由于承包人的原因造成施工进度延误,可能致使工程不能按合同工期完工的,监理机构应指示承包人编制并报审赶工措施报告。

②由于发包人的原因造成施工进度延误,监理机构应及时协调,并处理承包人提出的有关期间费用索赔事宜。

(12)发包人要求调整工期的,监理机构应指示承包人编制并报审工期调整措施报告,经发包人同意后指示承包人执行,并按照施工合同约定处理有关费用事宜。

(13)监理机构应审阅承包人按施工合同约定提交的施工月报、施工年报,并报送发包人。

(14)监理机构应在监理月报中对施工进度进行分析,必要时提交进度专题报告。

## 二、工程进度控制监理工作程序

工程进度控制监理工作程序如图 5-1 所示。

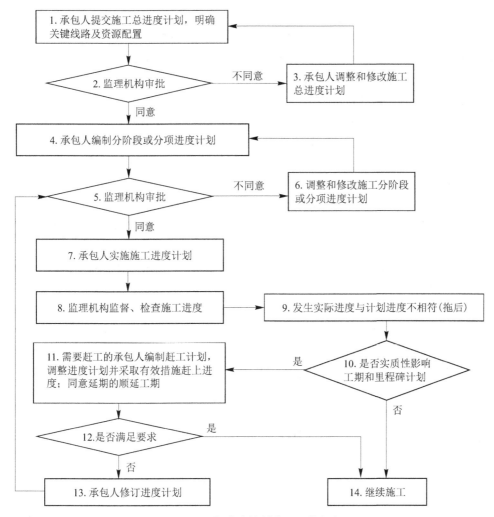

图 5-1　工程进度控制监理工作程序

## 三、工程进度控制分析的方法

监理机构监督现场施工进度,是一项经常性的工作。在施工进度检查、监督中,监理机构如果发现实际进度较计划进度拖延,一方面应分析这种偏差对工程后续进度及工程工期的影响,另一方面应分析造成进度拖延的原因。

**(一)施工进度监督检查的主要内容**

(1)检查工程形象进度。

(2)检查设计图纸及技术报告的编制工作进展情况。

(3)检查设备采购的进展情况。

(4)检查材料的加工供应情况。

**(二)施工进度监督检查的方式**

(1)监督检查和分析承包人的日进度报表和作业状况表。

(2)检查工程进度执行情况。

（3）定期召开施工进度监理例会。结合现场监理例会（如周例会、月例会），要求承包人对上次例会以来的施工进度计划完成情况进行汇报，对进度延误说明原因；依据承包人的汇报和监理人掌握的现场情况，对存在的问题进行分析，并要求承包人提出合理、可行的赶工措施方案，经监理人同意后落实到后续阶段的进度计划中。

**（三）施工关键线路的进度控制**

在进度计划实施过程中，控制关键线路的进度，是保证工程按期完成的关键。因此，监理人应从施工方案、作业程序、资源投入、外部条件、工作效率等全方位督促承包人加强关键线路的进度控制。

*1.加强监督检查、预控管理*

对每一标段的关键线路作业，监理人应逐日、逐周、逐月检查施工准备、施工条件和工程进度计划的实施情况，及时发现问题，研究赶工措施，抓住有利赶工时机，及时纠正进度偏差。

*2.研究、建议采用新技术*

当工程工期延误较严重时，采用新技术、新工艺是加快施工进度的有效措施。对这一问题，监理人应抓住时机，深入开展调查研究，仔细分析问题的严重性与对策。对于承包人原因造成的进度延误，应督促承包人及时提出相应措施方案；对于发包人原因造成的进度延误，监理人应协助发包人研究、比较相应的措施方案；对由于采用新技术引起的承包人的成本增加，应尽快与发包人、承包人协商解决，避免这一问题长期悬而未决，影响承包人的工作积极性，造成工程进度的进一步延误。

*3.逐月、逐季施工进度计划的审批及其资源核查*

根据合同规定，承包人应按照监理人要求的格式、详细程度、方式、时间，向监理人逐月、逐季递交施工进度计划，以得到监理人的同意。监理人审批月、季施工进度计划的目的，是看其是否满足合同工期和总进度计划的要求。如果承包人计划完成的工程量或工程面貌满足不了合同工期和总进度计划的要求，则应要求承包人采取措施，如增加计划完成工程量、加大施工强度、加强管理、改变施工工艺、增加设备等。同时，监理人还应审批施工进度计划对施工质量和施工安全的保证程度。

一般来说，监理人在审批月、季进度计划时应注意以下几点：

（1）应了解承包人上个计划期完成的工程量和形象面貌情况。

（2）分析承包人所提供的施工进度计划（包括季、月）是否能满足合同工期和施工总进度计划的要求。

（3）为完成计划所采取的措施是否得当，施工设备、人力能否满足要求，施工管理上有无问题。

（4）核实承包人的材料供应计划与库存材料数量，分析是否满足施工进度计划的要求。

（5）施工进度计划中所需的施工场地、通道是否能够保证。

（6）施工图供应计划是否与进度计划协调。

（7）工程设备供应计划是否与进度计划协调。

（8）该承包人的施工进度计划与其他承包人的施工进度计划有无相互干扰。

（9）为完成施工进度计划所采取的方案对施工质量、施工安全和环保有无影响。

（10）计划内容、计划中采用的数据有无错漏之处。

## (四)实际进度与计划进度的对比、分析

监理人员将定期检查并整理的实际进度信息与项目计划进度信息进行比较,得出实际进度比计划进度拖后、超前还是一致的结论。常用的比较方法有横道图比较法、S形曲线比较法、前锋线比较法、香蕉曲线比较法和列表比较法等。通过比较得出实际进度与计划进度的对比结果。对比结果有三种情况:相一致、超前、拖后。

# 第四节　范　例

## 一、《暂停施工指示》实例

### 暂停施工指示

(监理〔20××〕停工 001 号)

合同名称:××新建淤地坝工程　　　　　　　　　　　　　　合同编号:××××-01

致:××水利水电工程有限公司××小流域综合治理工程项目部

由于下述原因,现通知你方于　20××　年　××　月　××　日　10:30　时对　××新建淤地坝工程溢洪道消力池　工程项目暂停施工。

暂停施工范围说明:合同编号:××××-01,××新建淤地坝工程溢洪道。

暂停施工原因:

××新建淤地坝工程溢洪道消力池使用未经检验和批准的水泥,且不执行建设单位和监理单位的现场清仓指令,继续在一个混凝土仓面使用两种品牌水泥。

引用合同条款或法规依据:

1.《××新建淤地坝工程施工合同文件》第 5 项技术条款中第 1.5.1 条;第 4.4.3.1 中(2)的规定。

2.《水工混凝土施工规范》(SL 677—2014)。

3.《水利工程施工监理规范》(SL 288—2014)。

暂停施工期间要求:

1.立即将未经检验的水泥清除出施工现场。

2.立即拆除使用了未经检验水泥的消力池底板。

监　理　机　构:××水利水电建设监理有限公司

××小流域综合治理工程项目监理部

总监理工程师:×××

日　　　　期:20××年××月××日

施工单位:××水利水电工程有限公司

××小流域综合治理工程项目部

签　收　人:×××

日　　　　期:20××年××月××日

## 二、《复工通知》实例

# 复工通知

（监理〔20××〕复工 001 号）

合同名称:××新建淤地坝工程　　　　　　　　　　　　　　合同编号:××××-01

致:××水利水电工程有限公司××小流域综合治理工程项目部

　　鉴于暂停施工指示（监理〔20××〕停工 001 号）所述原因已经□全部/□部分消除,你方可于

　　__20××__ 年 __××__ 月 __××__ 日 __08:30__ 时起对 __××新建淤地坝工程溢洪道消力池__ 工程下列范围恢复施工。

　　复工范围:□监理〔　〕停工　号指示的全部暂停施工项目。

　　　　　　☑监理〔20××〕停工 001 号指示的下列暂停施工项目:

　　　　　　合同编号:××××-01,××新建淤地坝工程溢洪道

<br><br><br><br><br><br><br><br>

　　　　　　　　监 理 机 构:××水利水电建设监理有限公司

　　　　　　　　　　　　　　××小流域综合治理工程项目监理部

　　　　　　　　总监理工程师:×××

　　　　　　　　日　　　期:20××年××月××日

<br><br><br><br><br><br>

　　　　　　　　施工单位:××水利水电工程有限公司

　　　　　　　　　　　　　　××小流域综合治理工程项目部

　　　　　　　　签 收 人:×××

　　　　　　　　日　　　期:20××年××月××日

# 第六章　工程资金控制

施工阶段工程资金控制是监理机构的重要工作,因为施工阶段是资本转化的实质性阶段,大量的资金需要实际筹措并投入使用。为此,监理机构必须依照合同和国家的法律法规与政策,做好资金的计划、组织、监督、检查等控制工作。

## 第一节　工程资金控制的概念

### 一、投资与基本建设

**(一)投资的概念**

(1)投资。一般是指经济主体为获取经济效益而垫付货币资金或其他资源用于某些事业的经济活动过程。投资属于商品经济的范畴。投资活动作为一种经济活动,是随着社会化生产的产生、社会经济和生产力的发展而逐渐产生和发展的。

(2)投资的种类。一是按投资途径和方式分为直接投资和间接投资;二是按形成资产的性质分为固定资产投资和流动资产投资;三是按其时间长短分为长期投资和短期投资。

(3)建设项目投资。是指某一经济主体为获取项目将来的收益而垫付资金用于项目建设的经济行为,所垫付资金就是建设项目投资。目前建设项目投资有两种含义,一般认为建设项目投资是指工程项目建设所需的全部费用总和,也就是建设项目投资为项目建设阶段有计划地进行固定资产再生产和形成最低流动资金的一次费用总和。若从广义角度来看,建设项目投资阶段、运营阶段和报废阶段所花费的全部资金,也就是广义上建设项目投资是指建设项目寿命周期内所花费的全部费用。它是一个以资金形成资产,通过管理资产,提高资产效益,最后资产转为资金的动态增值循环过程,是一个从资产流到物质流再到资产流的动态过程。

**(二)基本建设的概念**

基本建设是指固定资产的建设,即是建筑安装和购置固定资产的活动及其与之相关的工作。基本建设包括以下几方面工作:

(1)建筑安装工程。是基本建设的组成部分,是工程建设通过勘测、设计、施工等生产性活动创造的建筑产品。本部分工作包括建筑工程和设备安装工程两个部分。

(2)设备工器具的购置。是指由建设单位项目的需要向制造行业采购或自制达到固定资产标准的机电设备、工具、器具等的工作。

(3)其他基建工作。是指不属于上述两项的基建工作,如勘测、设计、科学试验、征地移民、水库清理、水土保持、施工队伍转移、生产准备等工作。

## 二、工程项目投资构成

工程项目投资是指工程项目达到设计效益时所需的全部建设资金,包括规划、勘测、设计、科研、施工等阶段的费用。建设项目投资具体由以下费用组成:①建筑安装工程费;②设备工器具购置费;③工程建设其他费用;④预备费(基本预备费、价差预备费);⑤建设期利息;⑥固定资产投资方向调节税。

其中,建筑安装工程费、设备工器具购置费、工程建设其他费用、基本预备费为静态投资部分;价差预备费、建设期利息、固定资产投资方向调节税为动态投资部分。

我国现行水利工程项目投资构成包括工程部分费用(建筑工程费、机电设备及安装工程费、金属结构设备及安装工程费、施工临时工程费、独立费)、预备费(基本预备费、价差预备费)、移民和环境费用、建设期融资利息和流动资金。

## 三、工程投资控制的目标

建设工程投资控制的总目标是合同价。通过发挥监理人员的工程建设监理经验和技术优势,以工程施工承包合同为依据,在建设单位授权范围内,以预防控制为主,采取有效的动态控制措施和工程计量控制手段,努力促使工程造价控制在合同价范围内。

建设项目投资控制的目标应分阶段进行。投资估算是进行初步设计的建设项目投资控制目标,它是建设项目投资的最高限额,不得随意突破;设计概算是技术设计和施工图设计的投资控制目标;设计预算或工程合同价是工程实施阶段投资控制的目标。它们相互制约,相互补充,前者控制后者,后者补充前者,共同组成项目投资控制系统。

## 四、工程投资控制的原则

(1)严格执行建设工程施工合同中所约定的合同价、单价、工程量计算规范和工程款支付方法。

(2)监理人员应认真记录所监理工程应予计量的工程量,必要时进行测量核实。坚持对报验资料齐全,而与合同文件的约定不符、未经监理人员验收合格或违约的工程量,不予计量和审核,拒绝该部分工程款的支付。

(3)处理由于工程变更和违约索赔引起的费用增减应以施工合同为基础,坚持合理、公正。

## 五、影响工程投资控制的因素

施工阶段影响工程投资控制的主要因素是工程材料成本、人工成本、机械使用成本,施工管理费,总工期,施工索赔,工程变更等。

总工期是指破土动工到竣工交付使用的全部日历天数。它直接影响工程总额、投资回收期和建设项目效益的发挥,无论是工期延长还是加速施工,都会带来投资的变化。工程建设项目周期长,还可能因物价上涨,导致工程投资增大。

# 第二节　工程资金控制的内容

## 一、工程投资控制的主要监理工作

（1）审批承包人提交的资金流计划。

（2）协助发包人编制合同项目的付款计划。

（3）根据工程实际进展情况,对合同付款情况进行分析,提出资金流调整意见。

（4）审核工程付款申请,签发付款证书。

（5）根据施工合同约定进行价格调整。

（6）根据授权处理工程变更所引起的工程费用变化事宜。

（7）根据授权处理合同索赔中的费用问题。

（8）审核完工付款申请,签发完工付款证书。

（9）审核最终付款申请,签发最终付款证书。

## 二、工程投资控制的内容及要求

（1）监理机构应审核承包人提交的资金流计划,并协助发包人编制合同工程付款计划。

（2）监理机构应建立合同工程付款台账,对付款情况进行记录。根据工程实际进展情况,对合同工程付款情况进行分析,必要时提出合同工程付款计划调整建议。

（3）工程计量应符合下列规定:

①可支付的工程量应同时符合以下条件:

a.经监理机构签认,属于合同工程量清单中的项目,或发包人同意的变更项目及计日工。

b.所计量工程是承包人实际完成的并经监理机构确认质量合格。

c.计量方式、方法和单位等符合合同约定。

②工程计量应符合以下程序:

a.工程项目开工前,监理机构应监督承包人按有关规定或施工合同约定完成原始地形的测绘,并审核测绘成果。

b.在接到承包人提交的工程计量报验单和有关计量资料后,监理机构应在合同约定时间内进行复核,确定结算工程量,据此计算工程价款。当工程计量数据有异议时,监理机构可要求与承包人共同复核或抽样复测;承包人未按监理机构要求参加复核,监理机构复核或修正的工程量视为结算工程量。

c.监理机构认为有必要时,可通知发包人和承包人共同联合计量。

③当承包人完成了工程量清单中每个子目的工程量后,监理机构应要求承包人派人员共同对每个子目的历次计量报表进行汇总和总体量测,核实该子目的最终计量工程量;承包人未按监理机构要求派人员参加的,监理机构最终核实的工程量视为该子目的最终计量工程量。

（4）预付款支付应符合下列规定：

①监理机构收到承包人的工程预付款申请后，应按合同约定核查承包人获得工程预付款的条件和金额，具备支付条件后，签发工程预付款支付证书。监理机构应在核查工程进度付款申请单的同时，核查工程预付款应扣回的额度。

②监理机构收到承包人的材料预付款申请后，应按合同约定核查承包人获得材料预付款的条件和金额，具备支付条件后，按照约定的额度随工程进度付款一起支付。

（5）工程进度付款应符合下列规定：

①监理机构应在施工合同约定时间内，完成对承包人提交的工程进度付款申请单及相关证明材料的审核，同意后签发工程进度付款证书，报发包人。

②工程进度付款申请单应符合下列规定：

a.付款申请单填写符合相关要求，支持性证明文件齐全。

b.申请付款项目、计量与计价符合施工合同约定。

c.已完工程的计量、计价资料真实、准确、完整。

③工程进度付款申请单应包括以下内容：

a.截至上次付款周期末已实施工程的价款。

b.本次付款周期已实施工程的价款。

c.应增加或扣减的变更金额。

d.应增加或扣减的索赔金额。

e.应支付和扣减的预付款。

f.应扣减的质量保证金。

g.价格调整金额。

h.根据合同约定应增加或扣减的其他金额。

④工程进度付款属于施工合同的中间支付。监理机构出具工程进度付款证书，不视为监理机构已同意、批准或接受了该部分工作。在对以往历次已签发的工程进度付款证书进行汇总和复核中发现错、漏或重复的，监理机构有权予以修正，承包人也有权提出修正申请。

（6）变更款支付。变更款可由承包人列入工程进度付款申请单，由监理机构审核后列入工程进度付款证书。

（7）计日工支付应符合下列规定：

①监理机构经发包人批准，可指示承包人以计日工方式实施零星工作或紧急工作。

②在以计日工方式实施工作的过程中，监理机构应每日审核承包人提交的计日工工程量签证单，包括下列内容：

a.工作名称、内容和数量。

b.投入该工作所有人员的姓名、工种、级别和耗用工时。

c.投入该工程的材料类别和数量。

d.投入该工程的施工设备型号、台数和耗用台时。

e.监理机构要求提交的其他资料和凭证。

③计日工由承包人汇总后列入工程进度付款申请单，由监理机构审核后列入工程进

度付款证书。

（8）完工付款应符合下列规定：

①监理机构应在施工合同约定期限内，完成对承包人提交的完工付款申请单及相关证明材料的审核，同意后签发完工付款证书，报发包人。

②监理机构应审核下列内容：

a.完工结算合同总价。

b.发包人已支付承包人的工程价款。

c.发包人应支付的完工付款金额。

d.发包人应扣留的质量保证金。

e.发包人应扣留的其他金额。

（9）最终结清应符合下列规定：

①监理机构应在施工合同约定期限内，完成对承包人提交的最终结清申清单及相关证明材料的审核，同意后签发最终结清证书，报发包人。

②监理机构应审核下列内容：

a.按合同约定承包人完成的全部合同金额。

b.尚未结清的名目和金额。

c.发包人应支付的最终结清金额。

③若发包人和承包人双方未能就最终结清的名目和金额取得一致意见，监理机构应对双方同意的部分出具临时付款证书，只有在发包人和承包人双方有争议的部分得到解决后，方可签发最终结清证书。

（10）监理机构应按合同约定审核质量保证金退还申请表，签发质量保证金退还证书。

（11）施工合同解除后的支付应符合下列规定：

①因承包人违约造成施工合同解除的支付。合同解除后，监理机构应按照合同约定完成下列工作：

a.商定或确定承包人实际完成工作的价款，以及承包人已提供的原材料、中间产品、工程设备、施工设备和临时工程等的价款。

b.查清各项付款和已扣款金额。

c.核算发包人按合同约定应向承包人索赔的由于解除合同给发包人造成的损失。

②因发包人违约造成施工合同解除的支付。监理机构应按合同约定核查承包人提交的下列款项及有关资料和凭证：

a.合同解除日之前所完成工作的价款。

b.承包人为合同工程施工订购并已付款的原材料、中间产品、工程设备和其他物品的金额。

c.承包人为完成工程所发生的而发包人未支付的金额。

d.承包人撤离施工场地及遣散承包人员的金额。

e.由于解除施工合同应赔偿的承包人损失。

f.按合同约定在解除合同之前应支付给承包人的其他金额。

③因不可抗力致使施工合同解除的支付。监理机构应根据施工合同约定核查下列款项及有关资料和凭证：

a.已实施的永久工程合同金额，以及已运至施工场地的材料价款和工程设备的损害金额。

b.停工期间承包人按照监理机构要求照管工程和清理、修复工程的金额。

c.各项已付款和已扣款金额。

④发包人与承包人就上述解除合同款项达成一致后，出具最终结清证书，结清全部合同款项；未能达成一致时，按照合同争议处理。

(12)价格调整。监理机构应按施工合同约定的程序和调整方法，审核单价、合价的调整。当发包人与承包人因价格调整不能协商一致时，应按照合同争议处理，处理期间监理机构可依据合同授权暂定调整价格。调整金额可随工程进度付款一同支付。

(13)工程付款涉及政府投资资金的，应按照国库集中支付等国家相关规定和合同约定办理。

### 三、工程计量

工程计量是指根据设计文件及承包合同中关于工程量计算的规定，项目监理机构对承包人已完成的工程量进行的测量和计算。工程计量控制是投资控制的重要内容、工程款支付的凭证、控制投资支出的关键环节、约束承包人履行合同义务的手段。

在施工过程中，由于地质、地形条件变化，设计变更等多方面的影响，招标文件中的名义工程量和施工中的实际工程量很难一致，再加上工期长、影响因素多，因此在计量工作中，监理工程师既要做到公正、诚信、科学，又必须使计量审核统计工作在工程一开始就达到系统化、程序化、标准化和制度化。

#### (一)工程计量的程序

承包人应按施工合同专用条款约定的时间，向监理工程师提交已完工程量的报告。监理工程师接到报告后7 d内按设计图纸核实已完工程量，并在计量前24 h通知承包人，承包人为计量提供便利条件并派人参加。承包人收到通知后不参加计量，计量结果视为有效，作为工程价款支付的依据。

监理工程师收到承包人报告后7 d内未进行计量，从第8天起，承包人报告中开列的工程量即视为被确认，作为工程价款支付的依据。监理工程师不按约定时间通知承包人，使承包人不能参加计量，计量结果无效。

对承包人超出设计图纸范围和因承包人原因造成返工的工程量，监理工程师不予计量。

#### (二)工程计量的原则

(1)计量的项目必须是合同中规定的项目。这些项目包括以下几个：

①合同工程量清单中的全部项目。

②合同文件中规定应有监理人现场确认的，并已获得监理人批准同意的项目。

③已由监理人发出变更指令的工程变更项目。

④对合同工程量清单规定以外的项目，将不予计量。

　　(2)计量项目的质量应达到合同规定的技术标准。所计量项目的质量合格是工程计量最重要的前提。对于质量不合格的项目,不管承包商以什么理由要求计量,监理工程师均不予计量。

　　(3)计量项目的申报资料和验收手续应该齐全。

　　(4)计量结果必须得到监理工程师和承包商双方确认。

　　(5)计量方法的一致性。计量方法的一致性主要指在工程量表编制时采用的是什么计算方法,在测量实际完成的工程量时必须采用同一方法。所采用测量和估算的原则应在工程量表前言里加以明确。

　　**(三)工程计量的方式**

　　(1)由监理工程师独立计量。计量工作由监理人员单独进行,只通知承包商为计量做好各种准备,而不要求承包商参加计量。监理人员计量后,应将计量的结果和有关记录送达承包商。如果承包商对监理人员的计量有异议,可在规定时间内以书面形式提出,再由监理工程师对承包商提出的质疑进行核实。

　　采用这种计量方式,监理工程师对计量的控制较好,但是程序复杂,并且占用监理工程师人员也比较多。

　　(2)由承包商进行计量。计量工作完全由承包商进行,但监理工程师应对承包商的计量提出具体的要求,包括计量的格式、计量记录及有关资料的规定,承包商用于计量的设备精确程度、计量人员的素质等。承包商计量完成后,须将计量的结果及有关记录和资料,报送监理工程师审核,以监理工程师审核确认的结果作为支付的凭据。

　　采用这种计量方式,唯一的优点是占用的监理人员较少。但是,由于计量工作全部由承包商进行,监理工程师只是通过抽测甚至免测加以确认,容易使计量失控。

　　(3)由监理工程师与承包商联合计量。由监理单位与承包商分别委派专人组成联合计量小组,共同负责计量工作。当需要对某项工程项目进行计量时,由这个小组商定计量的时间,并做好有关方面的准备工作,然后到现场共同进行计量,计量后双方签字认可,最后由监理工程师审批。

　　采用这种计量方式,由于双方在现场共同确认计量结果,与上述其他两种方式相比,减少了计量与计量结果确认的时间,同时也保证了计量的质量,是目前普遍采用的计量方式。

　　**(四)工程计量的方法**

　　(1)现场测量。是根据现场实际完成的工程情况,按规定的方法进行丈量、测算,最终确定支付工程量。

　　(2)按设计图纸计量。是指根据施工图对完成的工程进行计算,以确定支付的工程量。

　　(3)仪表测量。是指通过使用仪表对所完成的工程进行计量,如混凝土灌浆计量等。

　　(4)按单据计算。是指根据工程实际发生的发票、收据等对所完成的工程进行计量。

　　(5)按监理工程师批准计量。是指在工程实施中,监理工程师批准确认的工程量直接作为支付工程量,承包人据此进行支付申请工作。

　　(6)包干计价项目的计量。包干计价项目一般以总价控制、检查项目完成的形象面貌,逐月或逐季支付价款。但有的项目也可进行计量控制,其计量方式可按中间计量统计支付,同时也要严格按合同文件要求执行。

**(五)工程量计量的计算**

所有工程项目的计量方法均应符合合同相关条款的规定,使用的计量设备和用具均应符合国家度量衡标准的精度要求。

(1)质量计量的计算。钢材的计量是以质量(重量)来计量的,钢材(如预应力钢绞线、钢筋、钢丝、钢板、型钢等)质量计量的计算,应按施工图纸所标示的净值计量。

(2)面积计量的计算。结构物面积计量的计算,应按施工图纸所标示结构物尺寸线或按监理人指示在现场实际测量的结构物净尺寸线进行计算。

(3)体积计量的计算。结构物体积(如混凝土、土石方等)计量的计算,应按施工图纸所示轮廓线内的实际工程量或按监理人指示在现场量测的结构物净尺寸线进行计算。

(4)长度计量的计算。结构物长度计量的计算,应按平行于结构物位置的纵向轴线或基础方向的长度计算。

## 四、工程款支付控制

**(一)预付款的支付与扣还**

预付款一般分为工程预付款和材料预付款两部分。

1.工程预付款的支付与扣还

1)工程预付款的支付

工程预付款是指项目法人与中标的承包人签约施工合同后、工程正式开工前预付给承包人的一部分资金,帮助承包人尽快做好施工准备,并用于工程施工初期各项费用的支出。

(1)工程预付款的支付条件。承包人必须按合同规定办理预付款保函或担保。该保函应在建设单位收回全部预付款之前一直有效。监理人在审查了承包人的预付款保函或担保后,才按合同规定开具向承包人支付工程预付款的证书。

(2)工程预付款的支付。一般工程预付款为签约合同价的10%。在具备施工条件的前提下,发包人应在双方签订合同后的一个月内或不迟于约定的开工日期前的7 d内预付工程款,发包人不按约定预付,承包人应在预付时间到期后10 d内向发包人发出要求预付的通知,发包人收到通知后仍不按要求预付,承包人可在发出通知14 d后停止施工,发包人应从约定应付之日起向承包人支付应付款的利息(利率按同期银行贷款利率计),并承担违约责任。

2)工程预付款的扣还

工程预付款由发包人从月进度付款中逐渐扣回。在合同累计完成金额达到专用合同条款规定的数额时开始扣款,直至合同累计完成金额达到专用合同条款规定的数额时全部扣清。

在每次进度付款时,累计扣回的金额按式(6-1)计算:

$$R = \frac{A}{(F_2 - F_1)S}(C - F_1 S) \tag{6-1}$$

式中:$R$ 为每次进度付款中累计扣回的金额;$A$ 为工程预付款总金额;$S$ 为合同价格;$C$ 为合同累计完成金额;$F_1$ 为按专用合同条款规定开始扣款时,合同累计完成金额达到合同价格的比例(一般为 20%);$F_2$ 为按专用合同条款规定全部扣清时,合同累计完成金额达到合同价格的比例(一般为 90%)。

上述合同累计完成金额均指价格调整前未扣保留金的金额。

2.材料预付款的支付与扣还

1)材料预付款的支付

材料预付款是发包人用于帮助承包人在施工初期购进成为永久工程组成部分的主要材料或设施的款项。

(1)材料预付款的支付条件:①材料的质量和储存条件符合技术条款的要求;②材料已到达工地,并经承包人和监理人共同验点入库;③承包人应按监理人的要求提交材料的订货单、收据或价格证明文件。

(2)材料预付款的金额。材料预付款金额为经监理人审核后的实际材料价格的 90%,在月进度付款中支付。

2)材料预付款的扣还

材料预付款从付款月后的 6 个月内在月进度付款中每月按该预付款金额的 1/6 平均扣还。

**(二)保留金的扣留与退还**

保留金也叫滞留金或滞付金,是发包人从承包人完成的合同工程款中扣留的用于承包人完成工程缺陷和尾工义务的担保。

1.保留金的扣留

施工合同一般规定,发包人应从承包人有权得到的进度款中扣留一定比例的金额,直到该项金额达到合同规定的保留金最高限额(一般为合同总价的 5%)。因此,监理工程师应从第一个月开始,在给承包人的月进度付款中扣留按专用合同条款规定百分比的金额作为保留金(其计算额度不包括预付款和价格调整金额),直至扣留的保留金总额达到专用合同条款规定的数额。

2.保留金的退还

随着工程项目的完工和保修期满,发包人应依据合同规定向承包人退还扣留的保留金,一般分两次退还,具体方式如下:

(1)当整个工程通过完工验收并颁发工程移交证书后 14 d 内,由监理工程师开具保留金付款证书,项目法人将保留金总额的一半支付给承包人。在单位工程验收并签发移交证书后,将其相应的保留金总额的一半在月进度付款中支付给承包人。

(2)在全部工程保修期(缺陷责任期)满后,由监理工程师开具剩余的保留金付款证书。项目法人应在收到上述付款证书后 14 d 内将剩余的保留金支付给承包人。若保修期满时尚需承包人完成剩余工作,则监理工程师有权在付款证书中扣留与剩余工作所需金额相应的保留金余额。

**(三)工程进度付款控制**

工程进度款的支付也称中间结算,一般规定按月支付。每月结算是在上月结算的基础上进行的,这种支付方式公平合理、风险性小、便于控制。承包人应在每月末按监理人规定的格式提交月进度付款申请单,并附上完成工程量月报表。

**(四)工程款支付监理工作程序**

工程款支付监理工作程序如图6-1所示。

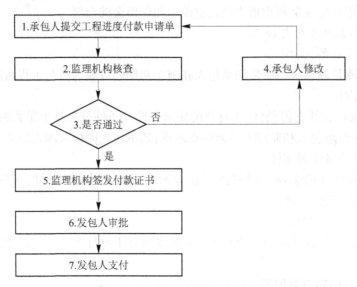

图6-1 工程款支付监理工作程序

**(五)完工结算**

合同项目完工并经验收、移交,颁发移交证书后,在合同规定时间内,承包人应向监理人提交完工付款申请及支持性材料,经监理人审核后签发完工支付证书并报项目法人批准。

完工结算监理审核内容主要包括以下几点:

(1)确认按照合同规定应支付给承包人的款额。

(2)确认发包人已支付的所有金额。

(3)确认发包人还应支付给承包人或者承包人还应支付给发包人的金额,双方以此余额相互找清。

在完工结算阶段,往往存在未解决的索赔问题需要进一步协商,有时会产生争议。

**(六)最终结算(最终支付)**

在工程保修期终止后,并且监理人向承包人颁发了保修责任终止证书,施工合同双方可进行工程的最终结算,程序如下。

(1)承包人向监理人提交最终付款申请单。

承包人在收到保修责任终止证书后的28 d内,按监理工程师批准的格式向监理工程师提交一份最终付款申请单,该申请单应包括以下内容,并附有关的证明文件:

①按合同规定已经完成的全部工程价款金额。

②按合同规定应付给承包人的追加金额。

③承包人认为应付给他的其他金额。

承包人向监理工程师提交最终付款申请单的同时,应向项目法人提交一份结清单,并将结清单的副本提交监理工程师。该结清单应证实最终付款申请单的总金额是根据合同规定应付给承包人的全部款项的最终结算金额。但结清单只在承包人收到退还履约担保证件和项目法人已向承包人付清监理工程师出具的最终付款证书中应付的金额后才生效。

(2)监理人签发最终支付证书。

监理工程师收到经其同意的最终付款申请单和结清单副本后的 14 d 内,向项目法人出具一份最终付款证书提交项目法人审批。最终付款证书应说明以下内容:

①按合同规定和其他情况应最终支付给承包人的合同总金额。

②项目法人已支付的所有金额及项目法人有权得到的全部金额。

(3)最终支付。

项目法人审查监理机构提交的最终付款证书后,若确认还应向承包人付款,则应在合同规定的时间内支付给承包人。若确认承包人应向项目法人付款,则应在合同规定的时间内付还给项目法人。不论是项目法人还是承包人,若不按期支付,均应按专用合同条款规定的办法将逾期付款违约金加付给对方。

# 第三节　范　例

## 一、《工程进度付款证书》实例

××小流域综合治理工程进度付款申请及工程进度付款证书实例:

实例介绍:××小流域综合治理工程建设规模为:治理水土流失面积为 3 500 hm$^2$,其中新修水平梯田 613.11 hm$^2$,水土保持造林 201.55 hm$^2$,封育治理 2 685.34 hm$^2$,网围栏长度 3 814 m,封禁警示牌 9 座,护岸墙 418 m。

本工程自 20××年 6 月开工建设以来,截至上期末完成工程建设内容为水土保持造林 201.55 hm$^2$,封育治理 2 685.34 hm$^2$,网围栏长度 3 814 m,封禁警示牌 9 座,护岸墙 418 m,完成水土保持投资 5 022 383.11 元。

本期完成梯田 443.38 hm$^2$,其中机修水平梯田(地面坡度 6°~7°、田面宽度 17.5 m)30.34 hm$^2$、机修水平梯田(地面坡度 8°~10°、田面宽度 16.34 m)48.54 hm$^2$、机修水平梯田(地面坡度 11°~13°、田面宽度 11.88 m)40.00 hm$^2$、机修水平梯田(地面坡度 14°~15°、田面宽度 10.37 m)50.00 hm$^2$、机修水平梯田(地面坡度 16°~17°、田面宽度 9.11m)75.00 hm$^2$、机修水平梯田(地面坡度 18°~20°、田面宽度 8.75 m)60.00 hm$^2$、机修水平梯田(地面坡度 21°~25°、田面宽度 8.37 m)139.50 hm$^2$。本期完成梯田 443.38 hm$^2$,工程价款支付证书及进度付款申请如下。

20xx 年 xx 月工程价款结算支付报表

合同名称:××小流域综合治理工程

合同编号:××××－01

| 项目名称 | 施工单位申报支付金额/元 | 监理单位审核支付金额/元 | 建设单位审定支付金额/元 | 说明 |
|---|---|---|---|---|
| ××小流域综合治理工程 | 小写:6 427 063.90 元<br>大写:陆佰肆拾贰万柒仟零陆拾叁元玖角整 | 小写:6 427 063.90 元<br>大写:陆佰肆拾贰万柒仟零陆拾叁元玖角整 | 小写:6 427 063.90 元<br>大写:陆佰肆拾贰万柒仟零陆拾叁元玖角整 | |
| | 施工单位:××水利水电工程有限公司××小流域综合治理工程项目部 | 监理单位:××水利水电建设监理有限公司××小流域综合治理工程项目监理部 | 建设单位:××县水利工程建设管理办公室 | |
| | 项目经理:×××<br>日 期:20××年××月××日 | 总监理工程师:×××<br>日 期:20××年××月××日 | 负责人:×××<br>日 期:20××年××月××日 | |

# 工程进度付款证书

（监理〔20××〕进度付002号）

合同名称：××小流域综合治理工程 　　　　　　　　　　　　　合同编号：××××-01

致：（建设单位）××县水利工程建设管理办公室

　　经审核承包人的工程进度付款申请单（承包〔20××〕进度付002号），本月应支付给承包人的工程价款金额共计为（大写）　陆佰肆拾贰万柒仟零陆拾叁元玖角整　（小写　6 427 063.90元　）。

　　根据施工合同约定，请贵方在收到此证书后的　15　天之内完成审批，将上述工程价款支付给承包人。

　　附件：1.工程进度付款审核汇总表。

监 理 机 构：××水利水电建设监理有限公司

××小流域综合治理工程项目监理部

总监理工程师：×××

日　　　　期：20××年××月××日

发包人审批意见：

发包人：××县水利工程建设管理办公室

负责人：×××

日　　期：20××年××月××日

## 附件 工程进度付款审核汇总表

（监理〔20××〕付款审 002 号）

合同名称：××小流域综合治理工程　　　　　　　　　　　　　合同编号：××××-01

<table>
<tr><th colspan="2">项目</th><th>截至上期末<br>累计完成额/元</th><th>本期承包人<br>申请金额/元</th><th>本期监理人<br>审核金额/元</th><th>截至本期末<br>累计完成额/元</th><th>说明</th></tr>
<tr><td rowspan="14">应支付金额</td><td>合同分类分项项目</td><td>5 022 383.11</td><td>6 625 839.07</td><td>6 625 839.07</td><td>11 648 222.18</td><td></td></tr>
<tr><td>合同措施项目</td><td></td><td></td><td></td><td></td><td></td></tr>
<tr><td>变更项目</td><td></td><td></td><td></td><td></td><td></td></tr>
<tr><td>计日工项目</td><td></td><td></td><td></td><td></td><td></td></tr>
<tr><td>索赔项目</td><td></td><td></td><td></td><td></td><td></td></tr>
<tr><td>小计</td><td>5 022 383.11</td><td>6 625 839.07</td><td>6 625 839.07</td><td>11 648 222.18</td><td></td></tr>
<tr><td>工程预付款</td><td></td><td></td><td></td><td></td><td></td></tr>
<tr><td>材料预付款</td><td></td><td></td><td></td><td></td><td></td></tr>
<tr><td>小计</td><td></td><td></td><td></td><td></td><td></td></tr>
<tr><td>价格调整</td><td></td><td></td><td></td><td></td><td></td></tr>
<tr><td>延期付款利息</td><td></td><td></td><td></td><td></td><td></td></tr>
<tr><td>小计</td><td></td><td></td><td></td><td></td><td></td></tr>
<tr><td>其他</td><td></td><td></td><td></td><td></td><td></td></tr>
<tr><td>应支付金额合计</td><td>5 022 383.11</td><td>6 625 839.07</td><td>6 625 839.07</td><td>11 648 222.18</td><td></td></tr>
<tr><td rowspan="6">扣除金额</td><td>工程预付款</td><td></td><td></td><td></td><td></td><td></td></tr>
<tr><td>材料预付款</td><td></td><td></td><td></td><td></td><td></td></tr>
<tr><td>小计</td><td></td><td></td><td></td><td></td><td></td></tr>
<tr><td>质量保证金</td><td>150 671.50</td><td></td><td>198 775.17</td><td>349 446.67</td><td></td></tr>
<tr><td>违约赔偿</td><td></td><td></td><td></td><td></td><td></td></tr>
<tr><td>其他</td><td></td><td></td><td></td><td></td><td></td></tr>
<tr><td colspan="2">扣除金额合计</td><td>150 671.50</td><td></td><td>198 775.17</td><td>349 446.67</td><td></td></tr>
<tr><td colspan="2">本期工程进度付款总金额</td><td>4 871 711.61</td><td>6 625 839.07</td><td>6 427 063.90</td><td>11 298 775.51</td><td></td></tr>
<tr><td colspan="7">本期工程进度付款总金额：陆佰肆拾贰万柒仟零陆拾叁元玖角整（小写：　6 427 063.90　）元</td></tr>
</table>

监　理　机　构：××水利水电建设监理有限公司

　　　　　　　　××小流域综合治理工程项目监理部

总监理工程师：×××

日　　　　期：20××年××月××日

# 工程进度付款申请单

（承包〔20××〕进度002号）

合同名称：××小流域综合治理工程　　　　　　　　　　　　　　合同编号：××××-01

致：××水利水电建设监理有限公司××小流域综合治理工程项目监理部

　　我方今申请支付20××年××月工程进度付款，总金额为（大写）　陆佰陆拾贰万伍仟捌佰叁拾玖元零柒分　（小写　6 625 839.07　元），请贵方审核。

　　附件：

　　1.工程进度付款汇总表。

　　2.已完工程量汇总表。

　　3.合同分类分项项目进度付款明细表。

施工单位：××水利水电工程有限公司

××小流域综合治理工程项目部

项目经理：×××

日　　　期：20××年××月××日

审核后，监理机构将另行签发工程进度付款证书。

监理机构：××水利水电建设监理有限公司

××小流域综合治理工程项目监理部

签　收　人：×××

日　　　期：20××年××月××日

## 附件1 工程进度付款汇总表

（承包〔20××〕进度总001号）

合同名称：××小流域综合治理工程      合同编号：××××-01

| 项目 | | 截至上期末累计完成额/元 | 本期申请金额/元 | 截至本期末累计完成额/元 | 说明 |
|---|---|---|---|---|---|
| 应支付金额 | 合同分类分项项目 | 5 022 383.11 | 6 625 839.07 | 11 648 222.18 | |
| | 合同措施项目 | | | | |
| | 变更项目 | | | | |
| | 计日工项目 | | | | |
| | 索赔项目 | | | | |
| | 小计 | 5 022 383.11 | 6 625 839.07 | 11 648 222.18 | |
| | 工程预付款 | | | | |
| | 材料预付款 | | | | |
| | 小计 | | | | |
| | 价格调整 | | | | |
| | 延期付款利息 | | | | |
| | 小计 | | | | |
| | 其他 | | | | |
| 应支付金额合计 | | 5 022 383.11 | 6 625 839.07 | 11 648 222.18 | |
| 扣除金额 | 工程预付款 | | | | |
| | 材料预付款 | | | | |
| | 小计 | | | | |
| | 质量保证金 | | | | |
| | 违约赔偿 | | | | |
| | 其他 | | | | |
| 扣除金额合计 | | | | | |
| 本期工程进度付款总金额 | | 5 022 383.11 | 6 625 839.07 | 11 648 222.18 | |

本期工程进度付款总金额：陆佰陆拾贰万伍仟捌佰叁拾玖元零柒分（小写：6 625 839.07元）

施工单位：××水利水电工程有限公司

××小流域综合治理工程项目部

项目经理：×××

日　　期：20××年××月××日

合同名称：××小流域综合治理工程 　　　　　　　　　　合同编号：×××××-01

## 附件2　已完工程量汇总表

（承包〔20××〕量总002号）

致：××水利水电建设监理有限公司××小流域综合治理工程项目监理部

我方现报送本期已完工程量汇总表如下表，请贵方审核。

附件：工程计量报验单

（1）承包〔20××〕计报002号

施工单位：××水利水电工程有限公司

××小流域综合治理工程项目部

项目经理：×××

日　　期：20××年××月××日

合同分类分项项目（含变更项目）

| 序号 | 项目名称 | 单位 | 合同工程量 | 截至上期末累计 | 承包人申报工程量 | | | 监理人审核工程量 | | |
|---|---|---|---|---|---|---|---|---|---|---|
| | | | | | 本期申报 | 截至本期末累计 | | 监理审核 | 截至本期末累计 | |
| 一 | 梯田工程 | hm² | 631.11 | | 443.38 | 443.38 | | | | |
| 1 | 机修水平梯田（地面坡度6°～7°，田面宽度17.5 m） | hm² | 30.34 | | 30.34 | 30.34 | | 30.34 | 30.34 | |
| 2 | 机修水平梯田（地面坡度8°～10°，田面宽度16.34 m） | hm² | 108.54 | | 48.54 | 48.54 | | 48.54 | 48.54 | |
| 3 | 机修水平梯田（地面坡度11°～13°，田面宽度11.88 m） | hm² | 66.50 | | 40.00 | 40.00 | | 40.00 | 40.00 | |
| 4 | 机修水平梯田（地面坡度14°～15°，田面宽度10.37 m） | hm² | 62.32 | | 50.00 | 50.00 | | 50.00 | 50.00 | |
| 5 | 机修水平梯田（地面坡度16°～17°，田面宽度9.11 m） | hm² | 84.55 | | 75.00 | 75.00 | | 75.00 | 75.00 | |
| 6 | 机修水平梯田（地面坡度18°～20°，田面宽度8.75 m） | hm² | 69.55 | | 60.00 | 60.00 | | 60.00 | 60.00 | |
| 7 | 机修水平梯田（地面坡度21°～25°，田面宽度8.37 m） | hm² | 191.31 | | 139.50 | 139.50 | | 139.50 | 139.50 | |

续

| 序号 | 项目名称 | 单位 | 合同工程量 | 截至上期末累计 | 承包人申报工程量 本期申报 | 承包人申报工程量 截至本期末累计 | 监理人审核工程量 监理审核 | 监理人审核工程量 截至本期末累计 |
|---|---|---|---|---|---|---|---|---|
| 二 | 田间道路工程 | | | | | | | |
| 1 | 土方平整（20 cm 厚） | m | 22 599 | | | | | |
| | | m³ | 67 797.00 | | | | | |
| 三 | 护岸墙 | m | 418 | 418 | | 418 | | 418 |
| 1 | 人工土方开挖Ⅲ级 | m³ | 2 863.30 | 2 863.30 | | 2 863.30 | | 2 863.30 |
| 2 | 回填利用土夯实（人工夯实） | m³ | 1 922.80 | 1 922.80 | | 1 922.80 | | 1 922.80 |
| 3 | 格宾网箱 | m² | 5 977.40 | 5 977.40 | | 5 977.40 | | 5 977.40 |
| 4 | 块石 | m³ | 1 358.50 | 1 358.50 | | 1 358.50 | | 1 358.50 |
| 5 | 土工布 | m² | 1 839.20 | 1 839.20 | | 1 839.20 | | 1 839.20 |
| 6 | 浆砌石拆除 | m³ | 96.00 | 96.00 | | 96.00 | | 96.00 |
| 7 | 铝丝石笼拆除 | m³ | 35.00 | 35.00 | | 35.00 | | 35.00 |
| 四 | 水土保持造林工程 | | | | | | | |
| （一） | 整地 | | | | | | | |
| 1 | 穴状整地（40 cm×40 cm） | 个 | 335 984.00 | 335 984.00 | | 335 984.00 | | 335 984.00 |
| （二） | 栽植 | | | | | | | |
| 1 | 云杉（高度 81～100 cm） | 株 | 50 010.00 | 50 010.00 | | 50 010.00 | | 50 010.00 |
| 2 | 圆柏（高度 81～100 cm） | 株 | 285 974.00 | 285 974.00 | | 285 974.00 | | 285 974.00 |
| （三） | 苗木 | | | | | | | |
| 1 | 云杉（高度 81～100 cm） | 株 | 50 010.00 | 50 010.00 | | 50 010.00 | | 50 010.00 |
| 2 | 圆柏（高度 81～100 cm） | 株 | 285 974.00 | 285 974.00 | | 285 974.00 | | 285 974.00 |

续

| 序号 | 项目名称 | 单位 | 合同工程量 | 截至上期末累计 | 承包人申报工程量 | | 监理人审核工程量 | |
|---|---|---|---|---|---|---|---|---|
| | | | | | 本期申报 | 截至本期末累计 | 监理审核 | 截至本期末累计 |
| 五 | 封禁治理工程 | | | | | | | |
| (一) | 网围栏 | m | 3 814.00 | 3 814.00 | | 3 814.00 | | 3 814.00 |
| 1 | 人工土方开挖Ⅲ级 | m³ | 71.51 | 71.51 | | 71.51 | | 71.51 |
| 2 | C20 基础 | m³ | 7.4 | 7.4 | | 7.4 | | 7.4 |
| 3 | 刺丝+网片 (h=1.2 m) | m | 3 814.00 | 3 814.00 | | 3 814.00 | | 3 814.00 |
| 4 | 角钢 (50 mm×50 mm×5 mm) | t | 3.56 | 3.56 | | 3.56 | | 3.56 |
| (二) | 封禁警示牌 | 个 | 9.00 | 9.00 | | 9.00 | | 9.00 |
| 1 | 人工土方开挖Ⅲ级 | m³ | 9.00 | 9.00 | | 9.00 | | 9.00 |
| 2 | 土方回填 | m³ | 2.70 | 2.70 | | 2.70 | | 2.70 |
| 3 | C20 基础 | m³ | 6.57 | 6.57 | | 6.57 | | 6.57 |
| 4 | 砂浆抹面 | m² | 19.80 | 19.80 | | 19.80 | | 19.80 |
| 5 | 预制板 (0.8 m×1.7 m) | 片 | 900 | 900 | | 900 | | 900 |
| 6 | 白漆 | L | 36.00 | 36.00 | | 36.00 | | 36.00 |
| 7 | 红漆 | L | 18.00 | 18.00 | | 18.00 | | 18.00 |

审核意见见详见上表审核意见栏。

监 理 机 构：×x水利水电建设监理有限公司

×x小流域综合治理工程项目监理部

总监理工程师：×××

日　　　　期：20××年××月××日

## 附件3 合同分类分项项目进度付款明细表

(承包[20××]分类付001号)

合同名称：××小流域综合治理工程　　　　　　　　　　合同编号：××××-01

致：××水利水电建设监理有限公司××小流域综合治理工程项目监理部

本期合同分类分项项目进度付款明细表如下表，我方申请支付的合同分类分项项目进度付款总金额为：(大写) 陆佰陆拾贰万伍仟捌佰叁拾玖元零柒分(小写:6 625 839.07元)，请审核。

施工单位：××水利水电工程有限公司

××小流域综合治理工程项目部

项目经理：×××

日　期：20××年××月××日

| 序号 | 项目名称 | 单位 | 合同工程量 | 合同单价/元 | 截至上期末累计完成 | | 本期承包人申报 | | | 本期监理审核意见 | | | 截至本期末累计完成 | |
|---|---|---|---|---|---|---|---|---|---|---|---|---|---|---|
| | | | | | 工程量 | 金额/元 | 单价/元 | 工程量 | 金额/元 | 单价/元 | 工程量 | 金额/元 | 工程量 | 金额/元 |
| 一 | 梯田工程 | hm² | 605.92 | | | | | 443.38 | 6 625 839.07 | | 443.38 | 6 625 839.07 | 443.38 | 6 625 839.07 |
| 1 | 机修水平梯田(地面坡度 6°～7°,田面宽度17.5m) | hm² | 30.34 | 11 691.82 | | | 11 691.82 | 30.34 | 354 729.82 | 11 691.82 | 30.34 | 354 729.82 | 30.34 | 354 729.82 |
| 2 | 机修水平梯田(地面坡度 8°～10°,田面宽度16.34m) | hm² | 108.54 | 11 356.61 | | | 11 356.61 | 48.54 | 551 249.85 | 11 356.61 | 48.54 | 551 249.85 | 48.54 | 551 249.85 |

续

| 序号 | 项目名称 | 单位 | 合同量 工程量 | 合同单价/元 | 截至上期末累计完成 工程量 | 截至上期末累计完成 金额/元 | 本期承包人申报 单价/元 | 本期承包人申报 工程量 | 本期承包人申报 金额/元 | 本期监理审核意见 单价/元 | 本期监理审核意见 工程量 | 本期监理审核意见 金额/元 | 截至本期末累计完成 工程量 | 截至本期末累计完成 金额/元 |
|---|---|---|---|---|---|---|---|---|---|---|---|---|---|---|
| 3 | 机修水平梯田(地面坡度11°~13°、田面宽度11.88m) | hm² | 66.50 | 18 061.40 | | | 18 061.40 | 40.00 | 722 456.00 | 18 061.40 | 40.00 | 722 456.00 | 40.00 | 722 456.00 |
| 4 | 机修水平梯田(地面坡度14°~15°、田面宽度10.37m) | hm² | 62.32 | 17 512.31 | | | 17 512.31 | 50.00 | 875 615.50 | 17 512.31 | 50.00 | 875 615.50 | 50.00 | 875 615.50 |
| 5 | 机修水平梯田(地面坡度16°~17°、田面宽度9.11m) | hm² | 84.55 | 15 016.66 | | | 15 016.66 | 75.00 | 1 126 249.50 | 15 016.66 | 75.00 | 1 126 249.50 | 75.00 | 1 126 249.50 |
| 6 | 机修水平梯田(地面坡度18°~20°、田面宽度8.75m) | hm² | 69.55 | 14 779.08 | | | 14 779.08 | 60.00 | 886 744.80 | 14 779.08 | 60.00 | 886 744.80 | 60.00 | 886 744.80 |

续

| 序号 | 项目名称 | 单位 | 合同工程量 | 合同单价/元 | 截至上期末累计完成 | | 本期承包人申报 | | | 本期监理审核意见 | | | 截至本期末累计完成 | |
|---|---|---|---|---|---|---|---|---|---|---|---|---|---|---|
| | | | | | 工程量 | 金额/元 | 单价/元 | 工程量 | 金额/元 | 单价/元 | 工程量 | 金额/元 | 工程量 | 金额/元 |
| 7 | 机修水平梯田（地面坡度21°~25°、田面宽度8.37 m） | hm² | 191.31 | 15 116.80 | | | 15 116.80 | 139.50 | 2 108 793.60 | 15 116.80 | 139.50 | 2 108 793.60 | 139.50 | 2 108 793.60 |
| 二 | 田间道路工程 | m | 22 599 | | | | | | | | | | | |
| 1 | 土方平整（20 cm厚） | m³ | 67 797.00 | 1.23 | | | | | | | | | | |
| 三 | 护岸墙 | m | 418 | | 418 | 439 272.81 | | | | | | | 418 | 439 272.81 |
| 1 | 人工土方开挖Ⅲ级 | m³ | 2 863.30 | 6.73 | 2 863.30 | 19 270.01 | | | | | | | 2 863.30 | 19 270.01 |
| 2 | 回填利用土夯实（人工夯实） | m³ | 1 922.80 | 5.84 | 1 922.80 | 11 229.15 | | | | | | | 1 922.80 | 11 229.15 |
| 3 | 格宾网箱 | m² | 5 977.40 | 23.30 | 5 977.40 | 139 273.42 | | | | | | | 5 977.40 | 139 273.42 |
| 4 | 块石 | m³ | 1 358.50 | 171.90 | 1 358.50 | 233 526.15 | | | | | | | 1 358.50 | 233 526.15 |
| 5 | 土工布 | m² | 1 839.20 | 17.06 | 1 839.20 | 31 376.75 | | | | | | | 1 839.20 | 31 376.75 |
| 6 | 浆砌石拆除 | m³ | 96.00 | 43.08 | 96.00 | 4 135.68 | | | | | | | 96.00 | 4 135.68 |
| 7 | 铅丝石笼拆除 | m³ | 35.00 | 13.19 | 35.00 | 461.65 | | | | | | | 35.00 | 461.65 |

续

| 序号 | 项目名称 | 单位 | 合同工程量 | 合同单价/元 | 截至上期末累计完成 | | 本期承包人申报 | | | 本期监理审核意见 | | | 截至本期末累计完成 | |
|---|---|---|---|---|---|---|---|---|---|---|---|---|---|---|
| | | | | | 工程量 | 金额/元 | 单价/元 | 工程量 | 金额/元 | 单价/元 | 工程量 | 金额/元 | 工程量 | 金额/元 |
| 四 | 水土保持造林工程 | | | | | 4 485 597.22 | | | | | | | | 4 485 597.22 |
| (一) | 整地 | | | | | 70 556.64 | | | | | | | | 70 556.64 |
| 1 | 穴状整地(40 cm×40 cm) | 个 | 335 984.00 | 0.21 | 335 984.00 | 70 556.64 | | | | | | | 335 984.00 | 70 556.64 |
| (二) | 栽植 | | | | | 330 405.38 | | | | | | | | 330 405.38 |
| 1 | 云杉(高度81~100 cm) | 株 | 50 010.00 | 1.06 | 50 010.00 | 53 010.60 | | | | | | | 50 010.00 | 53 010.60 |
| 2 | 圆柏(高度81~100 cm) | 株 | 285 974.00 | 0.97 | 285 974.00 | 277 394.78 | | | | | | | 285 974.00 | 277 394.78 |
| (三) | 苗木 | | | | | 4 084 635.20 | | | | | | | | 4 084 635.20 |
| 1 | 云杉(高度81~100 cm) | 株 | 50 010.00 | 14.20 | 50 010.00 | 710 142.00 | | | | | | | 50 010.00 | 710 142.00 |
| 2 | 圆柏(高度81~100 cm) | 株 | 285 974.00 | 11.80 | 285 974.00 | 3 374 493.20 | | | | | | | 285 974.00 | 3 374 493.20 |

续

| 序号 | 项目名称 | 单位 | 合同工程量 | 合同单价/元 | 截至上期末累计完成 | | 本期承包人申报 | | | 本期监理审核意见 | | | 截至本期末累计完成 | |
|---|---|---|---|---|---|---|---|---|---|---|---|---|---|---|
| | | | | | 工程量 | 金额/元 | 单价/元 | 工程量 | 金额/元 | 单价/元 | 工程量 | 金额/元 | 工程量 | 金额/元 |
| 五 | 封禁治理工程 | | | | | 97 513.08 | | | | | | | | 97 513.08 |
| （一） | 网围栏 | m | 3 814.00 | | 3 814.00 | 90 071.71 | | | | | | | 3 814.00 | 90 071.71 |
| 1 | 人工土方开挖Ⅲ级 | m³ | 71.51 | 6.73 | 71.51 | 481.26 | | | | | | | 71.51 | 481.26 |
| 2 | C20 基础 | m³ | 7.4 | 609.52 | 7.4 | 4 510.45 | | | | | | | 7.4 | 4 510.45 |
| 3 | 刺丝+网片（h=1.2 m） | m | 3 814.00 | 14 | 3 814.00 | 53 396.00 | | | | | | | 3 814.00 | 53 396.00 |
| 4 | 角钢（50 mm×50 mm×5 mm） | t | 3.56 | 8 900 | 3.56 | 31 684.00 | | | | | | | 3.56 | 31 684.00 |
| （二） | 封禁警示牌 | 个 | 9 | | 9 | 7 441.37 | | | | | | | 9.00 | 7 441.37 |
| 1 | 人工土方开挖Ⅲ级 | m³ | 9.00 | 6.73 | 9.00 | 60.57 | | | | | | | 9.00 | 60.57 |
| 2 | 土方回填 | m³ | 2.70 | 9.31 | 2.70 | 25.14 | | | | | | | 2.70 | 25.14 |
| 3 | C20 基础 | m³ | 6.57 | 609.52 | 6.57 | 4 004.55 | | | | | | | 6.57 | 4 004.55 |
| 4 | 砂浆抹面 | m² | 19.80 | 12.43 | 19.80 | 246.11 | | | | | | | 19.80 | 246.11 |

续

| 序号 | 项目名称 | 单位 | 合同 | | 截至上期末累计完成 | | 本期承包人申报 | | | 本期监理审核意见 | | | 截至本期末累计完成 | |
|---|---|---|---|---|---|---|---|---|---|---|---|---|---|---|
| | | | 工程量 | 单价/元 | 工程量 | 金额/元 | 工程量 | 单价/元 | 金额/元 | 单价/元 | 工程量 | 金额/元 | 工程量 | 金额/元 |
| 5 | 预制板（0.8 m×1.7 m） | 片 | 9 | 165.00 | 9 | 1 485.00 | | | | | | | 9 | 1 485.00 |
| 6 | 白漆 | L | 36.00 | 30.00 | 36.00 | 1 080.00 | | | | | | | 36.00 | 1 080.00 |
| 7 | 红漆 | L | 18.00 | 30.00 | 18.00 | 540.00 | | | | | | | 18.00 | 540.00 |
| | 合计 | | | | | 5 022 383.11 | | | 6 625 839.07 | | | 6 625 839.07 | | 11 648 222.18 |

审核意见见上表监理审核意见栏。

监　理　机　构：××水利水电建设监理有限公司

××小流域综合治理工程项目监理部

总监理工程师：×××

日　　　　期：20××年××月××日

# 工程计量报验单

(承包〔20××〕计报 001 号)

合同名称:××小流域综合治理工程　　　　　　　　　　　　合同编号:××××-01

致:××水利水电建设监理有限公司××小流域综合治理工程项目监理部

　　我方按施工合同约定,完成了下列项目的施工,其工程质量经检验合格,并依据合同进行了计量。现提交计量结果,请贵方审核。

施工单位:××水利水电工程有限公司

××小流域综合治理工程项目部

项目经理:×××

日　　　期:20××年××月××日

| 一 | 合同分类分项项目(含变更项目) | | | | |
|---|---|---|---|---|---|
| 序号 | 项目名称 | 单位 | 申报工程量 | 监理核实工程量 | 说明 |
| 1 | 机修水平梯田<br>(地面坡度 6°~7°、田面宽度17.5 m) | hm² | 30.34 | 30.34 | |
| 2 | 机修水平梯田<br>(地面坡度 8°~10°、田面宽度16.34 m) | hm² | 48.54 | 48.54 | |
| 3 | 机修水平梯田<br>(地面坡度 11°~13°、田面宽度11.88 m) | hm² | 40.00 | 40.00 | |
| 4 | 机修水平梯田<br>(地面坡度 14°~15°、田面宽度10.37 m) | hm² | 50.00 | 50.00 | |
| 5 | 机修水平梯田<br>(地面坡度 16°~17°、田面宽度9.11 m) | hm² | 75.00 | 75.00 | |
| 6 | 机修水平梯田<br>(地面坡度 18°~20°、田面宽度8.75 m) | hm² | 60.00 | 60.00 | |
| 7 | 机修水平梯田<br>(地面坡度 21°~25°、田面宽度8.37 m) | hm² | 139.50 | 139.50 | |

附件:计量测量、计算等资料

审核意见:

监　理　机　构:××水利水电建设监理有限公司

××小流域综合治理工程项目监理部

总监理工程师:×××

日　　　期:20××年××月××日

## 二、《完工付款/最终结清证书》实例

### 完工付款/最终结清证书

（监理〔20××〕付结 001 号）

合同名称：××小流域综合治理工程　　　　　　　　　　　合同编号：××××-01

致：(建设单位)××县水利工程建设管理办公室

　　经审核承包人的□完工付款申请/□最终结清申请/□临时付款申请(承包〔20××〕付结 001 号)，应支付给承包人的金额共计（大写）　伍佰叁拾贰万陆仟玖佰壹拾陆元叁角捌分　（小写：5 326 916.38元）。

　　请贵方在收到□完工付款证书/□最终结清证书/□临时付款证书后按合同约定完成审批，并将上述工程价款支付给承包人。

　　附件：1.完工付款/最终结清申请单。
　　　　　2.审核计算资料。

　　　　　　　　　　　　监 理 机 构：××水利水电建设监理有限公司
　　　　　　　　　　　　　　　　　　　××小流域综合治理工程项目监理部
　　　　　　　　　　　　总监理工程师：×××
　　　　　　　　　　　　日　　　　期：20××年××月××日

发包人审定意见：
　　同意支付。

　　　　　　　　　　　　　　　发包人：××县水利工程建设管理办公室
　　　　　　　　　　　　　　　负责人：×××
　　　　　　　　　　　　　　　日　　期：20××年××月××日

# 完工付款/最终结清申请单

（承包〔20××〕付结001号）

合同名称：××小流域综合治理工程　　　　　　　　　　　　合同编号：××××-01

致：××水利水电建设监理有限公司××小流域综合治理工程项目监理部

依据施工合同约定，我方已完成合同工程 ××小流域综合治理 工程的施工，收到发包人签发的□合同工程完工证书/□缺陷责任期终止证书。现申请该工程的□完工付款/□最终结清/□临时付款。

经核计，我方共应获得工程价款合计为（大写）壹仟陆佰玖拾柒万伍仟壹佰叁拾捌元伍角陆分（小写 16 975 138.56 元），截至本次申请已得到各项付款金额总计为（大写）壹仟壹佰陆拾肆万捌仟贰佰贰拾贰元壹角捌分 （小写 11 648 222.18 元），现申请□完工付款/□最终结清/□临时付款金额总计为（大写）伍佰叁拾贰万陆仟玖佰壹拾陆元叁角捌分 （小写 5 326 916.38 元）。请贵方审核。

附件：计算资料、证明文件等。

　　　　　　　　　　　　施工单位：××水利水电工程有限公司
　　　　　　　　　　　　　　　　　××小流域综合治理工程项目部
　　　　　　　　　　　项目经理：×××
　　　　　　　　　　　日　　期：20××年××月××日

监理机构审核后，另行签发意见。

　　　　　　　　　　　　监理机构：××水利水电建设监理有限公司
　　　　　　　　　　　　　　　　　××小流域综合治理工程项目监理部
　　　　　　　　　　　签 收 人：×××
　　　　　　　　　　　日　　期：20××年××月××日

## 三、《质量保证金退还证书》实例

# 质量保证金退还证书

（监理〔20××〕保退 001 号）

合同名称:××小流域综合治理工程　　　　　　　　　　　合同编号:××××-01

| | |
|---|---|
| 致:(建设单位)××县水利工程建设管理办公室<br>　　经审核承包人的质量保证金退还申请表(承包〔20××〕保退 001 号),本次应退还给承包人的质量保证金金额为(大写)　__伍拾万玖仟贰佰伍拾肆元__　(小写　__509 254.00　元__)。<br>　　请贵方在收到该质量保证金退还证书后按合同约定完成审批,并将上述质量保证金退还给承包人。 | |

| 退还质量<br>保证金已<br>具备的条件 | ☑于　__20××__　年　__××__　月　__××__　日签发合同工程完工证书<br>□于　___年　___月　___日签发保修缺陷责任期终止证书 | |
|---|---|---|
| 质量保证金<br>退还金额 | 质量保证<br>金总金额 | 伍拾万玖仟贰佰伍拾肆元(小写:509 254.00元) |
| | 已退还金额 | 零(小写:0 元) |
| | 尚应扣留的<br>金额 | 零(小写:0 元)<br>扣留的原因:<br>□施工合同约定<br>□遗留问题<br>□ |
| | 本次应<br>退还金额 | 伍拾万玖仟贰佰伍拾肆元(小写:509 254.00元) |
| | 　　　　监　理　机　构:××水利水电建设监理有限公司<br>　　　　　　　　　　　××小流域综合治理工程项目监理部<br>　　总监理工程师:×××<br>　　日　　　　期:20××年××月××日 | |
| 发包人审批意见:<br>　　同意。<br><br>　　　　　　　　　　　　发包人:××县水利工程建设管理办公室<br>　　　　　　　　　　　　负责人:×××<br>　　　　　　　　　　　　日　　期:20××年××月××日 | | |

# 第七章　工程合同管理

## 第一节　工程合同管理的概念

一、《中华人民共和国民法典(合同编)》的概述

**(一)合同的概述**

1.合同的概念

《中华人民共和国民法典(合同编)》是《中华人民共和国民法典》的重要组成部分,它调整平等主体的自然人、法人、其他组织之间因合同产生的民事关系。合同是民事主体之间设立、变更、终止民事法律关系的协议依法成立的,受法律保护。

(1)合同是一种法律行为。合同规定的权利受到法律的保护,合同规定的义务不履行要受到法律的追究。

(2)合同是双方或多方的法律行为,是当事人双方或多方意思的一致表示。

(3)合同当事人双方或多方的地位是平等的。

(4)合同是合法的法律行为。

2.合同的三要素

从合同的法律关系来看,还可以把合同中的主体、标的、权利与义务概括为合同的基本要素。

(1)主体。这是合同法律关系的参加者,也是民事权利与义务的承担者。在民事法律关系中享有权利的一方称为权利主体,负担义务的一方称为义务主体。在合同的法律关系中,一方有权利,他方必有相应的义务,权利主体和义务主体是不能分离的。当事人双方互有权利义务,双方同是权利主体,又同是义务主体。

(2)标的。标的是合同双方当事人的权利和义务共同指向的对象,在法律上也是双方所指明的客体。合同中的标的是当事人行为的始终目的和目标,没有共同拟定的标的或标的不明确,合同就无法履行,也就等于没有指定的对象,离开标的合同就不能成立。

(3)权利与义务。在合同中权利与义务是相对而言的。所谓权利,是指当事人依法享有的权利和利益;所谓义务,就是当事人对社会、对他人所负的一种责任。权利与义务的关系,反映了合同中的当事人所处的地位及其相互关系,合同法律关系最重要的特征,就是双方当事人之间存在着权利与义务的联系。

3.合同的基本原则

(1)平等原则。合同当事人的法律地位平等。不论是自然人、法人还是其他组织,不论所有制性质和经济实力,不论有无上下级隶属关系,一方不得将自己的意志强加给另一方,实施不平等竞争和不平等交换。

(2)自愿原则。当事人依法享有自愿订立合同的权利,任何单位和个人不得非法干预。该原则体现了民事活动的基本特征,是合同关系不同于行政法律关系、刑事法律关系的重要标志。

(3)公平原则。当事人应当遵循公平原则确定各方的权利和义务。公平原则是道德规范的法律化,反映了合同当事人之间的利益关系符合当事人的要求。

(4)诚实信用原则。当事人行使权利、履行义务应当遵循诚实信用原则。讲诚实守信用有助于协调各方当事人的利益,减少合同纠纷和合同欺诈,促进市场有序运行。

(5)遵守法律规范,遵守社会公德原则。当事人订立、履行合同,应当遵守法律、行政法规,遵守社会公德,不得扰乱社会经济秩序,损害社会公共利益。

**(二)合同的形式与种类**

1.从法律行为的形式上分类

(1)口头形式。口头合同,就是双方当事人之间通过对话的方式而订立的合同。在商品交换中,一般凡是能即时清结的,都以口头合同形式进行。

(2)书面形式。书面合同是指合同书、信件和数据电文(包括电报、电传、电子数据交换和电子邮件)等文字表达当事人双方协商一致而签订的合同。目前,我国合同采用书面方式的法律行为包括以下三种:

①一般书面形式,即双方当事人把达成的协议或条款写成书面文书,签字盖章,各自保存,只要符合国家的法律、行政法规和有关规定,就产生了法律效力的一种书面方式,并依法受到法律的保护。

②经过登记的书面方式,根据法律的规定,有些书面法律行为,必须经过国家相应主管机关登记,才能产生法律效力。

③经过公正或鉴证的书面方式,根据国家有关部门和地方政府的规定,有些书面法律行为,必须经过公证机关予以公证证明,或者经过合同管理机关鉴证证明,才能产生法律效力。

2.依据不同的规定、作用、性质进行分类

(1)以合同成立为依据,可分为计划合同与非计划合同。计划合同是国家根据需要向企业下达指令性计划的合同;非计划合同是不以国家计划为前提,而以市场经济为基础,当事人之间自由设定而签订的合同。

(2)以合同期长短为依据,可分为长期合同和短期合同。长期合同,是指合同期在一年以上的合同;短期合同,是指合同期不超过一年的合同。

(3)总合同和分合同。总合同是指当事人双方执行跨年度或工作项目跨行业的,并以经济内容关联性而成立的总体协议。分合同是指依据总合同当事人或承建单位与分包人为完成具体任务而签订的合同。

(4)主合同与从合同。主合同是指不以其他合同的存在为前提而独立成立和独立发生效力的合同。从合同是指依据其他合同的存在为前提而成立并发生效力的合同。

**(三)合同的订立**

合同的订立,是指双方(或多方)当事人依照法律规定,就合同的主要条款内容进行协商,在取得一致意见的基础上签字,正式确立相互之间权利与义务关系的过程。合同依法成立,即具有法律约束力,当事人必须全面履行合同规定的义务,任何一方不得擅自变更或解除合同。

1.订立合同的法律约束力

当事人之间订立的合同必须具有法律约束力,合同规定的权利与义务关系受到国家法律的保护。合同的法律约束力,主要体现在以下三个方面:

(1)当事人必须全面履行自己的合同义务。

(2)当事人不得擅自变更或解除合同。

(3)当事人的合同权益受到国家法律的保护。

2.订立合同的基本原则

(1)必须遵守国家法律和行政法规。

(2)应当平等互利、协商一致。

3.订立合同的程序

合同签订的程序,就是当事人对合同的条款内容进行协商,取得一致意见,并签署书面协议的过程。这一过程一般都由一方提出签约建议(要约)和另一方接受签约建议(承诺)的两个过程组成。

(1)签约提议(要约),指的是当事人一方向对方提交的签订合同的建议和要求。要约的内容包括:作出希望与对方订立合同的意思表示,并要明确提出该合同的各项条款,特别是主要条款的具体内容,以供对方考虑。要约还应当提出要约的有效期限,要约是一种法律行为。构成要约的条件:要约必须是要约人真实意思的表示;要约的主要条款必须明确、具体、肯定;要约一定要发给受约人;要约要受到自己要约内容的约束和约定时间的限制。

(2)接受提议(承诺),即对签订合同的提议的接受。指的是受约人或其代理人作出对要约的全部内容表示同意。如果受约人要求变更要约的部分或全部内容,则不是完全意义上的承诺,而是受约人反过来对原要约人的一种新的要约。承诺也是一种法律行为,承诺人对要约表示承诺后,合同即为成立,承诺人就要承担履行合同的义务。承诺生效有两个条件:必须无条件地全部赞成要约中的各项条款;必须在要约规定的有效期限答复要约人。

**(四)签订合同的主要方式**

(1)通过会议签订。

(2)双方直接派人或用函电等方式签订。

(3)代订合同。企业的厂长、经理是法定代表人,有权以本企业的名义签订合同,但也可以委托他人代订合同。委托代订合同时应注意:①要有授权委托书;②要有授权的范围和时间;③要以委托人的名义签订。

**(五)无效合同**

无效合同是指虽经当事人双方协商订立的,但因不具备或违反法定条件,国家法律不承认其法律效力的合同。

1.无效合同的种类

(1)违反法律和行政法规的合同。

（2）采取欺诈、胁迫等手段所签订的合同。

（3）代理人超越代理权限签订的合同或以被代理人的名义同自己或者自己所代理的其他人签订的合同。

（4）违反国家利益或社会公共利益的合同。

2.无效合同的确认

（1）合同的主体是否合格，即签订合同的主体是否具有行为能力和权利能力。

（2）合同的内容是否合法。

（3）委托代订合同是否妥当。

（4）合同的形式是否妥当。

3.无效合同的处理

无效合同，从订立起，应没有法律约束力。合同被确认无效后，合同尚未履行的，不得履行；正在履行的，应当立即终止履行。合同被确认部分无效的，如果不影响其余部分的效力，其余部分仍然有效。

合同被确认无效后，当事人依据该合同所取得的财产，应返还给对方。有过错的一方应赔偿对方因此所受的损失；如果双方都有错，各自承担相应的责任。

违反国家利益或社会公共利益的合同，如果双方都是故意的，应追缴双方已经取得或者约定取得的财产，收归国库所有。如果只有一方是故意的，故意的一方应将从对方取得的财产返还对方；非故意的一方已经从对方取得或约定取得的财产，应收归国库所有。

## 二、合同的履行

合同的履行，是指当事人双方依据合同的条款，实现各自享有的权利，并履行各自应尽的义务。

### （一）合同履行的情况

（1）全部履行，当事人完成了合同中规定的自己应尽的全部义务。

（2）部分履行，当事人只完成了合同中规定的部分义务。

（3）履行终止，就一份合同来说，当事人双方都完成了应尽的全部义务，合同才算按约履行终止。对一份没有按合同履行，或者不履行或不完全履行或推迟履行或不能履行，除符合免责规定外，都要承担相应的法律责任。

### （二）合同履行的基本原则

（1）全面履行原则。合同当事人双方必须按照合同规定的全部条款完全履行。

（2）实际履行原则。实际履行也称实物履行，指合同当事人双方必须依据合同规定的标的履行，而不允许采用其他替代性的标的交付，也不允许采用给付货币的方式替代原规定的方式履行。

（3）协作履行原则。指合同双方在合同履行中一方一定要协助另一方为对方当事人履行合同创造有利条件。

## 三、合同的担保

合同的担保是指依据法律的规定或者当事人双方约定，为了全面履行合同而设定的保证权利人的权利得以实现的法律手段。因此,担保是合同当事人双方事先就权利人享有的权利和义务人承担的义务做出具有法律约束力的保证措施。

合同担保的主要形式有:

(1)违约金。是指合同当事人一方不履行或不完全履行合同时,应依据法定或约定付给对方一定数额的货币。

(2)定金。是指合同当事人一方为了证明合同的成立和保证合同的执行,在按合同规定应给付的款额内,向对方预先给付一定数额的货币。合同履行后,定金应当收回,或抵作价款。

给付定金的一方不履行合同的,无权请求返还定金。接受定金的一方不履行合同的,应当双倍返还定金。

(3)保证。是指合同当事人一方为了合同的全面履行,与保证人达成的保证对方履行合同的协议。

(4)抵押。是指合同一方以自己的或第三人的财产保证合同的全面履行而向对方设定的抵押权。

(5)留置权。是指合同当事人一方依据合同的规定对合法占有对方的财物有权予以留置,藉以保护自身的合法权益。

## 四、合同的变更和解除

合同依法成立,即具有法律约束力,当事人必须全面履行合同规定的义务,任何一方不得擅自变更或解除合同。但在履行中,由于主、客观原因使得当事人一方或双方不能依照合同规定的条款履行时,可以依据法律或者当事人约定变更或解除原来订立的合同。

### (一)合同的变更

合同的变更,指当事人在合同订立之后,尚未履行或尚未全部履行之前,对原合同进行修改或补充所达成的新的协议。

### (二)合同的解除

合同的解除,指当事人双方(或多方)对原签订的合同,提前终止其法律效力所达成的协议。

法律上所认可的合同解除,通常有两种情况:一种是合同没有完全履行而终止,另一种是合同尚未开始履行即告终止。

合同解除后,当事人原来订立的合同的法律效力即行终止,双方的合同法律关系也即消失。如果合同成立之后,当事人双方并没履行,那么合同被解除时,其法律效力即提前终止,不再履行;如果合同成立后,已经部分履行,尚余部分应当履行还未履行,那么合同被解除时,只限于提前终止尚未履行部分的法律效力。当事人双方对已经履行部分仍应依据合同的规定享有权利并承担义务。

### (三)合同变更和解除的条件

凡发生下列情况之一者,允许变更和解除合同:

(1)当事人双方经协商同意,并且不因此损害国家利益和社会公共利益。

（2）由于不可抗力致使合同的全部义务不能履行。

（3）由于另一方在合同约定的期限内没有履行合同。

属于第（2）或第（3）种情况的，当事人一方有权通知另一方解除合同。因变更或解除合同使一方遭受损失的，除依法可以免除责任的外，应由责任方负责赔偿。

**（四）合同变更和解除应遵守的规定**

（1）合同的变更和解除是一种重新确立或终止当事人双方权利和义务的法律行为。因此，当事人一方应及时向对方提出变更和解除合同的请求或建议，明确表示变更和解除合同的理由、内容和具体条款。

（2）合同变更和解除是一项法律行为，因此当事人双方应当签订书面形式的协议。变更和解除原合同的协议一经订立立即具有法律效力，原合同即行变更或终止。但是，在变更和解除原合同的协议尚未正式成立之前，原合同仍然具有法律效力，义务人必须履行合同规定的义务，否则应承担违约责任。

（3）合同当事人一方发生合并或分立，由变更后的当事人承担或分别承担履行合同的义务和享受应有的权利。

（4）合同订立后，不得因承办人或法定代表人的变更而变更和解除。

## 五、违反合同的责任

**（一）违反合同责任的含义**

违反合同责任，简称违约责任，它是指合同当事人、直接责任者个人由于自己的过错，造成合同不能履行或不能完全履行，依据法律规定或合同的约定必须承受的法律制裁，即承担一定的法律责任。

（1）合同当事人的责任。由于当事人一方的过错，造成合同不能履行或不能完全履行，由有过错的一方承担责任。如属双方的过错，根据实际情况，由双方分别承担各自应负的违约责任。

（2）合同直接责任者个人的责任。对于由于失职、渎职或其他违法行为造成重大事故或严重损失的直接责任者个人，应追究经济责任、行政责任，甚至刑事责任。

**（二）违反合同承担责任的条件**

在有效合同的前提下，追究当事人不履行或不完全履行合同的违约责任，一般要看是否具备以下几个条件：

（1）当事人要有违约事实。即在合同规定的履行期限中，当事人一方或双方没有履行或没有完全履行合同规定的义务。

（2）要有损害事实。指当事人一方不履行或不完全履行合同造成对方当事人的财产的损失。它包括直接损失和可得到的利益损失两方面。

（3）当事人要有行为过错。行为过错，是指不履行或不完全履行合同的一方持有的故意或过失的心理状态。

（4）违反合同的行为与损害事实之间存在着因果关系。指不履行合同的行为与损害事实之间存在着内在的、必然的联系，即损害事实是由当事人的过错引起的。

### (三)违反合同承担责任的方式

(1)违约金。具有对违约者实行经济制裁措施的本质特征。只要违约事实发生,违约者必须向对方支付一定数额的货币,这种不以对方受害为条件的支付行为,体现了违约金的制裁性。此外,依据违约者的违约行为给对方造成损失与否,以及造成损失的大小还具有补偿性。

(2)赔偿金。是指由于当事人一方的过错不履行或不完全履行合同,给对方造成损失,在违约金不足以弥补损失时(或没有规定违约金)而向对方支付不足部分的货币。赔偿金的性质是属于补偿性的经济制裁措施。

(3)继续履行。是指由于当事人一方的过错造成违约事实发生,并向对方支付违约金和偿付赔偿金之后,合同仍然不失去法律效力,也即并不因违约人支付违约金和赔偿金而免除其继续履行合同的义务。对方要求继续履行合同的,应继续履行。

### (四)违反合同免责规定

当事人一方由于不可抗力的原因不能履行合同的,应及时向对方通报不能履行或需要延期履行、部分履行合同的理由,在取得有关证明以后,允许延期履行、部分履行或不履行,并可根据情况部分或全部免予承担违约责任。

## 六、合同的鉴证和公证

### (一)合同的鉴证

合同的鉴证是合同管理机关按照当事人双方的申请,依法证明合同的合法性与真实性的法律制度。

合同鉴证机关是各级市场监督管理局合同鉴证部门。

合同鉴证实行自愿的原则(国家另有规定者除外)。

1.合同鉴证审查内容

(1)签订合同当事人是否合格,是否具有权利能力和行为能力。

(2)合同当事人的意思表示是否真实。

(3)合同的内容是否符合国家的法律和行政法规。

(4)合同的主要条款内容是否完备,文字表述是否准确,合同签订是否符合法定程序。

2.合同鉴证的性质

合同鉴证是国家市场监督管理机关依法行使签证权做出的管理行政行为。

### (二)合同公证

合同公证是国家公证机构根据当事人的申请,依法确认合同的合法性与真实性的法律制度。

我国公证机构是各级司法行政机关领导的公证处,它代表国家行使公证权。

合同实行自愿公证原则。合同公证,应当根据国家法律法规的规定办理。

(1)合同公证审查内容。公证人员审查合同的内容与合同鉴证审查内容基本相同。

(2)合同公证的性质。公证是国家司法行政机关领导下的公证机构根据国家公证法规做出的司法行政行为。

**(三)合同签证与公证的区别**

合同的公证与鉴证,都是对合同的主体资格、客体内容等的真实性、合法性加以审查,并给予证明。但两者存在着以下区别:

(1)两者的性质不同。公证,是国家对合同进行法律监督的手段;鉴证,则是国家对合同进行行政监督的一种行政手段。

(2)两者的执行机关不同。

(3)有关合同发生纠纷后处理方式有所不同。经过公证的合同如果一方违约,在一定条件下,公证机关可以根据债权人的申请,做出强制执行的证明,申请人可凭此证明直接到人民法院申请强制执行,不必经过诉讼程序。而鉴证的合同如果发生纠纷,一般由原鉴证的合同管理机关进行调解或仲裁,也可以不通过仲裁机关直接诉诸人民法院。

(4)两者的有效区域不同。经过公证的合同在我国行政区域内外均具有法律效力;经过鉴证的合同只在我国行政区域内有法律效力。

## 七、合同纠纷的调解和仲裁

纠纷是指在经济活动中双方当事人对经济权利和经济义务所发生的争执,或称经济争议。

合同发生纠纷时,当事人可以通过协商或调解解决。当事人不愿通过协商、调解解决或者协商、调解不成的,可以根据合同的仲裁条款或者事后达成的书面仲裁协议,向仲裁机构申请仲裁。

**(一)合同纠纷的协商解决**

合同纠纷的协商解决,是指合同当事人在履行合同的过程中,对所产生的纠纷互相主动联系,彼此友好协商,取得一致意见,从而及时解决合同纠纷的一种方法。

**(二)合同纠纷的调解**

合同纠纷的调解,是指第三者出面,认真查明违约事实,分清违约责任,在此基础上,促使纠纷双方当事人互谅互让,使双方达成一致的解决纠纷协议的方法。

调解必须坚持以下几条原则:

(1)调解必须贯彻自愿原则。只有当事人双方自愿接受调解机构调解时,才可以进行调解。如果调解无效,任何一方都有权申请仲裁,或向人民法院起诉,任何人不得阻止。

(2)调解必须遵循合法原则。经济合同的调解必须符合法律和行政法规,依法办事,新达成的协议也只有合法才能成立。

(3)调解必须立场公正。调解时,对当事人双方要不偏不倚,立场公正,秉公办事。这样才能取得当事人双方的信赖,对作出的调解也才能为当事人双方所接受。

(4)作出书面调解书。在当事人双方达成协议后,应写成书面调解书,作为纠纷解决的根据。调解书经主管机关和合同当事人双方盖章后,即具有法律效力。

**(三)合同纠纷的仲裁**

由仲裁机构对合同的争议依法作出裁决,称为仲裁,一般亦称公断。我国合同仲裁机关是国家市场监督管理总局和地方各级市场监督管理局设立的合同仲裁委员会。

1.合同纠纷仲裁的原则

(1)贯彻以事实为依据,以法律为准绳的原则。

(2)贯彻当事人行使权利一律平等的原则。

(3)遵循调解为主的原则。

(4)实行一次仲裁制度。对仲裁机构的仲裁裁决,当事人应当履行。当事人一方在规定的期限内不履行仲裁机构的仲裁裁决的,另一方可以向人民法院申请,由人民法院强制执行。

2.合同纠纷仲裁的管辖

(1)地域管辖。合同纠纷案件一般由合同履行地或者合同签订地的仲裁机关管辖,执行中有困难的也可以由被诉方所在地的仲裁机关管辖。

(2)级别管辖。主要根据争议金额及案件的影响范围来决定由哪级仲裁机构管辖。

(3)指定管辖。有管辖权的仲裁机构由于客观原因不能行使管辖权时,由上级机构指定管辖;两个仲裁机构对管辖权发生争议时,由共同的上级仲裁机构指定管辖。

(4)移送管辖。仲裁机构受理仲裁申请后,如发现不属自己管辖或不宜由自己管辖,可移送别的仲裁机构管辖。

3.经济仲裁的程序

(1)申请仲裁。由合同当事人一方或双方向仲裁机关提出仲裁申请。

(2)调查取证。仲裁是以事实作为依据,仲裁机关应对合同的签订和实施情况进行调查。

(3)再一次调解。在作裁决前,仲裁机关再一次调解,双方互相协商,自愿达成解决协议。如果调解无效,再进行仲裁。

(4)裁决。仲裁机关通知双方当事人在规定时间、地点到达,由仲裁机关作出裁决,并制作裁决书。

(5)裁决的执行。已发生法律效力的仲裁决定书,当事人应当按照规定的期限自动执行。当事人一方在规定的期限内不履行仲裁机构的仲裁裁决的,另一方可以向人民法院申请,由人民法院强制执行。

合同争议申请仲裁的期限为两年,自当事人知道或者应当知道其权利被侵害之日起计算。

## 八、合同纠纷的审理

合同纠纷的审理,是指合同纠纷案件,由人民法院按照法律进行裁决,以保证当事人的合法权益,制裁违法行为,维护社会经济秩序的法定活动。

提请人民法院审理的合同纠纷案件,可以是经有关部门调解,但未达成协议,一方当事人向人民法院起诉的,也可以是当事人直接向法院起诉的案件,以上情况,法院均予受理。

我国的合同纠纷案件由人民法院的经济审判庭审理。

# 第二节　工程合同管理的内容

## 一、合同管理

合同管理主要是通过对工程质量、工程进度、工程投资的有效控制,以达到工程建设项目按施工合同规定的约束条件,优质、按期、高效益建成投产,从而有效地维护业主的合法权益,同时也督促施工单位认真地履行合同规定的责任和义务。合同管理是监理工程师在工程建设全过程、全方位管理中一项综合性的管理工作。

施工项目涉及的合同较多,监理、管理和协调如此多的工程合同需要采用严密的计划和管理技术,以及依靠从类似规模和性质的项目获得的来之不易的经验。需认真贯彻施工承包合同和施工监理合同,站在公正的立场上,充分发挥监理的控制作用与第三方的特殊地位,注意协调好业主、施工单位及各协作部门之间的关系。

### (一)合同管理的主要内容

(1)协助业主进行施工招标工作。

(2)协助业主监督施工单位全面履行施工承包合同。

(3)协助业主制定实施各项工程管理制度。

(4)协助业主处理与工程有关的索赔和合同纠纷事宜。

(5)分析合同执行情况和跟踪管理。

(6)处理工程变更、分包管理、工程延期事宜。

(7)争端与仲裁。

### (二)合同管理监理职责

(1)监理工程师从项目建设目标出发,根据《中华人民共和国民法典》等法律法规、政策文件、规章制度、工程技术标准、工程招标投标文件和各种合同条款,对工程建设全过程行为,从合同的角度进行管理,处理合同问题。

(2)监理工程师熟悉各类合同,包括设计合同、材料设备采购合同、施工合同等应该包括的内容条款,尤其是住房和城乡建设部、市场监督管理部门制定的合同示范文本。对主要合同条件:如施工组织设计及工期、工期延误、质量与检验、安全施工、合同价款与支付、材料设备供应、工程变更、工程分包、索赔、违约和争议、工程保险、担保等关键内容和要求有深入的了解和认识,并熟悉合同文件中甲乙双方权利、义务、责任的内容和规定;熟悉质量、进度、投资费用控制的目标要求、内容、流程和时效要求。

(3)预测发生偏离合同约定及违约事件的各项诱因和可能性,确定合同管理的重点、难点,制订相应的防范措施;及时提醒有关各方尽量避免违约、争议和索赔的出现。

(4)对合同的订立、变更(如果有)、解除(如果有)、履行、终止等进行全过程管理,重点在订立合同前为业主出谋划策,以及对出现的合同纠纷和争议的监控和有效解决。

(5)定期检查监督。检查监督各类合同的执行情况,是合同履行管理中的重要环节。总监理工程师和合同管理监理人员定期或不定期深入施工单位了解各单位落实各自任务的履约情况,对施工单位,检查人员、材料、机具的落实情况,施工方法、施工工艺的执行情况,工程进度、各部分工程质量情况等进行检查监督。督促各单位按时按质完成合同规定各阶段的任务,协商解决设计、施工等过程中遇到的外部和内部阻力。另外,就是工程协调会议的作用,通过工程协调会议形式,定期检查合同履约情况,并及时解决可能遇到的困难。定期检查监督工作落实到项目监理机构内各个监理人员,做到责任到人。

(6)随时掌握各参建单位情势的变化,防止自身债权落空。由于勘察、设计、施工、材料设备采购等合同,业主都有先履行债务的条款,因此监理工程师将协助业主采取有效的方式收集勘察、设计、施工、材料设备供应商等各单位变化中的情况,在发现并有确切证据证明对方经营情况严重恶化的,严重丧失商业信誉的,或有其他丧失或可能丧失履行债务能力情况的,监理工程师将及时协助业主采取有效的保护措施,保证业主的利益不受损害或者尽量减低损害。

(7)按约定验收及结算。监理工程师协助业主做好设计图纸验收工作,工程实物验收工作,确保设计、施工等单位确实已严格按照合同约定完成所有的工作。对履行不适当的部分,及时要求有关单位做出整改,直至符合合同约定。设计图纸、勘察资料按要求提交业主后,以及工程竣工验收后,监理工程师协助业主在约定的结算方式、计算时间办理结算工作,使合同得到全面的履行,并按约定终止合同。

(8)监控可能出现的合同争议及纠纷。通过对各参建单位合同履约情况的定期检查监督,对可能发生合同争议和纠纷的,及时向有关单位提出,提出积极可行的解决建议和措施,在确保各方合法利益的大前提下,尽量避免争议、纠纷的出现。

(9)合同变更、解除、争议的管理及解决。对可能出现的合同变更、解除,监理工程师严格根据合同中关于合同变更、解除的约定,以及《中华人民共和国民法典》中对合同变更、解除合同的规定和《中华人民共和国建筑法》等相关建筑工程法律法规和行政管理文件对关于变更、解除的内容的规定执行,维护业主的合法利益。

(10)对于可能出现的合同争议和纠纷,监理工程师同样严格按照设计合同、施工合同等合同中关于争议、纠纷、违约、索赔等的约定,以及《中华人民共和国民法典》中对合同争议的解决方式和解决措施的规定和《中华人民共和国建筑法》等相关建筑工程法律法规和行政管理文件对关于争议、纠纷的内容的规定执行,维护业主的合法利益。

合同作为一种法律行为把参与工程建设的各方有机地联系起来。要做好监理工作,必须首先搞好合同管理,以合同条件约束各方行为,以合同条件协调各方关系。

二、合同管理的主要方法

(一)合同预控法

(1)熟悉工程概况,了解业主对勘察、设计、施工、主要材料和设备的具体要求;熟悉各类合同的合同文本,包括勘察合同、设计合同、施工合同、材料设备采购合同的示范文本。

(2)协助业主审查本工程的施工单位、分包商、材料设备供应商的营业范围、资质、信誉度等,并根据业主的意向采取有效可行的保证措施制度。

(3)根据业主的具体需要,协助业主先行制定施工、材料设备采购合同的具体合同条款,并与业主协商分析合同协商谈判的底线及策略。

(4)制订合同协商谈判计划,并进行具体的组织。协助办理各类合同最终订立的有关工作。

### (二)合同分析法

监理机构下设合同管理部门,配备合同管理专业人员对项目合同实行目标管理和全过程监督;建立合法、规范、实用、系统、科学的合同管理制度,对合同文件实施规范化管理。

监理机构组织监理工程师认真阅读、熟悉合同文本,充分理解和熟悉合同条款,详细分析哪些条款与业主有关、哪些与施工单位有关、哪些与设计单位有关、哪些与工程检查有关、哪些与工期有关等,分门别类地分析各自的责任和相互联系,按专业岗位将合同履行监督职责落实到每一个岗位、每一个人,使每一位监理人员能够用合同规范自己的监理行为,能够用合同规定及时处理实施中遇到的问题。

### (三)建立合同数据档案法

项目监理机构建立合同台账、统计、检查和报告制度,认真做好履行过程中的组织和管理工作。对合同履行过程中形成的合同组成文件,如设计变更、洽商记录、会议纪要、部分监理作业文件、来往信件、各种施工进度表、施工现场的工程文件、各种财务记录、工程照片、工程检查和验收报告等分门别类存档,监理过程中的往来文件资料按规定传递,防止索赔事件的发生,实现规范化管理。

项目部建立合同管理微机信息系统,实行动态管理,对合同内容中有关质量、投资、进度数据、工程移交手续等制成图表,使合同中的各个程序具体化,当事人对各自的职责简明易识。

### (四)跟踪调查研究法

监理机构对合同履行实施全过程跟踪监控,对合同履行情况及隐患及时报告、及时处理;依据法律和行政法规、规章制度,对项目合同履行进行组织、指导、协调和监督,保护合同当事人的合法权益,确保合同的全面履行;在施工全过程中严格执行合同条件,对业主负责,并采取预先分析和调查研究的方法,防止偏离合同约定事件的发生。

督促施工单位进行合同履行前的交底工作,明确自己在施工质量、进度、投资等方面的合同义务、要求和违约责任,促使施工单位按合同规定进行施工,预防合同纠纷的发生。

根据项目合同文件的有关条款、目标和承诺,定期检查有关施工单位的实际落实和执行情况,包括施工人员、机械设备的配置,施工完成质量的执行标准和规范,工期目标的完成情况,进场材料的执行标准,外供材料和设备的质量标准和订货、供货情况,工程完成质量和数量及工程价款的审核执行情况等,对存在的问题通过监理指令及时向施工单位提出并督促其改正,直至达到有关要求。

### (五)合同监督法

监理工程师根据合同工期审核进度计划、检查施工进度,按照规定质量标准验收工程,按照合同规定的计量方法进行计量及签署付款凭证。

督促检查施工单位人员构成和数量,以及机械设备的数量、规格性能是否符合合同要求,对不满足合同要求的人员及设备责令整改和更换。

监理机构经常组织项目合同履约评比活动,执行合同奖罚条款,在整个施工过程创造一个守合同、重信用的氛围,促使合同的圆满履行。

## 三、工程施工合同

### (一)施工合同的概念

施工合同是发包人与承包人就完成具体工程建设项目的土建施工、设备安装、设备调试、工程保修等工作内容,明确合同双方权利与义务关系的协议。

施工合同是建设工程合同的一种,它与其他建设工程施工合同一样是双务有偿合同。施工合同的主体是发包人和承包人。发包人是建设单位、项目法人等,承包人是具有法人资格的施工单位、承建单位等。

### (二)施工合同的分类

施工合同按计价方式进行划分,可分为以下几种。

1.总价合同

总价合同是指在合同中确定一个完成项目的总价,承包单位据此完成项目全部内容的合同。总价合同又分为固定总价合同、固定工程量总价合同和可调整总价合同。

这类合同仅适用于工程量不太大且能精确计算、工期较短、技术不太复杂、风险不大的项目。采用这种合同类型要求建设单位必须准备详细而全面的设计图纸(一般要求施工详图)和各项说明,使承包单位能准确计算工程量。

2.单价合同

单价合同是指承包商按工程量报价单内分项工作内容填报单价,以实际完成工程量乘以所报单价计算结算款的合同。常用的单价合同有估计工程量单价合同、纯单价合同和单价与包干混合合同三种。

这类合同的适用范围比较广,其风险可以得到合理的分担,并且能鼓励承包单位通过提高工效等手段从成本节约中提高利润。这类合同能够成立的关键在于双方对单价和工程量计算方法的确认。在合同履行中需要注意的问题则是双方对实际工程量计量的确认。

3.成本加酬金合同

成本加酬金合同是指业主向承包商支付工程项目的实际成本,并按事先约定的某一种方式支付酬金的合同。成本加酬金合同可分为成本加固定百分比酬金合同、成本加固定酬金合同、成本加浮动酬金合同和目标成本加奖惩合同。

在这类合同中,业主需承担项目实际发生的一切费用,因此也就承担了项目的全部风险。而承包商由于无风险,其报酬往往也较低。

这类合同的缺点是业主对工程总造价不易控制,承包商也往往不注意降低项目成本。

这类合同主要适用于以下项目:①需要立即开展工作的项目,如震后的救灾工作;②新型的工程项目,或对项目工程内容及技术经济指标未确定;③风险很大的项目。

### (三)施工合同的内容

施工合同的主要条款就是它的主要内容,即合同双方当事人在合同中予以明确的各项要求、条件和规定,它是合同当事人全面履行合同的依据。施工合同的主要条款,是施工合同的核心部分,它是明确施工合同当事人基本权利和义务,使施工合同得以成立的不可缺少的内容,因此施工合同的主要条款对施工合同的成立起决定性作用。《中华人民共和国民法典》第七百九十五条规定:"施工合同的内容一般包括工程范围、建设工期、中间交工工程的开工和竣工时间、工程质量、工程造价、技术资料交付时间、材料和设备供应责任、拨款和结算、竣工验收、质量保修范围和质量保修期、相互协作等条款。"

### 1.工程范围

工程范围是指施工合同数量方面的要求。数量是指标的的计量,是以数字和计量单位来衡量标的的尺度。没有数量就无法确定双方当事人的权利、义务的大小,而使双方权利、义务处于不确定的状态,因此必须在施工合同中明确规定标的的数量。一项工程,只有明确其建筑范围、规模、安装的内容,才可能使工人有的放矢,进行建筑安装。施工合同中要明确规定建筑安装范围的多少,不仅要明确数字,还应明确计量单位。

### 2.建设工期、中间交工工程的开工和竣工时间

建设工期、中间交工工程的开工和竣工时间是对工程进度和期限的要求。建设工期是承包人完成工程项目的时间界限,是确定施工合同是否按时履行或延迟履行的客观标准,承包人必须按合同规定的工程履行期限,按时按质按量完成任务,期限届满而不能履行合同,除依法可以免责外,要承担由此产生的违约责任。工程进度是施工工程的进展情况,是反映固定资产投资活动进度和检查计划完成情况的重要指标。一般以形象进度来表示单位工程的进度,用文字或实物量完成的百分比说明、表示或综合反映单项工程进度。从开工期到竣工期,实际上也就是施工合同的履行期限。每项工程都有严格的时间要求,这关系到国家的计划和总体规划布局,因此施工合同中务必明确建设工期,双方当事人应严格遵守。

### 3.工程质量、质量保修范围及质量保证期

建筑工程对质量的要求特别严格,不仅是因为工程造价高,对国民经济发展影响大,更重要的是它关系到人民群众的生命和财产安全,因此承包人不仅在建筑安装过程中要严把工程质量关,还要在工程交付后,在一定的期限内负责保修。工程质量是指建筑安装工程满足社会生产和生活一定需要的自然属性或技术特征。一般来说,有坚固耐久、经济适用、美观等特性,工程质量就是这些属性的综合反映,它是表明施工企业管理水平的重要标志。在工程交付后,承包人要在一定的期限内负责保修。

### 4.工程造价

工程造价是指某项工程所花费的全部投资。按基本建设预算价格计算的工程造价称为工程预算造价;按实际支出计算的工程造价称为实际工程造价。在施工合同中,必须明确建筑安装工程的造价。

### 5.技术资料交付时间

技术资料交付时间是针对发包人履行的义务而言的。设计文件指发包人向承包人提供建设工程工作所需的有关基础资料。为了保证承包人如期开工、保证工程按时按质按量完成,发包人应在施工合同规定的日期之前将有关文件、资料交给承包人。如果由于发包人拖延提供有关文件、资料致使工程未能保质保量按期完工,承包人不承担责任,并可以追究发包人的违约责任。当然,发包人除对提供的文件资料要迅速及时外,还要对提供的设计文件和有关资料的数量和可靠性负责。

6.材料和设备的供应责任

材料和有关设备是进行工程施工的物质条件,及时提供材料和设备是工程顺利进行所必不可少的条件,因此施工合同应对材料、设备的供应和货物进场期限做出明确规定。强调材料和设备的供应期限,是在保证材料和设备的数量和质量的前提下而言的,只有既及时提供材料和设备,又保证这些材料和设备的数量和质量,才是根本的宗旨。

7.拨款与结算

拨款与结算包括支付工程预付款、材料预付款,以及在施工合同履行过程中按时拨付月进度款,完工付款和最终付款(结算)。在施工合同中均明确这些款项如何支付及何时支付,以确保当事人的权利、义务的实现。

8.竣工验收

竣工验收一般由项目法人组织进行竣工验收自查,提交竣工验收申请报告(竣工验收主持单位批复竣工验收申请报告),进行竣工技术预验收,召开竣工验收会议,印发竣工验收鉴定书。

9.双方相互协作的事项

一项建筑安装工程的进程和质量十分重要,施工合同当事人的权利、义务又较复杂,所以要保证建筑安装工作的顺利进行,需发包人和承包人在履行合同的过程中始终密切配合,通力协作。只有双方全面履行合同的义务,才能实现订立合同的根本目的。因此,在施工合同的履行过程中,当事人相互协作是必不可少的,双方可就其他需要协作的事项在施工合同中做出规定。

### (四)施工合同文件

1.施工合同文件的组成

合同文件是指由发包人和承包人签订的为完成合同规定的各项工作所需的全部文件和图纸,以及在协议书中明确列入的其他文件和图纸。对水利水电工程施工合同而言,通常应包括下列组成内容:

(1)合同条款。指由发包人拟定,经双方同意采用的条款,它规定了合同双方的权利和义务。合同条款一般包含两部分:第一部分通用条款和第二部分专用条款。

(2)技术条款。指合同中的技术条款和由监理人做出或批准的对技术条款所做的修改或补充的文件。技术条款应规定合同的工作范围和技术要求。对承包人提供的材料质量和工艺标准,必须做出明确的规定。技术条款还应包括在合同期间由承包人提供的试样和进行试验的细节。技术条款通常还应包括计量方法。

(3)图纸。应足够详细,以便承包人在参照了技术条款和工程量清单后,能确定合同所包括的工程性质和范围。主要包括列入合同的招标图纸和发包人按合同规定向承包人提供的所有图纸,包括配套说明和有关资料;列入合同的招标图纸和承包人提交并经监理人批准的所有图纸,包括配套说明和有关资料。

(4)已标价的工程量清单。包括按照合同应实施的工作说明、估算的工程量及由投标者填写的单价和总价。它是投标文件的组成部分。

(5)投标报价书。是投标人提交的组成投标书最重要的单项文件。在投标报价书中投标人要确认他已阅读了招标文件并理解了招标文件的要求,并声明他为了承担和完成合同规定的全部义务所需的投标金额。这个金额必须和工程量清单中所列的总价相一致。

（6）中标通知书。指发包人发给承包人表示正式接受其投标书的书面文件。

（7）合同协议书。指双方就最后协议所签订的协议书。

（8）其他。指明确列入中标函或合同协议书中的其他文件。

2.施工合同文件的优先解释次序

构成合同的各种文件,应该是一个整体,它们是有机的结合,互为补充、互为说明。但是由于合同文件内容众多、篇幅庞大,很难避免彼此之间出现解释不清或有异议的情况。因此,合同条款中应规定合同文件的优先次序,即当不同文件出现模糊或矛盾时,以哪个文件为准。施工合同文件的优先解释次序如下:

（1）施工合同协议书(包括补充协议书)。

（2）中标通知书。

（3）投标报价书。

（4）合同条款第二部分,即专用合同条款。

（5）合同条款第一部分,即通用合同条款。

（6）技术条款。

（7）图纸。

（8）已标价的工程量清单。

（9）经双方确认进入合同的其他文件。

如果发包人选定不同于上述的优先次序,则可以在专用合同条款中予以修改说明,如果发包人不规定文件的优先次序,则也可在专用合同条款中说明,同时可将对出现的含糊或异议的解释和校正权赋予监理工程师,即监理工程师有权向承包人发布指令,对这种含糊和异议加以解释和校正。

3.施工合同文件的适用法律

法律是合同的基础。合同的效力通过法律来实现。国际工程中,应在合同中规定一种适用于该合同并据以对该合同进行解释的国际或地方的法律,称为该合同的"适用法律",合同的有效性受该法律的控制,合同的实施受该法律的制约和保护。

# 第三节　工程变更管理

## 一、工程变更的概念

工程变更是指因设计条件、设计方案、施工现场条件、施工方案发生变化,或项目法人与监理单位认为必要时,为实现合同目的对设计文件或施工状态所做出的改变与修改。

工程变更包括设计变更和施工变更。由于水利水电土建工程受自然条件等外界的影响较大,工程情况比较复杂,且在招标阶段未完成施工图纸,因此在施工合同签订后的实施过程中不可避免地发生变更。

## 二、工程变更的组织管理

变更涉及的工程参建方很多,但主要是发包人、监理人和承包人三方,或者说均通过该三方来处理,比如涉及设计单位的设计变更时,由发包人提出变更;涉及分包人的分包工程变更时,由承包人提出。但其中监理人是变更管理的中枢和纽带,无论是何方要求的变更,所有的变更均需通过监理人发布变更令来实施。其实,这些规定是基于一个基本的管理理念:既然工程现场的管理工作由监理人来承担,所有变更就必须通过监理人,因为所有的现场工作都是履行合同义务、行使合同权利的行为,如果监理人不知道指导工程实施的合同发生的改变,就无法合理有效地进行工程管理工作。

## 三、工程变更的范围和内容

在履行合同过程中,监理人可根据工程的需要并按发包人的授权指示承包人进行各种类型的变更,变更的范围和内容如下:

(1)增加或减少合同中任何一项工作内容。在合同履行过程中,如果合同中的任何一项工作内容发生变化,包括增加或减少,均须监理人发布变更指示。

(2)增加或减少合同中关键项目的工程量超过专用合同条款规定的百分比。在此所指的"超过专用合同条款的百分比"可在15%~25%,一般视其具体工程酌定。其本意是:当合同中任何项目的工程量增加或减少在规定的百分比以下时,不属于变更项目,不作变更处理;超过规定的百分比时,一般应视为变更,应按变更处理。

(3)取消合同中任何一项工作。如果发包人要取消合同中的任何一项工作,应由监理人发布变更指示,按变更处理。但被取消的工作不能转由发包人实施,也不能由发包人雇佣其他承包人实施。此规定主要为了防止发包人在签订合同后擅自取消合同价格偏高的项目,转由发包人自己或其他承包人实施而使合同承包人蒙受损失。

(4)改变合同中任何一项工作的标准或性质。对于合同中任何一项工作的标准或性质,合同技术条款都有明确的规定。在施工合同实施中,如果根据工程的实际情况,需要提高标准或改变工作性质,同样需监理人按变更处理。

(5)改变工程建筑物的形式。如果施工图纸与招标图纸不一致,包括建筑物的结构形式,如基线、高程、位置以及规格尺寸等发生任何变化,均属于变更,应按变更处理。

(6)改变合同中任何一项工程的完工日期或改变已批准的施工顺序。合同中任何一项工程都规定了其开工日期和完工日期,而且施工总进度计划、施工组织设计、施工顺序已经监理人批准,要求改变就应由监理人批准,按变更处理。

(7)追加为完成工程所需的任何额外工作。额外工作是指合同中未包括而为了完成合同工程所需增加的新项目,如临时增加的防汛工程或施工场地内发生边坡塌滑时的治理工程等额外工作项目。这些额外的工作均应按变更项目处理。

需要说明的是,以上范围内的变更项目未引起工程施工组织和进度计划发生实质性变化和不影响其原定的价格时,不予调整该项目的单价和合价,也不需要按变更处理的原则处理。例如,若工程建筑物的局部尺寸稍有修改,虽将引起工程量的相应增减,但对施工组织设计和进度计划无实质性影响时,不需按变更处理。

另外,监理人发布的变更指令内容,必须是属于合同范围内的变更,即要求变更不能引起工程性质有很大的变动,否则应重新订立合同,因为若合同性质发生变动而仍要求承包人继续施工是不恰当的,除非合同双方都同意将其作为原合同的变更。所以,监理人无权发布不属于本合同范围内的工程变更指令,否则承包人可以拒绝。

### 四、工程变更的处理原则

在建设工程施工合同中,一般应规定变更处理的原则。由于工程变更有可能影响工期和合同价格,一旦发生此类情况,应遵循以下原则进行处理:

(1)变更需要延长工期。变更需要延长工期时,应按合同有关规定办理;若变更使合同工作量减少,监理人认为应予提前变更项目的工期时,由监理人和承包人协商确定。

(2)变更需要调整合同价格。当工程变更需要调整合同价格时,可按以下三种情况确定其单价或合价。承包人在投标时提供的投标辅助资料,如单价分析表、总价合同项目分解表等,经双方协商同意,可作为计算变更项目价格的重要参考资料。

①当合同工程量清单中有适用于变更工作的项目时,应采用该项目单价或合价。

②当合同工程量清单中无适用于变更工作的项目时,则可在合理的范围内参考类似项目的单价或合价作为变更估计的基础,由监理人与承包人协商确定变更后的单价或合价。

③当合同工程量清单中无类似项目的单价或合价可供参考时,则应由监理人与发包人和承包人协商确定新的单价或合价。

### 五、工程变更指示

不论是由何方提出的变更要求或建议,均需经监理人与有关方面协商,并得到发包人批准或授权后,再由监理人按合同规定及时向承包人发出变更指示。变更指示的内容应包括变更项目的详细变更内容、变更工程量和有关文件图纸及监理人按合同规定指明的变更处理原则。

监理人在向承包人发出任何图纸和文件前,有责任认真仔细检查其中是否存在合同规定范围内的变更。若存在合同规定范围内的变更,监理人应按合同规定发出变更指示,并抄送发包人。

承包人收到监理人发出的图纸和文件后,承包人应认真检查。经检查后认为其中存在合同规定范围内的变更而监理人未按合同规定发出变更指示,应在收到监理人发出的图纸和文件后,在合同规定的时间内(一般为 14 d)或在开始执行前(以日期早者为准)通知监理人,并提供必要的依据。监理人应在收到承包人通知后,在合同规定的时间内(一般为 14 d)答复承包人;若监理人同意作为变更,应按合同规定补发变更指示,若监理人不同意作为变更,也应在合同规定时限内答复承包人。若监理人未在合同规定时限内答复承包人,则视为监理人已同意承包人提出的作为变更的要求。

另外需要说明的是,对于涉及工程结构、重要标准等,以及影响较大的重点变更,有时需要发包人向上级主管部门报批。此时,发包人应在申报上级主管部门批准后再按合同规定的程序办理。

### 六、工程变更报价

承包人在收到监理人发出的变更指示后,应在合同规定的时限内(一般为 28 d),向监理人提交一份变更报价书,并抄送发包人。变更报价书的内容应包括承包人确认的变更处理原则和变更工程量及其变更项目的报价单。监理人认为有必要时,可要求承包人提交重大变更项目的施工措施、进度计划和单价分析等。

承包人在提交变更报价书前,应首先确认监理人提出的变更处理原则,若承包人对监理人提出的变更处理原则持有异议,应在收到监理人变更指示后,在合同规定的时限内(一般为 7 d)通知监理人,监理人则应在收到此通知后在合同规定的时限内(一般为 7 d)答复承包人。

### 七、工程变更处理决定

监理人应在发包人授权范围内按合同规定处理变更事宜。对在发包人规定限额以下的变更,监理人可以独立做出变更决定;如果监理人做出的变更决定超出发包人授权的限额范围,应报发包人批准或者得到发包人进一步授权。

一般变更的处理如下:

(1)监理人应在收到承包人变更报价书后,在合同规定的时限内(一般为 28 d)对变更报价书进行审核,并做出变更处理决定,而后将变更处理决定通知承包人,抄送发包人。

(2)发包人和承包人未能就监理人的决定取得一致意见,则监理人有权暂定他认为合适的价格和需要调整的工期,并将其暂定的变更处理意见通知承包人,抄送发包人,为了不影响工程进度,承包人应遵照执行。对已实施的变更,监理人可将其暂定的变更费用列入合同规定的月进度付款中予以支付。但发包人和承包人均有权在收到监理人变更决定后,在合同规定的时间内(一般为 28 d)要求按合同规定提请争议评审组评审,若在合同规定时限内发包人和承包人双方均未提出上述要求,则监理人的变更决定即为最终决定。

### 八、水利工程设计变更管理暂行办法

## 水利部关于印发《水利工程设计变更管理暂行办法》的通知

水规计〔2020〕283 号

为适应当前水利建设新形势,落实好水利改革发展总基调,进一步规范设计变更管理,我部对现行《水利工程设计变更管理暂行办法》(水规计〔2012〕93 号)进行了修订完善。现予以印发,请遵照执行,原办法自行作废。执行中发现问题请及时反馈水利部。

### 水利工程设计变更管理暂行办法

#### 第一章 总 则

**第一条** 为加强水利工程建设管理,严格基建管理程序,规范设计变更行为,保证工程建设质量,控制工程投资,提高工程勘察设计水平,依据《建设工程勘察设计管理条例》

《建设工程质量管理条例》等有关规定,制定本办法。

第二条　本办法适用于新建、改(扩)建、加固等大中型水利工程的设计变更管理,小型水利工程的设计变更管理可以参照执行。

第三条　本办法所指设计变更是自水利工程初步设计批准之日起至工程竣工验收交付使用之日止,对已批准的初步设计所进行的修改活动。

第四条　各级水行政主管部门、流域管理机构应加强初步设计文件实施的监督管理。项目法人应提升管理水平,严格执行基本建设程序和批复的初步设计文件,加强设计变更管理。勘察设计单位应着力提高勘察设计水平,控制重大设计变更,减少一般设计变更。

第五条　水利工程设计变更应按照本办法规定的程序进行审批。建设征地和移民安置、水土保持设计、环境保护设计变更按国家有关规定执行。任何单位或者个人不得擅自变更已经批准的初步设计,不得支解设计变更规避审批。

第六条　水利工程的设计变更应符合国家有关法律、法规和技术标准的要求,严格执行工程建设强制性标准,符合工程建设质量、安全和功能的要求。

## 第二章　设计变更划分

第七条　水利工程设计变更分为重大设计变更和一般设计变更。

第八条　重大设计变更是指工程建设过程中,对初步设计批复的有关建设任务和内容进行调整,导致工程任务、规模、工程等级及设计标准发生变化,工程总体布置方案、主要建筑物布置及结构型式、重要机电与金属结构设备、施工组织设计方案等发生重大变化,对工程质量、安全、工期、投资、效益、环境和运行管理等产生重大影响的设计变更。主要包括以下方面:

(一)工程任务和规模

1.工程任务

工程防洪、治涝、灌溉、供水、发电等主要设计任务的变化和调整。

2.工程规模

(1)水库总库容、防洪库容、死库容、调节库容的变化;

(2)正常蓄水位、汛期限制水位、防洪高水位、死水位、设计洪水位、校核洪水位,以及分洪水位、挡潮水位等特征水位的变化;

(3)供水、灌溉及排水工程的范围、面积、工程布局发生重大变化;干渠(管)及以上工程设计流量、设计供(引、排)水量发生重大变化;

(4)大中型电站或泵站的装机容量发生重大变化;

(5)河道治理、堤防及蓄滞洪区工程中河道及堤防治理范围、治导线形态和宽度、整治流量,蓄滞洪区及安全区面积、容量、数量,分洪工程规模等发生重大变化。

(二)工程等级及设计标准

1.工程防洪标准、除涝(治涝)标准的变化;

2.工程等别、主要建筑物级别的变化;

3.主要建筑物洪水标准、抗震设计等安全标准的变化。

（三）工程布置及建筑物

1.水库、水闸工程

（1）挡水、泄水、引（供）水、过坝等主要建筑物位置、轴线、工程布置、主要结构型式的变化；

（2）主要挡水建筑物高度、防渗型式、筑坝材料和分区设计、结构设计的重大变化；

（3）主要泄水建筑物设计、消能防冲设计的重大变化；

（4）引水建筑物进水口结构设计的重大变化；

（5）主要建筑物基础处理方案、重要边坡治理方案的重大变化。

2.电站、泵站工程

（1）主要建筑物位置、轴线的重大变化；

（2）厂区布置、主要建筑物组成的重大变化；

（3）电（泵）站主要建筑物型式、基础处理方案的重大变化；

（4）重要边坡治理方案的重大变化。

3.供水、灌溉及排水工程

（1）水源、取水方式及输水方式的重大变化；

（2）干渠（线）及以上工程线路、主要建筑物布置及结构型式，以及建筑物基础处理方案、重要边坡治理方案的重大变化；

（3）干渠（线）及以上工程有压输水管道管材、设计压力及调压设施的重大变化。

4.堤防工程及蓄滞洪区工程

（1）堤线及建筑物布置、堤顶高程的重大变化；

（2）堤防防渗型式、筑堤材料、结构设计、护岸和护坡型式的重大变化；

（3）对堤防安全有影响的交叉建筑物设计方案的重大变化；

（4）防洪以及安全建设工程型式、分洪工程型式的重大变化。

（四）机电及金属结构

1.水力机械

（1）水电站水轮机型式、布置型式、台数的变化；

（2）大中型泵站水泵型式、布置型式、台数的变化；

（3）压力输水系统调流调压设备型式、数量的重大变化。

2.电气工程

（1）出线电压等级在110千伏及以上的电站接入电力系统接入点、主接线型式、进出线回路数以及高压配电装置型式变化；

（2）110千伏及以上电压等级的泵站供电电压、主接线型式、进出线回路数、高压配电装置型式变化；

（3）大型泵站高压主电动机型式、起动方式的变化。

3.金属结构

（1）具有防洪、泄水功能的闸门工作性质、闸门门型、布置方案、启闭设备型式的重大变化；

(2)电站、泵站等工程应急闸门工作性质、闸门门型、布置方案、启闭设备型式的重大变化;

(3)导流封堵闸门的门型、结构、布置方案的重大变化。

(五)施工组织设计

1.水库枢纽和水电站工程的混凝土骨料、土石坝填筑料、工程回填料料源发生重大变化。

2.水库枢纽工程主要建筑物的导流建筑物级别、导流标准及导流方式的重大变化。

**第九条** 重大设计变更以外的其他设计变更,为一般设计变更,包括并不限于:水利枢纽工程中次要建筑物的布置、结构型式、基础处理方案及施工方案变化;堤防和河道治理工程的局部变化;灌区和引调水工程中支渠(线)及以下工程的局部线路调整、局部基础处理方案变化,次要建筑物的布置、结构型式和施工组织设计变化;一般机电设备及金属结构设备型式变化;附属建设内容变化等。

**第十条** 涉及工程开发任务变化和工程规模、设计标准、总体布局等方面的重大设计变更,应征得可行性研究报告批复部门的同意。

## 第三章 设计变更文件编制

**第十一条** 项目法人、施工单位、监理单位不得修改建设工程勘察、设计文件。根据建设过程中出现的问题,施工单位、监理单位及项目法人等单位可以提出设计变更建议。项目法人应当对设计变更建议及理由进行评估,必要时,可以组织勘察设计单位、施工单位、监理单位及有关专家对设计变更建议进行技术、经济论证。

**第十二条** 工程勘察、设计文件的变更,应委托原勘察、设计单位进行。经原勘察、设计单位书面同意,项目法人也可以委托其他具有相应资质的勘察、设计单位进行修改。修改单位对修改的勘察、设计文件承担相应责任。

**第十三条** 涉及其他地区和行业的水利工程设计变更,必须事先征求有关地区和部门的意见。

**第十四条** 重大设计变更文件编制应当满足初步设计阶段的设计深度要求,有条件的可按施工图设计阶段的设计深度进行编制。设计变更报告内容及附件要求如下:

(一)设计变更报告主要内容

1.工程概况

2.设计变更的缘由、依据

3.设计变更的项目和内容

4.设计变更方案比选及设计

5.设计变更对工程任务和规模、工程安全、工期、生态环境、工程投资、效益和运行等方面的影响分析

6.变更方案工程量、投资以及与原初步设计方案变化对比

7.结论及建议

(二)设计变更报告附件

1.项目原初步设计批复文件

2.设计变更方案勘察设计图纸、原设计方案相应图纸

3.设计变更相关的试验资料、专题研究报告等

**第十五条**  一般设计变更文件的编制内容,可根据工程具体情况适当简化。

## 第四章  设计变更的审批与实施

**第十六条**  工程设计变更审批采用分级管理制度。重大设计变更文件,由项目法人按原报审程序报原初步设计审批部门审批。报水利部审批的重大设计变更,应附原初步设计文件报送单位的意见。

**第十七条**  一般设计变更文件由项目法人组织有关参建方研究确认后实施变更,并报项目主管部门核备,项目主管部门认为必要时可组织审批。设计变更文件审查批准后,由项目法人负责组织实施。

**第十八条**  特殊情况重大设计变更的处理:

(一)对需要进行紧急抢险的工程设计变更,项目法人可先组织进行紧急抢险处理,同时通报项目主管部门,并按照本办法办理设计变更审批手续,并附相关的资料说明紧急抢险的情形。

(二)若工程在施工过程中不能停工,或不继续施工会造成安全事故或重大质量事故的,经项目法人、勘察设计单位、监理单位同意并签字认可后即可施工,但项目法人应将情况在5个工作日内报告项目主管部门备案,同时按照本办法办理设计变更审批手续。

## 第五章  设计变更的监督与管理

**第十九条**  水利部负责对全国水利工程的设计变更实施监督管理。水利部流域管理机构和地方各级水行政主管部门按照规定的职责分工,负责对其有管辖权的水利工程设计变更进行监督管理。由于项目建设各有关单位的过错引起工程设计变更并造成损失的,有关单位应当承担相应的责任。

**第二十条**  各级水行政主管部门要强化设计变更责任管理。有以下行为和问题的,应当责令其改正,并按照"谁主导,谁负责"的原则,依据相关法规追究相关责任单位和责任人的责任:

(一)未按照规定权限、条件和程序审查、报批工程设计变更文件的;

(二)将工程设计变更支解规避审批的;

(三)未经审批,擅自实施设计变更的;

(四)编制的设计变更文件不符合法律、法规或工程建设强制性标准的;

(五)工程参建单位借设计变更变相调整工程建设规模和建设内容的;

(六)项目法人管理不当、勘测设计单位前期勘察设计深度不足、施工单位不具备投标承诺的施工能力,导致重大设计变更的。

**第二十一条**  项目法人、施工单位不按照批准的设计变更报告施工的,水行政主管部门、流域管理机构应当责令改正。

**第二十二条**  各类水利项目评奖评优时应将项目重大设计变更情况纳入考核要素。

**第二十三条**  项目法人负责工程设计变更文件的归档工作。项目竣工验收时应当全

面检查竣工项目是否符合批准的设计文件要求,未经批准的设计变更文件不得作为竣工验收的依据。

## 第六章　附　则

**第二十四条**　省级水行政主管部门可依据本办法,结合当地实际制定实施细则。

**第二十五条**　本办法自发布之日起施行。

# 第四节　施工索赔管理

## 一、施工索赔概述

### (一)索赔的概念

"索赔"一词已日渐深入到社会经济生活的各个领域,为人们所熟悉。同样,在履行建设工程合同过程中,也常常发生索赔的情况,施工索赔是指在工程的施工、安装阶段,建设工程合同的一方当事人因对方不履行合同义务或应由对方承担的风险事件发生而遭受的损失,向对方提出的赔偿或者补偿的要求。在工程建设各个阶段,都有可能发生索赔,但在施工阶段发生较多。对施工合同的双方当事人来说,都有通过索赔来维护自己合法利益的权利。依据双方约定的合同责任,构成正确履行合同义务的制约关系。在工程施工索赔实践中,一般把施工索赔分为索赔和反索赔两种。索赔是指承包人向发包人提出的赔偿或补偿要求;反索赔是指发包人向承包人提出的赔偿或补偿要求。

索赔与合同的履行、变更或解除有着密切的联系。索赔的过程实际上就是运用合同法律知识维护自身合法权益的过程。在社会主义市场经济条件下,建设工程施工索赔已是十分常见的现象,但索赔涉及社会科学和自然科学等多学科的专业知识,索赔的效果如何,很大程度上取决于当事人的素质和水平,加之我国建设市场的发育尚未健全,索赔与反索赔的意识不强,水平较低。因此,应当提高对索赔与反索赔的认识并加强对索赔理论、索赔技巧的研究,以提高生产经营管理水平和经济效益。

### (二)索赔的特征

(1)主体双向特征。索赔是合同赋予当事人双方具有法律意义的权利主张,其主体是双向的。索赔的性质属于补偿行为,是合同一方的权利要求,不是惩罚,也不意味着补偿一方一定有过错,索赔的损失结果和被索赔人的行为不一定存在法律上的因果关系,不仅承包人可以向发包人索赔,发包人也同样可以向承包人索赔。在建设工程合同履行的实践中,发包人向承包人索赔发生的频率相对较低,因而在索赔处理中,发包人始终处于主动有利的地位,对承包人的违约行为可以直接从应付的工程款中扣留保留金或通过履约保函向银行索赔来实现自己的索赔要求。因此,在工程实践中大量发生的、处理比较困难的、复杂的是承包人向发包人的索赔,这也是监理人进行合同管理的重点内容之一。承包人的索赔范围非常广泛,一般只要非承包人自身责任造成工期延长或成本增加,都有可能向发包人提出索赔。有时发包人违反合同,如未及时交付施工图纸、提供施工场地、未按合同约定支付工程款等,承包人可向发包人提出索赔的要求;由于发包人应承担的风险责任原因(如恶劣气候条件影响、国家法规修改等)造成承包人损失或损害时,也会向发包人提出补偿要求。

(2)合法特征。索赔必须以法律或合同为依据。不论是承包人向发包人提出索赔,还是发包人向承包人提出索赔,要使索赔成立,必须要有法律或合同依据,没有法律依据或合同依据的索赔不能成立。

法律依据主要包括:由全国人民代表大会及其常务委员会制定的法律;由国务院制定的行政法规;由国务院各行政主管部门所制定的部门规章;由各省(自治区、直辖市)的人民代表大会及其常务委员会,以及拥有立法权的市人民代表大会及其常务委员会所制定的地方性法规;合同适用的由各省(自治区、直辖市)人民政府及拥有立法权的市人民政府制定的地方性行政法规,以及各级各行政主管部门根据法律、行政法规或者地方性法规、地方性行政规章所制定的规范性文件。

合同文件依据主要包括:合同协议书;合同条款(包括通用合同条款、专用合同条款);双方签订的补充协议、会议纪要及往来的函件;中标通知书、招标文件和投标文件;图纸和工程量清单;技术规范、标准与说明等。

(3)客观特性。索赔必须建立在损害后果已客观存在的基础上,不论是经济损失或权利损害,受损害方才能向对方索赔。经济损失是指因对方因素造成合同外额外支付,如人工费、材料费、机械费、管理费等额外支付;权利损害是指虽然没有经济上的损失,但造成乙方权利上的损害,如恶劣气候条件对工程进度的不利影响,承包人有权要求工期延长等。因此,发生了实际的经济损失或权利损害,应是一方提出索赔的一个基本前提条件。有时上述两者同时存在,如发包人未及时交付合格的施工场地,既造成承包人的经济损失,又侵犯了承包人的工期权利,因此承包人既要求经济赔偿又要求工期延长;有时两者则可单独存在,如由于恶劣气候条件影响、不可抗力等,承包人根据合同规定只能要求延长工期,不应要求经济补偿。

(4)合理特性。索赔应符合索赔事件发生的实际情况,无论是索赔工期还是索赔费用,要求索赔计算应合理,即符合合同规定的计算方法和计算基础,符合一般的工程惯例,索赔事件的影响和索赔值之间有直接的因果关系合乎逻辑。

(5)形式特性。索赔应采用书面形式,包括索赔意向通知、索赔报告、索赔处理意见等,均应采用书面形式。索赔的内容和要求应该明确而又肯定。

(6)目的特性。索赔的结果一般是索赔方获得补偿。索赔要求通常有两个:工期即合同工期的延长,承包合同规定有工程完工时间,如果拖延是承包人原因造成的,则承包人要面临合同处罚,通过工期索赔,承包人可以免去其在这个范围内的处罚,并降低未来的工期拖延风险;费用补偿,即通过要求费用补偿来弥补自己遭受的损失。

**(三)施工索赔的分类**

1.按索赔的合同依据分类

(1)合同规定的索赔。也称合同明示的索赔,是指承包人所提出的索赔要求,在该建设工程施工合同文件中有文字依据。承包人可以据此提出索赔要求,并取得经济补偿或工期补偿。这些在合同文件中有文字规定的合同条款,在合同解释上称为明示条款或明文条款。例如,《水利水电工程标准施工招标文件》(2009 年版)第 11.1.8 条规定:"若发包人未能按合同约定向承包人提供开工的必要条件,承包人有权要求延长工期。监理人应在收到承包人的书面要求后,按第 3.5 款的约定,与合同双方商定或确定增加的费用和延长的工期。"在合同履行过程中出现此种情况,承包人就可以依据明文条款的规定,向发包人提索赔工期和经济补偿的要求,凡是建设工程施工合同中有明文条款的,都属于合同规定的索赔。

(2)非合同规定的索赔。也称默示的索赔或超越合同规定的索赔,是指承包人的索赔要求,虽然在建设工程施工合同条件中没有专门的文字叙述,但可以根据该合同条件的某些条款的含义,推论出承包人有索赔权。这种索赔要求,同样有法律效力,有权得到相应的经济补偿,这种有经济补偿含义的合同条款,在合同管理工作中被称为默示条款或隐含条款。隐含条款是一个广义的合同概念,它包括合同明文条款中没有写入,但符合合同双方签订合同时的愿望和当时的环境条件的一切条款。这些默示条款,或者从明文条款所述的愿望中引申出来,或者从合同双方在法律上的合同关系中引申出来,经合同双方协商一致,或被法律法规所指明,都成为合同文件的有效条款,要求合同双方遵照执行。

(3)道义索赔。承包人由于履行合同发生某项困难而承受了额外的费用损失,向发包人提出索赔要求,虽然在合同中找不到此项索赔的规定,但发包人按照合同公平原则和诚实信用原则同意给予承包人适当的经济补偿,这种索赔称为道义索赔。

2.按索赔的目的分类

(1)工期索赔。是承包人向发包人要求延长施工的时间,使原定的完工日期顺延一段合理的时间。也可以说,是由于非承包人责任的原因而导致施工进度延误,承包人要求批准顺延合同工期的索赔。工期索赔形式上是对权利的要求,以避免在原定合同完工日不能完工时,被发包人追究拖期违约责任。一旦获得批准合同工期顺延后,承包人不仅免除了承担拖期违约赔偿费的风险,而且可能提前工期得到奖励。例如,在施工过程中,发生下列情况之一使关键项目的施工进度计划拖后而造成工期延误时,承包人可要求发包人延长合同规定的工期:①增加合同中任何一项的工作内容;②增加合同中关键项目的工程量超过专用合同规定的百分比;③增加额外的工程项目;④改变合同中任何一项工作的标准或特性;⑤合同中涉及的由发包人责任引起的工期延误;⑥异常恶劣的气候条件;⑦非承包人原因造成的任何干扰或阻挠;⑧其他可能发生的延误情况。承包人可依据该条款的规定向发包人提出工期索赔的要求。

(2)经济索赔。也称为费用索赔,是承包人向发包人要求补偿不应该由承包人自己承担的经济损失或额外开支,也就是取得合理的经济补偿。承包人取得经济补偿的前提是:在实际施工工程中所发生的施工费用超过了投标报价书中该项工作所预算的费用,而这项费用超支的责任不在承包人,也不属于承包人的风险范围。施工费用超支的原因,一是施工中受到了干扰,导致工作效率降低;二是发包人指令工程变更或额外工程,导致工程成本增加。由于这两种情况所增加的新增费用或额外费用,承包人有权向发包人要求给予经济补偿,以挽回由承包人承担的经济损失。

**3.按发生索赔的原因分类**

由于发生索赔的原因很多,这种分类提出了名目繁多的索赔,可能多达几十种。但这种分类有它的优点,即明确地指出每一项索赔的原因,使发包人和监理人易于审核分析。根据国际工程施工索赔实践,按发生原因分类的索赔通常有工期延误索赔、加速施工索赔、增加或减少工程量索赔、地质条件变化索赔、工程变更索赔、暂停施工索赔、施工图纸拖交索赔、延迟支付工程款索赔、物价波动上涨索赔、不可预见和意外风险索赔、法规变化索赔、发包人违约索赔、合同文件缺陷索赔等。

**4.其他分类**

除以上三种分类方法外,还有其他一些分类方法,例如:按索赔的处理方法分类,包括单项索赔、综合索赔;按索赔当事人之间的关系分类,包括承包人和发包人之间的索赔,承包人和分包人之间的索赔,承包人和供货人之间的索赔;按合同的主从关系分类,包括施工承包主合同索赔、施工合同涉及的从属合同(如分包合同、供应合同、劳务合同等)索赔;按索赔事件使合同所处的状态分类,包括正常施工索赔、停工索赔、解除合同索赔等。

## 二、索赔的原因

### (一)合同文件引起的索赔

(1)合同文件的组成问题引起索赔。组成合同的文件有很多,这些文件的形成从时间上看有早有晚,有些合同文件是由发包人在招标前拟定的,有些合同文件是在招标后通过讨论修改拟定的,还有些合同文件是在实施过程中通过合同变更形成的,在这些文件中有可能会出现内容上的不一致,当合同内容发生矛盾时,就容易引起双方争执并导致索赔。

(2)合同缺陷引起的索赔。合同缺陷是指合同文件的规定不严谨,甚至前后矛盾、遗漏或错误。它不仅包括合同条款中的缺陷,也包括技术规范和图纸中的缺陷。常见的情况包括以下几个:

①合同条款规定用语不够准确,难以分清双方的责任和义务。

②合同条款有漏洞,对实际发生的情况没有相关的约定。

③合同条款之间存在矛盾,在不同的条款中,对同一个问题的规定不一致。

④双方在签订合同前缺乏沟通,造成对某些条款的理解不一致。

监理人有权对这些情况做出解释,但如果承包人执行监理人的解释后引起成本增加或工期延误,则承包人有权提出相应的索赔。

### (二)不可抗力原因引起的索赔

(1)自然方面的不可抗力。主要是指地震、飓风、海啸、洪水等自然灾害。一般在合同中规定,由于这类自然灾害引起的工程损失和损害应由发包人承担风险责任。但是合同也规定,承包人在这种情况下应采取措施,防止损失扩大,尽量减小损失。对由于承包人未采取措施而使损失扩大的那部分,发包人不承担赔偿的责任。

(2)社会方面的不可抗力。社会方面的不可抗力主要是指发生战争、动乱、核污染和冲击波等社会因素。这些风险按合同规定一般由发包人承担风险责任。承包人不对由此造成的工程损失和损害负责,应得到损害前已完成的永久工程的付款和合理利润,以及一切修复费用和重建费用。

(3)不可预见的施工条件变化。在水利水电土建工程施工中,施工现场条件的变化对工期和造价的影响很大。由于不利的自然条件及人为障碍,经常导致设计变更、工期延长和工程量大幅度增加。水利水电工程对基础地质条件的要求很高,而这些土壤地质条件,如地下水、地质断层、溶洞、地下文物遗址等,根据发包人在招标文件中提供的资料,以及承包人在投标前的现场踏勘,都不可能准确地发现,即使是有经验的承包人也无法事前预料。因此,由于施工条件发生变化给承包人造成的费用增加和工期延长,承包人依据合同的规定有权提出经济索赔和工期索赔。

**(三)发包人违约引起的索赔**

建设工程施工合同中的发包人违约,一般是指发包人未按合同规定向承包人提供必要的施工条件,未按合同规定的时限向承包人支付工程款,未按合同规定的时间提供施工图纸等。对于由发包人的原因而引起的施工费用增加或工期延长,承包人有权向发包人提出索赔。

(1)发包人未及时提供施工条件。发包人应按合同规定的承包人用地范围和期限,办理施工用地范围内的征地和移民,按时向承包人提供施工条件。发包人未能按合同规定的内容和时间提供施工用地、测量基准和应由发包人负责的部分准备工程等承包人施工所需的条件,就会导致承包人提出误工的经济索赔和工期索赔。

(2)发包人未及时支付工程款。合同中均有支付工程款的时间限制。例如,《水利水电工程标准施工招标文件》(2009年版)规定:发包人收到监理人签证的月进度付款证书并审批后支付给承包人,支付时间不应超过监理人收到月进度付款申请单后28d。若不按期支付,则应从逾期第一天起按专用合同条款中规定的逾期付款违约金加付给承包人。如果发包人未能按合同规定的时间支付各项预付款或合同价款或拖延、拒绝批准付款申请和支付凭证,导致付款延误,承包人可按合同规定向发包人索付利息,发包人严重拖欠工程款而使得承包人资金周转困难时,承包人除向发包人提出索赔要求外,还有权暂停施工,在延期付款超过合同约定时间后,承包人有权向发包人提出解除合同要求。

(3)发包人未及时提供施工图纸。发包人应按合同规定期限提供应由发包人负责的施工图纸,发包人未能按合同规定的期限向承包人提供应由发包人负责的施工图纸,承包人依据合同规定有权向发包人提出由此造成的费用补偿和工期延长。

(4)发包人提前占有部分永久工程。工程实践中,往往会出现发包人从经济效益方面考虑使部分单项工程提前投入使用,或从其他方面考虑提前占有部分工程。如果合同未规定可提前占有部分工程,则提前使用永久工程的单项工程或部分工程所造成的后果,责任应由发包人承担;另外,提前占有工程影响了承包人的后续工程施工,影响了承包人的施工组织计划,增加了施工困难,则承包人有权提出索赔。

(5)发包人要求加速施工。一项工程遇到不属于承包人责任的各种情况,或发包人改变了部分工程的施工内容而必须延长工期,但是发包人又坚持要按原工期完工,这就迫使承包人赶工,并投入更多的机械、人力来完成工程,从而导致成本增加。承包人可以要求赔偿赶工措施费用。

(6)发包人提供的原始资料和数据有差错。

(7)发包人拖延履行合同规定的其他义务。发包人没有按时履行合同中规定的其他义务而引起工期延误或费用增加,承包人有权提出索赔。主要包括以下两种情况:

①由于发包人本身原因造成的拖延,比如内部管理不善、人员工作失误造成的拖延履行合同规定的其他义务。

②由于自己应向承包人承担责任的第三方原因造成发包人拖延履行合同规定的其他义务,例如当合同规定某种材料由发包人提供时,由于材料供应商或运输方的原因,发包人没有按时提供材料给承包人。

**(四)监理人原因引起的索赔**

(1)监理人拖延审批图纸。在工程实施过程中,承包人严格按照监理人审核的图纸进行施工。如果监理人未按合同规定的期限及时向承包人提供施工图纸,或者拖延审批承包人负责设计的施工图纸,因此而使施工进度受到影响,承包人有权向发包人提出工期索赔和费用索赔。

(2)监理人现场协调不力。组织协调是监理人的一项重要职责。水利水电工程往往由多个承包人同时在现场施工。各承包人之间没有合同关系,他们各自与发包人签订施工合同,因此监理人有责任协调好各承包人之间的工作关系,以免造成施工作业的相互干扰。如果由于监理人现场协调不力而引起承包人施工作业之间的干扰,承包人不能按期完成其相应的工作而遭受损失,承包人就有权提出索赔。在其他方面,如场地使用、现场交通等,各承包人之间都有可能发生相互间的干扰问题。

(3)监理人指示的重新检验和额外检验。监理人为了对工程的施工质量进行严格控制,除要进行合同中规定的检查检验外,还有权要求重新检验和额外检验,如《水利水电土建工程施工合同条件》中第23.5款规定:①若监理人要求承包人对某项材料和工程设备进行的检查和检验在合同中未作规定,监理单位可以指示承包人增加额外检验,承包人应遵照执行,但应由发包人承担额外检验的费用和工期延误责任。②不论何种原因,若监理人对以往的检验结果有疑问时,可以指示承包人重新检验,承包人不得拒绝。若重新检验结果证明这些材料和工程设备不符合合同要求,则应由承包人承担重新检验的费用和工期延误责任;若重新检验结果证明这些材料和工程设备符合合同要求,则应由发包人承担重新检验的费用和工期延误责任。

(4)监理人工程质量要求过高。建设工程施工合同中的技术条款对工程质量(包括材料质量、设备性能和工艺要求等)均做了明确规定。但在施工过程中,监理人有时可能不认可某种材料,而迫使承包人使用比合同文件规定的标准更高的材料,或者提出更高的工艺要求,则承包人可就此要求对其损失进行补偿或重新核定单价。

(5)监理人的不合理干预。虽然合同中规定监理人有权对整个工程的所有部位一切工艺、方法、材料和设备进行检查和检验,但是只要承包人严格按照合同规定的进度和质量要求的施工顺序和施工方法进行施工,监理人就不能对承包人的施工顺序和施工方法进行不合理的干预,更不能任意下达指令要求承包人执行。如果监理人进行不合理的干预,则承包人可以就这种干预所引起的费用增加和工期延长提出索赔。

(6)监理人指示的暂停施工。在建设工程合同实施过程中,监理人有权根据合同的规定下达暂停施工的指示。如果这种暂停施工的指示并非因承包人的责任或原因引起的,则承包人有权要求工期赔偿,同时可以就其停工损失获得合理的额外费用补偿。

(7)监理人提供的测量基准有差错。由监理人提供的测量基准有差错,而引起的承包人的损失或费用增加,承包人可要求索赔,如果数据无误,而是由承包人在解释和运用上所引起的损失,则应由承包人自己承担责任。

(8)监理人变更指令引起的索赔。监理人在处理变更时,就变更所引起工期和费用的变化,由于发包人和承包人不能协商达成一致意见,由监理人做出自己认为合理的决定。当承包人不同意监理人的决定时,可以提出索赔。

(9)监理人工作拖延。合同规定应由监理人限时完成的工作,监理人没有按时完成而对承包人造成了工期延长或费用增加,例如承包人提出的索赔:拖延隐藏工程验收、拖延批复材料检验等。

### (五)价格调整引起的索赔

对于有调价条款的合同,在人工、材料、设备价格发生上涨时,发包人应对承包人所受到的损失给予补偿。它的计算不仅涉及价格变动的依据,还存在着对不同时期已购买材料的数量和涨价后所购材料数量的核算,以及未及早订购材料的责任等问题的处理。

### (六)法律法规变化引起的索赔

国家的法律、行政法规或国务院有关部门的规章和工程所在地的省(自治区、直辖市)的地方法规和规章发生变更,导致承包人在实施合同期间所需要的工程费用发生了合同规定以外的增加时,承包人有权提出索赔,监理人应与发包人进行协商后,对所增加费用予以补偿。

## 三、索赔程序和期限

### (一)承包人提出索赔的程序

承包人有权根据合同任何条款及其他有关规定,向发包人索取追加付款,但应在索赔事件发生后的28 d内将索赔意向书提交发包人和监理人。在上述意向书发出后的28 d内,再向监理人提交索赔申请报告,详细说明索赔理由和索赔费用的计算依据,并应附必要的当时记录和证明材料。如果索赔事件继续发展或继续产生影响,承包人应按监理人要求的合理时间间隔列出索赔累计金额和提出中期索赔申请报告,并在索赔事件影响结束后的28 d内,向发包人和监理人提交包括最终索赔金额、延续记录、证明材料在内的最终索赔申请报告。承包人向发包人提出索赔要求一般按以下程序进行:

(1)提交索赔意向书。索赔事件发生后,承包人应在索赔事件发生后的 28 d 内向监理人提交索赔意向书,声明将对此事件提出索赔,一般要求承包人在索赔意向书中简单写明索赔依据的合同条款、索赔事件发生的时间和地点,提出索赔意向。该意向书是承包人就具体的索赔事件向监理人和发包人表示的索赔愿望和要求。如果超过这个期限,监理人和发包人有权拒绝承包人的索赔要求。索赔事件发生后,承包人有义务做好现场施工的同期记录,监理人有权随时检查和调阅,以判断索赔事件造成的实际损害。

(2)提交索赔申请报告。索赔意向书提交后的 28 d 内,或监理人可能同意的其他合理时间,承包人应提交正式的索赔申请报告。索赔申请报告的内容应包括:索赔事件的综合说明,索赔的依据,索赔要求补偿的款项和工期延长天数的详细计算,对其权益影响的证据资料(包括施工日志、会议记录、来往函件、工程照片、气候记录等有关资料)。对于索赔报告,一般应文字简洁、事件真实、依据充分、责任明确、条例清楚、逻辑性强、计算准确、证据确凿充分。

(3)提交中期索赔报告。如果索赔事件继续发展或继续产生影响,承包人应按监理人要求的合理时间间隔(一般为 28 d)列出索赔累计金额和提交中期索赔申请报告。

(4)提交最终索赔申请报告。在该项索赔事件的影响结束后的 28 d 内,承包人向监理人和发包人提交最终索赔申请报告,提出索赔论证资料、延续记录和最终索赔金额。

承包人发出索赔意向书,可以在监理人指示的其他合理时间内再报送正式索赔报告,也就是说,监理人在索赔事件发生后有权不马上处理该项索赔。但承包人的索赔意向书必须在索赔事件发生后的 28 d 内提出,包括因对变更估价双方不能取得一致的意见,而先按监理人单方面决定的单价或价格执行时,承包人提出的索赔权利的意向书。如果承包人未能按时间规定提出索赔意向书和索赔报告,此时承包人所受到损害的补偿,将不超过监理人认为应主动给予的补偿额。

**(二)承包人提出索赔的期限**

承包人按合同规定提交了完工付款申请单后,应认为已无权再提出在本合同工程移交证书颁发前所发生的任何索赔。承包人按合同规定提交的最终付款申请单中,只限于提出本合同工程移交证书颁发后发生的索赔。提出索赔的终止期限是提交最终付款申请单的时间。

# 第五节 范 例

《变更指示》实例:

××小流域综合治理工程治理水土流失面积为 1 500 hm²,其中设计封育治理 1 260 hm²,网围栏长度 3 814 m,封禁警示牌 5 座,项目在实施过程中,××县人大常委会调研小流域治理改造提升工作时提出建议,建议将原设计中的 5 座小型临时封禁标志牌变更为 1 座大型永久的汉白玉封禁公示牌。具体变更手续如下:

# 变更指示

（监理〔20××〕变指 001 号）

合同名称：××小流域综合治理工程                     合同编号：××××-01

致：××水利水电工程有限公司××小流域综合治理工程项目部

　　现决定对如下项目进行变更，贵方应根据本指示于 20××年××月××日前提交相应的施工措施计划和变更报价。

　　变更项目名称：将原设计 5 座小型封禁标志牌变更为 1 座大型汉白玉封禁公示牌。

　　变更内容简述：为了大力宣传小流域综合治理成效，提高群众治理水土流失、改善生态环境的积极性，增强封山禁牧意识，防止人畜对植被的破坏，结合县人大常委会调研组的要求，将原设计中的 5 座临时小型封禁标志牌变更为 1 座大型永久的汉白玉封禁公示牌。

　　变更工程量估计：1 座大型汉白玉封禁公示牌。

　　变更技术要求：符合技术施工图纸要求。

　　变更进度要求：/

　　附件：1.变更项目清单（含估算工程量）及说明

　　　　　2.设计文件、施工图纸（若有）

　　　　　3.其他变更依据

　　　　　　　　　　　　监 理 机 构： ××水利水电建设监理有限公司
　　　　　　　　　　　　　　　　　　　××小流域综合治理工程项目监理部
　　　　　　　　　　　　总监理工程师： ×××
　　　　　　　　　　　　日　　　　期： 20××年××月××日

　　　　　　　　　　　　施 工 单 位： ××水利水电工程有限公司
　　　　　　　　　　　　　　　　　　　××小流域综合治理工程项目部
　　　　　　　　　　　　签 收 人： ×××
　　　　　　　　　　　　日　　　　期： 20××年××月××日

# 变更申请表

(承包〔20××〕变更 001 号)

合同名称:××小流域综合治理工程 合同编号:××××-01

致:××水利水电建设监理有限公司××小流域综合治理工程项目监理部
　　我方□根据贵方变更意向书/■依据贵方变更指示(监理〔20××〕变指 001 号)/□由于_____
_____原因,现提交■变更实施方案/□变更建议书,请贵方审批。
　　附件:□变更建议书(承包人提出的变更建议,应附变更建议书)。
　　　　　■变更实施方案(承包人收到监理机构发出的变更意向书或变更指示,应提交变更实施方案)。

　　　　　　　　　　　　　　　　　　施工单位:　××水利水电工程有限公司
　　　　　　　　　　　　　　　　　　　　　　　××小流域综合治理工程项目部
　　　　　　　　　　　　　　　　　项目经理:　×××
　　　　　　　　　　　　　　　　　日　　　期:　20××年××月××日

监理机构另行签发审批意见:

　　　　　　　　　　　　　　　　　　监理机构:　××水利水电建设监理有限公司
　　　　　　　　　　　　　　　　　　　　　　　××小流域综合治理工程项目监理部
　　　　　　　　　　　　　　　　　签 收 人:　×××
　　　　　　　　　　　　　　　　　日　　　期:　20××年××月××日

# 变更项目价格申报表

（承包〔20××〕变价 001 号）

合同名称:××小流域综合治理工程　　　　　　　　　　合同编号:××××-01

致:××水利水电建设监理有限公司××小流域综合治理工程项目监理部

根据　××小流域综合治理　工程变更指示(监理〔20××〕变指 001 号)的工程变更内容,对下列项目价格申报如下,请贵方审核。

附件:变更价格报告(变更估价原则、编制依据及说明、单价分析表)

> 施工单位：××水利水电工程有限公司
>
> 　　　　　　××小流域综合治理工程项目部
>
> 项目经理：×××
>
> 日　　　期：20××年××月××日

| 序号 | 项目名称 | 单位 | 申报价格(单价或合价) | 说明 |
|---|---|---|---|---|
| 1 | 场地平整 | m³ | 4.81 | |
| 2 | 土方开挖 | m³ | 9.85 | |
| 3 | 三七灰土回填 | m³ | 176.19 | |
| 4 | 土方回填 | m³ | 14.04 | |
| 5 | C25 混凝土浇筑 | m³ | 844.19 | |
| 6 | 钢筋制安 | t | 8 174.36 | |
| 7 | 路缘石安装 | m³ | 1 005.31 | |
| 8 | 空心混凝土板安装 | m² | 849.12 | |
| 9 | 汉白玉牌子制作 | 个 | 12 000.00 | |
| 10 | 汉白玉牌子运输 | 个 | 500.00 | |
| 11 | 汉白玉牌子安装 | 个 | 2 500.00 | |
| | | | | |
| | | | | |

监理机构另行签发审核意见:

> 监理机构：××水利水电建设监理有限公司
>
> 　　　　　　××小流域综合治理工程项目监理部
>
> 签 收 人：×××
>
> 日　　　期：20××年××月××日

# 变更项目价格审核表

（监理〔20××〕变价审 001 号）

合同名称:××小流域综合治理工程　　　　　　　　　　　　合同编号:××××-01

致:(建设单位)××县水利工程建设管理办公室
　　根据有关规定和施工合同约定,承包人提出的变更项目价格申报表(承包〔20××〕变价 001 号),
经我方审核,变更价格如下,请贵方审核。

| 序号 | 项目名称 | 单位 | 承包人申报价格<br>（单价或合价） | 监理审核价格<br>（单价或合价） | 说明 |
|------|----------|------|------------------|------------------|------|
| 1 | 场地平整 | m³ | 4.81 | 4.81 | |
| 2 | 土方开挖 | m³ | 9.85 | 9.85 | |
| 3 | 三七灰土回填 | m³ | 176.19 | 176.19 | |
| 4 | 土方回填 | m³ | 14.04 | 14.04 | |
| 5 | C25 混凝土浇筑 | m³ | 844.19 | 844.19 | |
| 6 | 钢筋制安 | t | 8 174.36 | 8 174.36 | |
| 7 | 路缘石安装 | m³ | 1 005.31 | 1 005.31 | |
| 8 | 空心混凝土板安装 | m² | 849.12 | 849.12 | |
| 9 | 汉白玉牌子制作 | 个 | 12 000.00 | 12 000.00 | |
| 10 | 汉白玉牌子运输 | 个 | 500.00 | 500.00 | |
| 11 | 汉白玉牌子安装 | 个 | 2 500.00 | 2 500.00 | |

附件:1.变更项目价格申报表
　　　2.监理变更单价审核说明
　　　3.监理变更单价分析表
　　　4.变更项目价格变化汇总表

　　　　　　　　　　　　　监 理 机 构:　××水利水电建设监理有限公司
　　　　　　　　　　　　　　　　　　　　××小流域综合治理工程项目监理部
　　　　　　　　　　　　　总监理工程师:　×××
　　　　　　　　　　　　　日　　　　期:　20××年××月××日

　　　　　　　　　　　　　发包人:　××县水利工程建设管理办公室
　　　　　　　　　　　　　负责人:　×××
　　　　　　　　　　　　　日　期:　20××年××月××日

# 变更项目价格/工期确认单

（监理〔20××〕变确001号）

合同名称：××小流域综合治理工程　　　　　　　　　　合同编号：××××-01

根据有关规定和施工合同约定,发包人和承包人就变更项目价格协商如下,同时变更项目工期协商意见：■不延期/□延期＿＿＿＿＿天/□另行协商。

| | 序号 | 项目名称 | 单位 | 确认价格（单价或合价） | 说明 |
|---|---|---|---|---|---|
| 双方协商一致的 | 1 | 场地平整 | m³ | 4.81 | |
| | 2 | 土方开挖 | m³ | 9.85 | |
| | 3 | 三七灰土回填 | m³ | 176.19 | |
| | 4 | 土方回填 | m³ | 14.04 | |
| | 5 | C25混凝土浇筑 | m³ | 844.19 | |
| | 6 | 钢筋制安 | t | 8 174.36 | |
| | 7 | 路缘石安装 | m³ | 1 005.31 | |
| | 8 | 空心混凝土板安装 | m² | 849.12 | |
| | 9 | 汉白玉牌子制作 | 个 | 12 000.00 | |
| | 10 | 汉白玉牌子运输 | 个 | 500.00 | |
| | 11 | 汉白玉牌子安装 | 个 | 2 500.00 | |
| 双方未协商一致的 | 序号 | 项目名称 | 单位 | 总监理工程师确定的暂定价格（单价或合价） | 说明 |
| | 1 | | | | |
| | 2 | | | | |
| | 3 | | | | |
| | 4 | | | | |
| | 5 | | | | |

发包人：××县水利工程建设管理办公室
负责人：×××
日　期：20××年××月××日

承包人：××水利水电工程有限公司
　　　　××小流域综合治理工程项目部
项目经理：×××
日　　期：20××年××月××日

合同双方就上述协商一致的变更项目价格、工期,按确认的意见执行;合同双方未协商一致的,按总监理工程师确定的暂定价格随工程进度付款暂定支付。后续事宜按合同约定执行。

监理机构：××水利水电建设监理有限公司
　　　　　××小流域综合治理工程项目监理部
总监理工程师：×××
日　　期：20××年××月××日

# 第八章　工程信息管理

## 第一节　工程信息管理的概念

　　信息是工程建设三大控制目标实现的基础,是监理决策的依据,是各方单位之间关系的纽带,是监理工程师做好协调组织工作的重要媒介。信息管理是工程建设监理中的重要组成部分,是确保质量、进度、投资控制有效进行的有力手段,既涉及建设单位、施工单位、设计单位等相关单位,也涉及政府各个相关部门相互之间的联系,函件、报表、文件的数量是惊人的。因此,建立有效的信息管理组织、程序和方法,及时掌握有关项目的相关信息,确保信息资料收集的真实性,信息传递途径顺畅、查阅简便、资料齐备等,使业主在整个项目进行过程中能够及时得到各种管理信息,对项目执行情况实际全面、细致准确地掌握与控制,才能有效地提高各方的工作效率、减轻工作强度、提高工作质量。

　　(1)信息指的是用口头的方式、书面的方式或电子的方式传输(传达、传递)的知识、新闻,或可靠的或不可靠的情报。声音、文字、数字和图像等都是信息表达的形式。建设工程项目的实施需要人力资源和物质资源,应认识到信息也是项目实施的重要资源之一。

　　(2)信息管理指的是信息传输的合理的组织和控制。施工方在投标过程中、承包合同洽谈过程中、施工准备工作中、施工过程中、验收过程中,以及在缺陷责任期内形成大量的各种信息,这些信息不但在施工方内部各部门间流转,其中许多信息还必须提供给政府建设主管部门、建设单位、设计单位、相关的施工合作方和供货方等,还有许多有价值的信息应有序地保存,可供其他项目施工借鉴。上述过程包含了信息传输的过程,由谁(哪个工作岗位或工作部门等)、在何时、向谁(哪个项目主管和参与单位的工作岗位或工作部门等)、以什么方式、提供什么信息等属于信息传输的组织和控制,这就是信息管理的内涵。信息管理不能简单理解为仅对产生的信息进行归档和一般的信息领域的行政事务管理。为充分发挥信息资源的作用和提高信息管理的水平,施工单位和其项目管理部门都应设置专门的工作部门(或专门的人员)负责信息管理。

　　(3)建设工程项目的信息管理是通过对各个系统、各项工作和各种数据的管理,使项目的信息能方便和有效地获取、存储(存档是存储的一项工作)、处理和交流。上述"各个系统"可视为与项目的决策、实施和运行有关的各系统,它可分为建设工程项目决策阶段管理子系统、实施阶段管理子系统和运行阶段管理子系统。其中,实施阶段管理子系统又可分为业主方管理子系统、设计方管理子系统、施工方管理子系统等。上述"各项工作"可视为与项目的决策、实施和运行有关的各项工作,如施工方管理,子系统中的工作包括安全管理、资金管理、进度管理、质量管理、合同管理、信息管理、施工现场管理等。上述"数据"并不仅指数字,在信息管理中,数据作为一个专门术语,它包括数字、文字、图像和声音。在施工方项目信息管理中,各种报表、成本分析的有关数字、进度分析的有关数字、质量分析的有关数字、各种来往的文件、设计图纸、施工摄影和摄像资料及录音资料等都属于信息管理中的数据的范畴。

(4)建设工程项目的信息管理的目的旨在通过有效的项目信息传输的组织和控制为项目建设的增值服务。

(5)建设工程项目的信息包括在项目决策过程、实施过程(设计准备、设计、施工和物资采购过程等)和运行过程中产生的信息,以及其他与项目建设有关的信息,它有多种分类方法。

(6)据有关国际文献的资料统计:①建设工程项目实施过程中存在的诸多问题,其中三分之二与信息交流(信息沟通)的问题有关;②建设工程项目10%~33%的费用增加与信息交流存在的问题有关;③在大型建设工程项目中,信息交流的问题导致工程变更和工程实施的错误占工程总成本的3%~5%。由此可见,信息交流对项目实施影响之大。

以上"信息交流(信息沟通)"的问题指的是一方没有及时或没有将另一方所需要的信息(如所需的信息的内容、针对性的信息和完整的信息)或没有将正确的信息传递给另一方。如设计变更没有及时通知施工方,而导致返工;如业主方没有将施工进度严重拖延的信息及时告知大型设备供货方,而设备供货方仍按原计划将设备运到施工现场,致使大型设备在现场无法存放和妥善保管;如施工已产生了重大质量问题的隐患,而没有及时向有关技术负责人汇报等。以上列举的问题都会不同程度地影响项目目标的实现。

# 第二节　工程信息管理的内容

## 一、工程信息管理内容

### (一)信息管理的主要任务

(1)及时与业主沟通信息,使业主了解项目进展情况。

(2)工程建设中出现的影响项目目标的问题,及时通过信息传递,报告业主。

(3)超出合同约定的各种变更,均应得到业主的批准指令。

(4)定期向业主书面报告(监理月报或周报)项目三大目标的执行情况。

(5)建立工程会议制度。

(6)督促施工单位整理工程技术资料;组织有关工程设计和施工的技术交底、资料管理,处理工程技术、经济、管理,以及物资供应、管理等方面的信息。

### (二)信息管理的主要内容

1.信息收集

(1)建设前期要收集信息。

(2)施工图设计阶段信息收集。

(3)招标投标合同文件及有关资料的收集。

(4)施工过程中的信息收集。

(5)工程竣工阶段的信息收集。

2.监理信息的加工处理

(1)根据投资控制信息,对工程设计规模和采购的设备材料进行指示。

(2)依据质量控制信息,对工程设计质量进行指示。

(3)依据进度控制信息,对设计进度进行指示。

3.监理信息的检索和传递

项目监理机构设置专职信息管理员,采用计算机进行信息分类,以便快速检索和传递,提高信息的使用效率。

4.信息的使用

监理信息通过有条件共享,以便更好地进行投资、进度、质量控制及合同管理。

## 二、信息管理的主要方法及措施

### (一)建立信息管理系统

(1)根据项目进展的需要,配置足够的计算机及网络传输设备,配置足够的计算机专业人才。项目监理机构运用计算机进行文档管理,基本实现信息管理自动化。

(2)通过建立完善的信息、档案管理制度进行信息管理。设置专职资料档案管理人员,负责项目档案资料的收集、编目、分类、整理、归档。资料归档管理按国家档案管理制度执行。

(3)建立文件传递程序、收集和整理制度进行信息管理。在文件编制、编号、登记、收发制度上有明确的规定的,力求做到体系化、规范化、标准化。

(4)信息收集内容应包括必要的录像、摄影、音像等信息资料,重要部分刻盘保存。及时准确地收集、传递、反馈各类工程信息,审核原始工程信息的真实性、可靠性、准确性和完整性。

(5)通过会议制度进行信息管理。注意会议信息的收集,会议纪要按有关规定的要求存档。

### (二)信息管理传输流程

为了保证监理工作顺利进行,使监理信息在工程项目管理的上下级之间、内部组织与外部环境之间流动,在第一次工地会议上,项目总监理工程师将明确工程项目信息传递程序,对各种类型的信息的传递过程,项目监理机构以发文的形式传达到与项目有关的各方。

在施工监理中派专职资料员进行信息方面的管理工作,每月定期收集国家、部委、流域机构等上级主管部门发布的信息,新规范、新标准必须贯彻到施工阶段中去,防止失效的规范、标准及建材用到工程项目中去,从而影响工程质量甚至给业主造成不必要的损失。在施工准备阶段做好与设计阶段的信息衔接,同时及时收集政府各部门和业主对本工程的所有回复、批示、要点等,落实并细化到工程中去。

同时在项目监理机构内部亦通过组织监理学习明确各项管理制度,例如监理组所有指令均须经总监理工程师签发,监理人员只能按照总监理工程师制定的岗位职责权限为施工单位签认各种检查签证。如果总监理工程师不在现场,则由驻地总监理工程师委托副总监理工程师进行代理。

**(三)信息管理组织制度**

在工程监理机构内建立健全的信息管理制度并明确机构内各监理人员的分工职责,并且责任落实到个人。

(1)监理信息管理人员负责工程施工信息收集、整理、保管。

(2)总监理工程师组织定期工地会议或监理工作会议,监理信息管理人员负责整理会议记录。

(3)监理工程师定期或不定期检查施工单位的原材料、构配件、设备的质量状态及工程实物量和工程质量的验收签认。

(4)监理工程师督促检查施工单位及时整理施工技术文件。

(5)随时向总监理工程师报告工作,并准确及时提供有关资料。

(6)每天填写监理日志,如实记录施工情况;每周召开工程例会,及时作出会议纪要;针对专项问题召开的会议作出专项纪要;对调查处理性的问题整理出专题资料。

(7)对在监理过程中应形成的各类监理控制资料(如各类报验单)做出及时掌握,并检查其规范性、完整性。

(8)建立计算机辅助管理系统,利用计算机进行辅助管理,对各类施工与监理信息有选择地进行输入、整理、储存与分析,提供评估、筹划与决策依据,为提高监理工作的质量和效率服务。

(9)做好各项监理资料的日常管理工作,逐步形成完整的监理档案,在内容和形式、质量和数量上都达到有关规定的要求。

**(四)监理信息的加工整理**

为了有效地控制工程建设的投资、进度和质量目标,在全面、系统收集监理信息的基础上,加工整理收集来的信息资料。通过对信息资料的加工整理,一方面可以掌握工程建设实施过程中各方面的进展情况;另一方面借助计算机监理软件预测工程建设未来的进展状况,从而为监理工程师做出正确的决策提供可靠的依据。

在建设项目的施工过程中,监理工程师加工整理的监理信息主要有以下几个方面。

**1.工程施工进展情况**

监理工程师每月、每季度都要对工程进展进行分析对比并做出综合评价,包括当月(季)整个工程各方面实际完成量、实际完成数量与合同规定的计划数量之间的比较。如果某些工作的进度拖后,分析其原因、存在的主要困难和问题,并提出解决问题的建议。

**2.工程质量情况与问题**

监理工程师系统地将当月(季)施工过程中各种质量情况在月报(季报)中进行归纳和评价,包括现场监理检查中发现的各种问题、施工中出现的重大事故,对各种情况、问题、事故的处理意见。如有必要,可定期印发专门的质量情况报告。

**3.工程结算情况**

工程价款结算一般按月进行。监理工程师对投资耗费情况进行统计分析,在统计分析的基础上作一些短期预测,以便为业主在组织资金方面的决策提供可靠依据。

**4.施工索赔情况**

在工程施工过程中,由于业主的原因或外界客观条件的影响使施工单位遭受损失,施工单位提出索赔;或由于施工单位违约使工程蒙受损失,业主提出索赔,监理工程师提出索赔处理意见。

**(五)加强监理信息的存储和传递**

为了便于管理和使用监理信息,在监理组织内部建立完善的信息资料存储制度,将各种资料按不同的类别,进行详细地登录、存放和放入计算机信息库。

无论是存储在档案库还是存储在计算机中的信息资料,为了查找方便,在建库时拟定一套科学的查找方法和手段,做好分类编目工作。完善健全的检索系统可以使报表、文件、资料、人事和技术档案既保存完好,又查找方便。

信息的传递就是工程建设各参与单位、部门之间交流、交换工程建设监理信息的过程。监理机构通过计算机网络传递各类信息和文件资料及人工传递双重通道,确保信息流渠道畅通无阻,只有这样才能保证监理工程师及时得到完整、准确的信息,从而为监理工程师的科学决策提供可靠支持。

## 三、信息采集管理

由于工程的信息量大、来源广、资料多,因此建立计算机管理系统十分必要,它不仅可以使信息处理简单化、规范化,大大提高信息管理的效率,还可以通过计算机系统对信息资源的高度共享和充分利用,使整个工程处于动态控制中,实现质量、进度、投资目标控制的科学化。

**(一)信息采集管理制度**

(1)开工前项目总监理工程师组织内部研究,项目监理机构根据要求制定信息采集、编报的管理办法,确定项目资料收集的具体内容、分类方式和编码方式,确保业主所要求的竣工结算方面资料齐备。

(2)监理机构配备一人专门负责前述资料收集、整理、存放、编目。

(3)监理机构配备传真机、电脑、扫描仪。电脑均与网络连接,确保信息及时、准确传送。

(4)为确保完成的档案系统准确无误、与现场一致,要求资料提供者签名,资料录入后由其他人员仔细核对。

(5)执行定期汇报制度。监理员每天均应向主管监理工程师汇报情况,监理工程师每周向主管负责人书面汇报质量、进度情况,重大事情必须当天汇报。

(6)会议制度。各级主管定期不定期开会,研究情况,及时解决问题,或汇报信息。通过多种方法、途径进行信息的收集,令项目部充分掌握工程的详细、准确、齐备的资料。

**(二)监理台账信息管理**

开工前总监理工程师组织制备监理台账和各类统计报表、监理周报样式。工程建立的监理台账主要有:①施工单位人员、机械设备投入台账;②工程变更台账(包括业主指令变更和设计单位提出的设计修改);③工程洽商台账;④新增单价台账;⑤计量支付台账;⑥工程索赔台账;⑦完成工程量台账;⑧工程材料见证取样台账;⑨平行检验台账;⑩所有台账由监理组负责建立和更新,除书面递交的外,监理组每周通过网络发送到项目总监理工程师,信息管理员每周一次对台账内容进行检查。

**(三)分类信息采集步骤**

在工程建设期间,监理应注意从以下几方面收集信息。

1.收集业主提供的信息

业主作为工程项目建设的组织者,在施工中要按照合同文件规定提供相应的条件,并要不时地表达对工程各方面的意见和看法,下达一些指令。因此,应及时收集业主提供的信息。

监理工程师及时督促施工单位将工程材料在各个阶段的需求数量报业主及材料供应商,而材料供应商则要及时将材料的合格报告、试验资料、运输距离等情况告诉有关方面。监理工程师应及时协助业主收集这些信息的资料。

监理工程师及时收集业主在建设过程中对各种有关工程进度、材料供应进度、质量、投资、合同等方面的意见和看法。同时也应及时收集业主的上级单位对工程建设的各种意见和指令。

2.收集施工单位提供的信息

施工单位在施工中,现场所发生的各种情况均包含了大量的信息内容,施工单位自身必须掌握和收集这些内容,监理工程师在现场也须掌握和收集,经收集整理后汇集成丰富的信息资料。

施工单位在施工中必须经常向有关单位,包括上级部门、设计单位、监理单位及其他方面发出某些文件,传达一定的内容。如向监理单位报送施工组织设计,报送各种计划、单项工程施工措施、月支付申请表、各种工程项目自检报告、质量问题报告、有关的意见等。监理工程师应全面系统地收集这些信息资料。

3.建设项目监理的记录

此处的记录是指监理工程师的监理记录,主要包括工程施工历史记录、工程质量记录、工程计量和工程款记录、竣工记录等内容。

(1)现场监理人员的日报表。主要包括如下内容:当天的施工内容、当天参加施工的人员(工种、数量)、当天施工用的机械(名称、数量等)、当天发现的施工质量问题、当天的施工进度与计划施工进度的比较(若发生施工进度拖延,应说明其原因)、当天的综合评语、其他说明(应注意的事项)等。现场监理人员的日报表可采用表格式,力求简明,要求每日填报,一式两份。

(2)工地日记。主要包括:现场监理人员的日报表、现场每日的天气记录、监理工作纪要、其他有关情况与说明等。

(3)现场每日的天气记录。主要内容为:当天的最高、最低气温,当天的降雨、降雪量,当天的风力及天气状况,因气候原因当天损失的工作时间等。

(4)驻施工现场监理负责人的日记。主要包括如下内容:当天所做的重大决定,当天对施工单位所作的主要指示,当天发生的纠纷及可能的解决办法,总监理工程师(或副总监理工程师)来施工现场谈及的问题,当天与总监理工程师(或副总监理工程师)的口头谈话摘要,当天对驻施工现场监理工程师(监理员)的指示,当天与其他达成的任何主要协议,或对其他人的主要指示等。该日记属驻地监理负责人的个人记录,应每日记录。

(5)驻施工现场监理工程师周报。驻施工现场专业监理工程师应每周向总监理工师汇报一周内所有发生的重大事件。

(6)驻施工现场专业监理工程师月报。驻现场专业监理工程师应每月向总监理工程师及业主汇报下列情况:工程施工进度状况(与合同规定的进度做比较);工程款支付情况;工程进度拖延的原因分析;工程质量情况与问题;工程进展中主要困难与问题,如施工中的重大差错,重大索赔事件,材料、设备供货方面的困难,组织、协调方面的困难,异常的天气情况。

(7)驻施工现场总监理工程师对施工单位的指示。主要内容为:正式函件(用于极重大的指示);日常指示,如每日的工地协调会中发出的指示;在施工现场发出的指示等。

(8)驻施工现场总监理工程师发至施工单位的补充图纸。

(9)工程质量记录。主要包括试验结果记录及样本记录等。

(10)工地会议是监理工作的一种重要方法,会议中包含着大量的监理信息,这就要求监理工程师必须重视工地会议,并建立一套完善的会议制度,以便于会议信息的收集。会议制度包括会议的名称、主持人、参加人、举行会议的时间、会议地点等,每次工地会议都应有专人记录,会议后应有正式会议纪要等。

(11)工程竣工并按要求进行竣工验收时,需要大量的对竣工验收有关的各种资料信息。这些信息一部分是在整个施工过程中长期积累形成的;另一部分是在竣工验收期间,根据积累的资料整理分析而形成的。完整的竣工资料应由施工单位编制,经监理和有关方面审查后,移交业主并通过业主移交管理运行单位。

## 四、工程资料管理

### (一)工程资料分类

1.受控文件

(1)管理体系文件:管理手册(除因投标送给顾客及其他用途的管理手册)、程序文件、作业文件(包括管理制度、管理规定等)。

(2)合同文件:施工合同、分包文件、供货合同等。

(3)技术文件:施工组织设计、项目质量计划、职业健康安全管理方案、环境管理方案、专项技术措施等。

(4)外来文件:包括相关的法律法规、规程、规范、标准、设计文件、设计变更、招标文书,以及顾客提供的图纸、图样等)。

(5)其他文件:包括公司其他与一体化管理体系有关的管理文件及上级下发的文件。

(6)除以上受控文件外,其他为非受控文件。

2.文件的标识

(1)各部门负责编制各自使用的"受控文件清单",并由部门负责人审核,文件和资料管理员负责控制。

(2)受控文件一般加盖"受控"印章;规程、规范、图纸、技术资料可采用其他的适当方式进行标识。

(3)各部门管理性文件编号以文件号作为状态标识。

**(二)文件的编制和审批**

项目经理部各部门管理性文件由各部门组织编制,并组织有关部门和人员进行会审和会签,分管领导审批,项目经理批准,项目经理部综合办公室负责发放。

**(三)文件的发放**

(1)受控文件由文件资料管理员统一编制分发号,并填写"受控文件发放(领用)审批登记表",经部门负责人或分管领导审核批准后,按发放(领用)范围发放。

(2)文件领用人在"受控文件发放(领用)审批登记表"上签收,注明日期,每份文件都有分发号,以便于追溯。

(3)当需使用文件的人员未领到文件时,不得随意借用其他人的文件复印,应填写"受控文件发放(领用)审批登记表",经部门负责人或分管领导批准后,到文件管理部门办理领用手续。文件复印件由文件资料管理员加盖"受控"印章,否则复印件无效。复印件在原件编号的后面加注–1 或–2…作为受控号,以便发放登记。

(4)受控文件使用人应保护好文件,不得丢失或损坏。一旦发生丢失或损坏,应办理申请领用手续,并在领用申请中做出说明。

**(四)文件的换版与作废**

(1)文件经过多次更改或需要进行大幅度修改时应进行换版。发放新版本时,由综合办公室负责作废文件的处理。

(2)失效或作废的文件,由文件资料管理员填写"文件销毁申请单",经综合办公室负责人审批后统一销毁。需作为资料保留的作废文件,申请人应填写"文件保留申请单",经综合办公室负责人审批后方可留用。保留的作废文件,应加盖"保留""作废"标识。防止作废文件的非预期使用。

**(五)文件的归档、借阅**

(1)受控文件经审核批准后,由文件资料管理员填写"文件归档登记表",并列入"受控文件清单"中。存入磁盘的文件也由文件资料管理员进行归档登记,以防丢失。

(2)需临时借阅文件的人员应填写"文件借阅申请单",经文件管理部门负责人批准后借阅。借阅者应在指定日期归还文件,到期不归还的由文件资料管理员限期收回。原版文件一律不外借,以防丢失或损坏。

(3)文件资料管理员应经常检查各类在用文件的有效性,发现问题及时处理,防止失效或作废文件的非预期使用。

**(六)外来文件的管理**

(1)项目经理部对法律法规、标准、规程、规范及其他要求的收集、识别和控制按《法律法规和其他要求控制程序》有关规定执行。

(2)各文件管理部门发放到供方的受控文件,如发给工区的施工图、技术要求和规程、规范等,应进行发放登记和跟踪更改控制。

在监理服务期满后,监理机构负责归档的工程资料档案应逐项清点、整编、登记造册,并向建设单位移交。

# 第三节 范 例

## 一、《监理机构联系单》实例

### 监理机构联系单

（监理〔20××〕联系 013 号）

合同名称：××小流域综合治理工程                    合同编号：××××-01

---

致：(建设单位)××县水利工程建设管理办公室

事由：

　　我部于20××年×月××日上报给贵单位的关于××钢管有限公司××小流域综合治理工程封禁治理立柱采购《变更项目价格/工期确认单》(文号：监理〔20××〕变确 001 号)被贵单位退回，理由是不需要发包人、承包人和监理三方签认，只用联系单的形式予以确认。

　　依据监理规范中的变更监理工作程序，承包人的变更报价经监理机构审核后报发包人，由发包人和承包人协商价格，如果协商一致，承包人、发包人和监理机构三方共同在《变更项目价格/工期确认单》上签字确认，这是承包人申请变更项目工程进度款中的单价依据，也是监理审核承包人上报工程进度款单价的依据。缺少了《变更项目价格/工期确认单》中的三方签字，变更项目单价将不被承认，也就不能进行变更项目的计价工作，将来也无法通过审计检查，联系单只用于监理机构与发包人、承包人等单位联系时使用，对于变更项目价格的签认不具有法律效力。请贵单位尽快解决此事。

　　附件：

　　变更项目价格/工期确认单(略)

<br><br><br>

　　　　　　　　　　　　监 理 机 构：××水利水电建设监理有限公司

　　　　　　　　　　　　　　　　　　××小流域综合治理工程项目监理部

　　　　　　　　　　　总监理工程师：×××

　　　　　　　　　　　日　　　　期：20××年××月××日

---

<br><br><br>

　　　　　　　　　　　　被联系单位签收人：×××

　　　　　　　　　　　　日　　　　期：20××年××月××日

## 二、《监理机构备忘录》实例

### 监理机构备忘录

（监理〔20××〕联系 001 号）

合同名称：××小流域综合治理工程          合同编号：××××-01

---

致：(建设单位)××县水利工程建设管理办公室

事由：

××水利水电工程有限公司××小流域综合治理工程项目部拒绝接收监理下发的文件,造成监理工作无法继续进行。

20××年4月20日15:30,监理部监理人员×××在向××水利水电工程有限公司××小流域综合治理工程项目部下发"计日工工程量签证单"等资料时,×××只接收资料,而拒绝在"监理发文登记表"上签字。

从20××年10月28日工程质量现场会上监理对承包商发出违规施工警告,到12月20日听证会上的内部通报,时至今日的拒收监理文件。××水利水电工程有限公司在今年的施工过程中多次出现违反施工合同、违反技术规范、违反监理程序的现象。这与××水利水电工程有限公司在两次会上所做的检查和所表示的改过决心严重不符。

今日××水利水电工程有限公司×××拒收的"计日工工程量签证单"等资料是计量计价中的材料,也是业主单位、监理单位、施工单位三方近期工作的重点,但由于××水利水电工程有限公司拒收,计量计价工作已无法继续进行。

附件：

<br/>

               监 理 机 构：××水利水电建设监理有限公司

                                  ××小流域综合治理工程项目监理部

               总监理工程师：×××

               日　　　　期：20××年××月××日

# 第九章 施工安全与文明施工

## 第一节 必要性

建设工程的安全生产,不仅关系到人民群众的生命和财产安全,而且关系到国家经济的发展、社会的全面进步。《中华人民共和国安全生产法》作为安全生产领域的基本法律,全面规定了安全生产的原则、制度、具体要求及责任。《中华人民共和国安全生产法》的实施,对于全面加强我国安全生产法治建设,强化安全生产监督管理,规范生产经营单位的安全生产,遏制重大事故、特大事故发生,促进经济发展和保持社会稳定,具有重大而深远的意义。

《水利工程建设安全生产管理规定》规定:项目法人、勘察单位、设计单位、监理单位、施工单位及其与水利工程建设安全生产有关的单位,必须遵守安全生产法律法规和本规定,保证水利工程建设安全生产,依法承担水利工程建设安全生产责任。

安全控制是工程建设监理的重要组成部分,是对建筑施工过程中安全生产状况所实施的监督管理。安全控制的主要任务是贯彻落实安全生产方针政策,督促施工单位按照建筑施工安全生产法规和标准组织施工,消除施工中的冒险性、盲目性和随意性,落实各项安全技术措施,有效地杜绝各类不安全隐患,杜绝、控制和减少各类伤亡事故,实现安全生产。具体说是在编制监理大纲及监理规划时,应明确安全监理目标、措施、计划和安全监理程序,并建立相关的程序文件,根据工程规模,在调查研究基础上,制定安全监理具体工作及有关程序。督促施工单位落实安全生产的组织保证体系和对工人进行安全生产教育,建立健全安全生产责任制,审查施工方案及安全技术措施。

### 一、施工不安全因素分析

#### (一)人的不安全因素

人既是管理的对象,又是管理的动力。人的行为是安全生产的关键。人的安全行为是复杂和动态的,具有多样性、计划性、目的性、可塑性,并受安全意识水平的调节,受思维、情感、意志等心理活动的支配;同时也受道德观、人生观和世界观的影响;态度、意识、知识、认知决定人的安全行为水平,因而人的安全行为表现出差异性。人的不安全因素是人的心理和生理特点造成的,主要表现在身体缺陷、错误行为和违纪违章等三个方面。

人的行为对施工安全影响极大,统计资料表明,88%的安全事故是由于人的不安全行为造成的,而人的生理和心理特点,直接影响着人的行为,所以人的生理和心理状况与安全事故的产生有着密切的联系。其主要表现在:

(1)生理疲劳对安全的影响。人的生理疲劳,表现出动作紊乱而不稳定,不能支配正常状况下所能承受的体力等,容易产生手脚发软,致使人或物从高处坠落等安全事故发生。

（2）心理疲劳对安全的影响。人由于从事单调、重复劳动时的厌倦，或由于遭受挫折而身心乏力等注意力不集中，这些表现均会导致操作失误。

（3）视觉、听觉对安全的影响。人的视觉受外界亮度、色彩、距离、移动速度等因素的影响，会产生错看、漏看，人的听觉受外界声音的干扰而听力减弱，都会导致安全事故。

（4）人的气质对安全行为的影响。气质是人的个性的重要组成部分，它是一个人所具有的典型的、稳定的心理特征。人的意志坚定，行动准确，则安全度高；而情绪喜怒无常，或优柔寡断、行动迟缓、反应能力差的人则容易产生安全事故。气质使个人的安全行为表现出独特的个人色彩。例如，同样是积极工作，有的人表现为遵章守纪，动作及行为可靠安全，有的人则表现为蛮干、急躁，安全行为较差。

（5）人的情绪对安全行为的影响。情绪为每个人所固有，从安全行为的角度看，情绪处于兴奋状态时，人的思维与动作较快；情绪处于抑制状态时，人的思维与动作显得迟缓；情绪处于强化阶段时，人往往有反常的举动，这种情绪可能导致思维与行动不协调、动作之间不连贯，这是安全行为的忌讳。

（6）人的性格对安全行为的影响。性格是每个人所具有的、最主要的、最显著的心理特征，是对某一事物稳定和习惯的方式。人的性格表现得多种多样，有理智型、情绪型、意志型。理智型用理智来衡量一切，并支配行动；情绪型的情绪体验深刻，安全行为受情绪影响大；意志型有明确目标、行动主动、安全责任心强。

（7）环境、物的状况对人的安全行为的影响。环境、物的状况对劳动生产过程的人也有很大的影响。环境变化会刺激人的心理，影响人的情绪，甚至打乱人的正常行动。物的运行失常及布置不当，会影响人的识别与操作，造成混乱和差错，打乱人的正常活动。

（8）人际关系对安全的影响。劳动者互相信任，彼此尊重，遵守劳动纪律和安全法规，则安全有保障；反之，上下级关系紧张，注意力不集中，则容易产生安全事故。

**（二）物的不安全因素**

物的不安全因素，主要表现在以下三个方面：

（1）设备、装置的缺陷。主要是指设备、装置的技术性能降低、强度不够、结构不良、磨损、老化、失灵、腐蚀、物理或化学性能达不到要求等。

（2）作业场所的缺陷。主要指作业场地狭小、交通道路窄陡或机械设备拥挤等。

（3）物资和环境的危险源。使用的油料、机械倾覆、漏电，土体滑塌，地震，暴雨洪水等。

**（三）环境因素**

环境因素主要表现在以下两个方面：

（1）内部环境，指施工企业的管理体系，即企业的机械管理部门对机械管理的运作水平。

（2）外部环境，是指施工的外界如水文、地质等外部的施工环境。

## 二、安全控制体系的建立

施工的安全控制，从本质上讲，是施工单位份内的工作，作为监理机构有责任和义务督促或协助施工单位加强安全控制。因此,施工安全控制体系,包括施工单位的安全生产体系和监理机构的安全控制(监督)体系。

**(一)监理机构的安全控制及其职责**

监理人员必须熟悉国家有关安全生产方针及劳动保护政策法规、标准或条例,熟悉各项工程的施工方法和施工技术,熟悉作业安排和安全操作规程,熟悉安全控制业务。监理机构在安全控制方面的主要职责有:

(1)贯彻和执行国家的安全生产及劳动保护的政策及法规。

(2)做好安全生产的宣传教育和管理工作。

(3)审查施工单位的施工安全措施及安全保证体系。

(4)深入现场检查安全措施的落实情况,并及时分析不安全因素。

(5)督促施工单位建立和完善安全控制组织及安全岗位责任制。

(6)进行工伤事故的统计、分析和报告,并参与安全事故的分析处理。

(7)对违章操作或其他不安全行为及时进行纠正,无效时可责成施工单位辞退违章者。

**(二)施工单位的安全生产体系**

施工单位的安全生产体系包括组织体系和制度体系。

(1)组织体系。建立以施工单位领导或主管领导为组长的安全生产领导小组,并在各施工队设置兼职安全员。从技术、物资、财务、后勤服务等方面落实安全保障措施,明确各施工岗位安全责任制,以形成安全生产保证体系。

(2)施工单位的安全生产制度。施工单位安全施工的规章制度主要包括:

①安全生产责任制。以制度的形式明确各级各类人员在施工活动中应承担的安全责任,使责任制落到实处。

②安全生产奖罚制度。把安全生产与经济责任制挂起钩,做到奖罚分明。

③安全技术措施管理制度。包括防止工伤事故的安全措施及组织措施的编制、审批、实施、确认等管理制度。

④安全教育、培训和安全检查制度。

⑤交通安全管理制度。

⑥各工种的安全技术操作规程等。

**(三)施工安全措施审核与施工现场安全控制**

1.施工安全措施审核

水土保持工程的施工安全主要涉及各类工程的土方工程、石方工程及混凝土工程等各个方面,因此在开工前,监理机构应首先提醒施工单位考虑施工中的安全措施。施工单位在施工组织设计或技术措施中,尤其对危险工种要特别强调安全措施。施工单位的安全措施审核主要包括:

(1)安全措施要有针对性。针对不同的工程特点可能给工程施工造成的危害,针对施工特点可能给安全带来的影响,针对施工中使用的易燃、易爆物品可能给施工带来的安全影响,针对施工现场和周围环境可能给施工人员带来的危害,从技术上采取措施,将可能影响安全的因素排除到最低限度。

（2）对施工平面布置安全技术要求审查。施工平面布置安全审查注重审核易燃、易爆物资的仓库和加工车间的位置是否符合安全要求，供电线路和设备的布置与各种水平、垂直运输线路的布置是否符合安全要求，高边坡开挖、石料的开采与石方砌筑是否有适当的安全措施。

（3）对施工方案中采用的新技术、新工艺、新结构、新材料、新设备等，要审核有无相应的安全技术操作规程和安全技术措施。根据有关技术规程对各工种的施工安全技术要求进行审核。

2.施工现场安全控制

（1）施工前安全措施的落实检查。施工单位的施工组织设计或技术措施，应对安全措施作出计划。由于工期、经费等原因，这些措施常常得不到落实。因此，监理工程师必须在施工前到施工现场进行实地检查。检查通过将施工平面布置、安全措施计划与安全技术状况进行比较，提出问题，并督促落实。

（2）施工过程中的安全检查。安全检查是发现施工过程中不安全行为和状态的重要途径，其检查的主要形式有：

①一般性检查。为掌握整个施工安全管理情况与技术状况，完善安全控制计划，发现问题，并提出整改和预防措施。

②专业性检查。如对供电、易燃、易爆物品进行的专项检查等。

③季节性检查。针对气候变化进行的检查，如汛期检查。

施工过程中安全检查的内容主要包括：

①查思想。检查施工人员是否树立了"安全第一，预防为主"的思想，对安全施工是否有足够认识。

②查制度。检查安全生产的规章制度是否建立、健全和落实。

③查措施。检查安全措施是否有针对性。

④查隐患。检查事故可能发生的隐患，发现隐患，提出整改措施。

3.预防安全事故的方法

预防安全事故的方法有一般方法和安全检查表法。

（1）一般方法。常采用看、听、嗅、问、查、测、验、析等方法。看现场环境和作业条件，看实物和实际操作，看记录和资料等；听汇报、介绍、反映和意见，听机械设备运转的响声等；对挥发物的气味进行辨别；对安全工作进行详细询问；查明数据，查明原因，查清问题，追查责任；测量、测试、检测；进行必要试验与化验；分析安全事故隐患、原因。

（2）安全检查表法。通过事先拟定的安全检查明细表或清单，对安全生产进行初步诊断和控制。

# 第二节　内容与措施

## 一、施工安全监理的范围和内容

审查施工单位提出的安全技术措施、专项施工方案，并检查实施情况；检查防洪度汛措施落实情况;参与安全事故调查。

## 二、施工安全监理的制度

### (一)安全防护制度

根据施工现场监理工作需要,为现场监理人员配备必要的安全防护用具。

### (二)安全审查制度

审查施工单位编制的施工组织设计中的安全技术措施、施工现场临时用电方案,以及灾害应急预案、危险性较大的分部工程或单元工程专项施工方案是否符合工程建设标准强制性条文(水利工程部分)及相关规定的要求。

编制的监理规划包括安全监理方案,明确安全监理的范围、内容、制度和措施,以及人员配备计划和职责。按照相关规定核查施工单位的安全生产管理机构,以及安全生产管理人员的安全资格证书和特种作业人员的特种作业操作资格证书,并检查安全生产教育培训情况。

### (三)施工过程安全管理制度

(1)督促施工单位对作业人员进行安全交底,监督施工单位按照批准的施工方案组织施工,检查施工单位安全技术措施的落实情况,及时制止违规施工作业。

(2)定期和不定期巡视检查施工过程中危险性较大的施工作业情况。

(3)定期和不定期巡视检查施工单位的用电安全、消防措施、危险品管理和场内交通管理等情况。

(4)检查施工单位的度汛方案中对洪水、暴雨等自然灾害的防护措施和应急措施。

(5)检查施工现场各种安全标志和安全防护措施是否符合工程建设标准强制性条文(水利工程部分)及相关规定的要求。

(6)督促施工单位进行安全自查工作,并对施工单位自查情况进行检查。

(7)参加发包人和有关部门组织的安全生产专项检查。

(8)检查灾害应急救助物资和器材的配备情况。

(9)检查施工单位安全防护用品的配备情况。

### (四)安全隐患(事故)处理制度

发现施工安全隐患时,要求施工单位立即整改;必要时,可按监理规范指示施工单位暂停施工,并及时向发包人报告。

当发生安全事故时,项目监理机构指示施工单位采取有效措施防止损失扩大,并按有关规定立即上报,配合安全事故调查组的调查工作,监督施工单位按调查处理意见处理安全事故。

### (五)安全费用专用制度

监督施工单位将列入合同安全施工措施的费用按照合同约定专款专用。

## 三、施工安全监理的措施

### (一)技术措施

贯彻执行"安全第一,预防为主"的方针,国家现行的安全生产的法律法规,建设行政主管部门的安全生产的规章和标准。

督促施工单位落实安全生产的组织保证体系,建立健全安全生产责任制,检查责任制的建立健全和考核、经济承包合同或协议中安全生产指标、各工程安全技术操作规程、专(兼)职安全员设置。

督促施工单位对工人进行安全生产教育及分部工程的安全技术交底,审查施工方案或施工组织设计中有无保证工程质量和安全的具体措施,使之符合安全施工的要求,并督促其实施;核查施工组织设计和专项施工方案的种类和编审手续,安全措施合理科学性;检查并督促施工单位按照建筑施工安全技术标准和规范要求,落实分部、分项工程或各工序、关键部位的安全防护措施。

定期检查工程安全技术交底的涉及面、针对性及履行签字手续情况;检查施工单位安全检查制度、检查记录、整改情况;检查施工单位安全教育制度,新工人三级教育和变换工程教育的内容、时间等;检查从事特种作业人员的培训持证上岗情况(复验时间、单位名称);对不安全因素,及时督促施工单位整改。

不定期组织安全综合检查,提出处理意见并限期整改,发现违章冒险作业的要责令其停止施工,发现隐患的要责令其停工整改。

**(二)组织措施**

建立健全监理组织,完善职责分工及有关制度,落实安全控制的责任。

监理机构总监理工程师为第一责任人,设专职安全文明生产负责人,常抓不懈。

**(三)经济措施**

审核施工现场项目部的安全保证体系和安全生产责任制。

审核施工单位提交的施工组织设计的安全可靠性,重点对临时用电等工程或部位进行审核。

建立安全文明检查制度和安全会议制度,项目安全生产组每周召开各方参加的项目安全例会,对本周的安全检查予以审查,并核查安全问题是否已按要求进行改正,同时总结经验不断改进安全。

通过"合理定制"的辅助措施搞好安全文明施工、环境保护。

协助发包人与施工单位签订工程项目施工安全协议书。

审查专业分包和劳务分包单位资质。

督促施工单位建立健全施工现场安全生产保证体系,督促施工单位检查各分包企业的安全生产制度。

审核施工单位编制的施工组织设计、安全技术措施、高危作业安全施工及应急抢险方案。

督促施工单位做好逐级安全交底工作。

督促施工单位按照工程建设强制性标准和专项安全施工方案组织施工,制止违规施工作业。

情况严重的,由总监理工程师下达工程暂停施工令并报告发包人;施工单位拒不整改的应及时向安全监督部门报告。

督促施工单位进行安全自查工作,参加施工现场的安全生产检查。

复核施工单位施工机械、安全设施的验收手续,并签署意见。未经安全监理人员签署认可的不得投入使用。

**(四)合同措施**

协助业主签订一个好的合同;对合同中涉及安全的条款字斟句酌,不出现不利于业主的条款。

做好工程安全施工记录,保存各种安全控制文件。

对发生的安全事故按国家和地方有关规定上报和处理。

平时注意收集有关安全信息的资料,进行分析,提交给有关部门参考,便于他们做出正确决策。

## 四、文明施工监理工作内容

(1)督促施工单位严格按照国家及地方有关规定,编制文明施工工地方案。

(2)协助委托人创建文明工地。

(3)审查施工组织设计中的文明施工措施。

(4)对工程实施中的文明施工方面的问题向委托人提出书面报告。

## 五、文明施工及环境保护监理控制内容

(1)综合管理:文明工地创建工作计划周密,组织到位,制度完善,措施落实;参建各方信守合同,全体参建人员遵纪守法、爱岗敬业;倡导正确的荣辱观和道德观,学习气氛浓厚,职工文体活动丰富;信息管理规范;参建单位之间关系融洽,能正确协调处理与周边群众的关系,营造良好的施工环境。

(2)质量管理:质量保证体系健全;工程质量得到有效控制,工程内在、外观质量优良;质量缺陷处理及时;质量档案资料真实,归档及时,管理规范。

(3)安全管理:安全生产责任制及规章制度完善;制订针对性和操作性强的事故或紧急情况应急预案;实行定期安全生产检查制度,无重大安全事故。

(4)施工区环境:现场材料堆放、施工机械停放有序、整齐;施工道路布置合理,路面平整、通畅;施工现场做到工完场清;施工现场安全设施及警示提示齐全;办公室、宿舍、食堂等场所整洁、卫生;生态环境保护及职业健康卫生条件符合国家标准要求,防止或减少施工引起的粉尘、废水、废气、固体废弃物、噪声、振动和施工照明对人和环境的危害和污染措施得当。

## 六、文明施工及环境保护监理措施

(1)在工程项目开工前,督促施工单位按工程施工合同文件规定,编制文明施工组织机构和措施,并报送监理机构批准后严格实施。

(2)施工过程中,监理机构检查施工单位文明施工的执行情况,并监督施工单位通过自查和改进,完善文明施工管理。督促施工单位开展文明施工的宣传和教育工作,并督促施工单位积极配合当地政府和村委村民共建和谐建设环境。

（3）广泛开展"做文明员工,创文明工地"的宣传教育工作;施工单位进场的材料、构配件集中堆放;生活垃圾及建筑垃圾及时清理。工程完工后,督促施工单位按工程施工合同文件规定,拆除施工临时设施,清理场地。

# 第三节　范　例

《安全检查记录》实例:

## 安全检查记录

（监理〔20××〕安检 001 号）

合同名称:××小流域综合治理工程　　　　　　　　　　　　　　合同编号:××××-01

| 日期 | 20××年××月××日 | 检查人 | ×××、×××、××× | | |
| --- | --- | --- | --- | --- | --- |
| 时间 | 9:00~11:00 | 天气 | 晴 | 温度 | 20 ℃ |
| 检查部位 | 施工现场、施工人员驻地 | | | | |
| 人员、设备、施工作业及环境和条件等 | 施工现场所有安全员、施工人员佩戴了安全帽,设备运转正常,施工便道进行了洒水 | | | | |
| 危险品及危险源安全情况 | 驻地电器有漏电保护装置,无危险品 | | | | |
| 发现的安全隐患及消除隐患的监理指示 | 工地和驻地未发现安全隐患 | | | | |
| 承包人的安全措施及隐患消除情况（安全隐患未消除的,检查人必须上报） | 有现场生产安全事故应急预案和预防措施,安全领导小组人员名单已上墙,驻地有灭火器、水桶、铁锹、砂子 | | | | |
| | 检查人: （签名）×××、×××、×××<br>日　　期: 20××年××月××日 | | | | |

# 第十章 工程质量评定与验收

## 第一节 质量评定的概念

质量评定就是将质量检验结果与国家和行业技术标准及合同约定的质量标准所进行的比较活动。水土保持生态建设工程质量检验与评定应依据《水土保持工程质量评定规程》进行项目划分。项目按级划分为单位工程、分部工程、单元工程三级,质量评定包括单元工程质量评定、分部工程质量评定、单位工程质量评定和合同项目质量评定。

### 一、质量评定的主要内容

(1)审查施工单位填报的单元工程质量评定表的规范性、真实性和完整性,复核单元工程施工质量等级,由监理工程师核定质量等级并签证认可。

(2)重要隐蔽单元工程及关键部位单元工程质量经施工单位自评、由监理单位复核评定后,项目法人(或建设单位)组织监理单位、设计单位、施工单位、运行单位(如有)组成联合小组签字确认质量等级签证表。

(3)在施工单位自评的基础上,复核分部工程的施工质量等级,报建设单位认定。

(4)参加建设单位组织的单位工程外观质量评定组的检验评定工作;在施工单位自评的基础上,结合单位工程外观质量评定情况,复核单位工程施工质量等级,报建设单位认定。

(5)单位工程质量评定合格后,统计并评定工程项目质量等级,报建设单位认定。

### 二、质量评定的依据

(1)国家、行业有关施工技术标准。
(2)经批准的设计文件、施工图纸、设计变更通知书、厂家说明书及有关技术文件。
(3)工程承发包合同采用的技术标准。
(4)工程验收前试验及观测分析成果。
(5)原材料和中间产品质量检验证明或出厂合格证、检疫证。

### 三、质量评定的要求

(1)监理机构应在验收前督促施工单位提交验收申请报告及相关资料,并进行审核。监理机构应指示施工单位对提供的资料中存在的问题进行补充、修改。

(2)单元工程质量应由施工单位组织自评,监理单位核定。监理单位核定单元工程质量时,除应检查工程现场外,还应对该单元工程的施工原始记录、质量检验记录等资料查验,确认单元工程质量评定表填写数据、内容的真实性和完整性,并进行抽检。同时,应在单元工程质量评定表中明确记载质量等级的核定意见。

（3）分部工程质量评定应在施工单位自评基础上，由监理单位复核，项目法人（或建设单位）认定，质量监督机构核备。

（4）单位工程质量评定应在施工单位自评基础上，由监理单位复核，项目法人（或建设单位）认定，并报质量监督机构核备。

（5）工程项目的质量等级应由项目质量监督机构在单位工程质量评定基础上核备。

（6）监理机构参加或受建设单位委托组织分部工程验收。分部工程验收通过后，监理机构应签署或协助建设单位签署分部工程验收签证（验收鉴定书），并督促施工单位按照分部工程验收签证中提出的遗留问题及时进行完善和处理。

（7）单位工程验收前，监理机构应督促或提请建设单位督促检查工程验收应具备的条件，检查分部工程验收中提出的遗留问题的处理情况，对单位工程进行质量评定，提出尾工清单。

（8）监理机构应参加单位工程验收、阶段工程验收和竣工验收。

（9）应督促施工单位提交遗留问题和尾工的处理方案和实施计划，并进行审批。

（10）竣工验收后及时签发移交证书。

## 四、水土保持项目划分

### （一）单位工程划分

单位工程划分应符合以下规定：

（1）水土流失综合治理工程宜一条小流域（片区）作为一个单位工程，侵蚀沟治理、崩岗治理工程宜一个立项项目作为一个单位工程。

注：一个立项项目可能有多个侵蚀沟道或多个崩岗。

（2）大中型淤地坝工程，宜每座淤地坝作为一个单位工程。

（3）造林种草、坡耕地治理、小型水利水土保持工程、防风固沙工程等作为专项工程时，原则上宜划分为一个单位工程，也可根据实施单元划分为多个单位工程。

### （二）分部工程划分

分部工程划分应符合以下规定：

（1）小流域综合治理单位工程可划分为坡耕地治理、造林种草工程（或造林工程、种草工程、水蚀坡林地治理、封禁治理）、小型水利水土保持工程、防风固沙工程等分部工程。

（2）大中型淤地坝单位工程可划分为基础处理、坝体填筑、放水建筑物、坝体与坝坡排水防护、溢洪道等分部工程。小型淤地坝和拦沙坝单位工程可根据工程规模和结构简化合并。

（3）造林种草工程作为专项工程时，可划分为造林工程（经果林）、种草工程、水蚀坡林地治理、封禁治理、苗圃等分部工程。实际划分中可根据工程招标和实施单元情况合并简化。

（4）坡耕地治理作为专项工程时，可划分为坡耕地治理工程、田间道路工程、坡面水系工程、灌溉工程等分部工程。实际划分中可根据工程招标和实施单元情况合并简化。

（5）侵蚀沟和崩岗治理作为专项工程时，可根据工程招标和实施单元，若干个侵蚀沟或崩岗划分为一个分部工程。

（6）小型水利水保单位工程作为专项工程时，可划分为小型蓄水工程（水窖、涝池、塘堰)、小型人工湿地、护地堤(岸)工程、支毛沟治理工程(谷坊、沟头防护工程)等分部工程。

(7)防风固沙工程作为专项工程时,单位工程可根据工程招标和实施单元划分为若干分部工程。

(8)涉及其他工程的可参照相关规程、规范和其他行业标准执行。

**(三)单元工程划分**

单元工程划分应符合以下规定:

(1)土石方开挖按段、块或部位划分。

(2)土方填筑按层、段或部位划分。

(3)砌筑、浇筑、安装工程按施工段或施工方量划分。

(4)坡耕地治理、造林(经果林)、种草、防风固沙等按小斑划分,可根据小斑面积大小进行合并拆分。

(5)水窖、涝池、塘堰等小型工程按单个建筑物划分。

(6)小型人工湿地等工程可按工程组成划分。

# 第二节　单元工程质量评定

单元工程施工质量验收标准是进行工程质量等级评定的基本尺度。单元工程施工质量合格标准应按照《水土保持工程质量评定规程》或合同约定的合格标准执行,当达不到合格标准时,应及时处理。处理后的质量等级应符合相关规定,重新评定质量等级。

## 一、单元工程施工质量评定应具备的条件

(1)单元工程所含工序(或所有施工项目)已完成,具备验收条件。

(2)工程质量经检验全部合格,有关质量缺陷已处理完毕或有监理单位批准的处理意见。

## 二、单元工程施工质量评定程序

(1)施工单位应对已经完成的单元工程施工质量自检,并填写检验记录。

(2)施工单位自检合格后应填写单元工程施工质量评定表,向监理单位申请复核。

(3)重要隐蔽单元工程和关键部位单元工程施工质量验收评定应由项目法人(或建设单位)或委托监理单位主持,应由建设、设计、监理、施工等单位的代表组成联合小组,共同验收评定。

## 三、单元工程质量达不到合格标准时的处理方法

单元工程质量达不到合格标准时,应及时处理。处理后其质量等级应按下列规定确定:

(1)全部返工重做的,应重新评定质量等级。

(2)经加固补强并经鉴定能达到设计要求,其质量可按合格处理。

(3)经鉴定达不到设计要求,但项目法人(或建设单位)、监理单位认为基本满足防御

标准和使用功能要求的,可不加固补强,质量可按合格处理,所在分部工程、单位工程不应评优;或经加固补强后,改变断面尺寸或造成永久性缺陷的,经项目法人(或建设单位)、监理单位认为基本符合设计要求,其质量可按合格处理,所在分部工程、单位工程不应评优。

### 四、单元工程施工质量评定应包括的资料

单元工程施工质量评定应包括下列资料:

(1)单元工程验收评定的检验资料。

(2)原材料、拌和物与实体检验项目检验记录资料。

(3)单元工程施工质量评定表。

# 第三节　分部工程质量评定与验收

分部工程验收应由项目法人(或委托监理单位)主持。验收工作组由项目法人、设计、监理、施工等单位的代表组成。运行管理单位可根据具体情况决定是否参加。

分部工程具备验收条件时,施工单位应向项目法人提交验收申请报告,项目法人应在收到验收申请报告之日起 10 个工作日内决定是否同意进行验收。

### 一、分部工程质量评定等级标准

**(一)合格标准**

(1)所含单元工程的质量全部合格,质量事故及质量缺陷已按要求处理,并经检验合格。

(2)原材料、中间产品及混凝土(砂浆)试件质量全部合格。

**(二)优良标准**

(1)所含单元工程质量全部合格,其中有 70%以上达到优良,重要隐蔽单元工程及关键部位单元工程质量优良率达 90%以上,且未发生过质量事故。

(2)原材料、中间产品及混凝土(砂浆)试件质量全部合格。

### 二、分部工程验收应具备的条件

(1)所有单元工程已完成。

(2)已完单元工程施工质量经评定全部合格,有关质量缺陷已处理完毕或有监理机构批准的处理意见。

(3)合同约定的其他条件。

### 三、分部工程验收主要内容

(1)检查工程是否达到设计标准或合同约定标准的要求。

(2)评定工程施工质量等级。

(3)对验收中发现的问题提出处理意见。

### 四、分部工程验收程序

（1）听取施工单位工程建设和单元工程质量评定情况的汇报。

（2）现场检查工程完成情况和工程质量。

（3）检查单元工程质量评定及相关档案资料。

（4）讨论并通过分部工程验收（签证）鉴定书。

项目法人应在分部工程验收通过之日后 10 个工作日内，将验收质量结论和相关资料报质量监督机构核备。质量监督机构应在收到验收质量结论之日后 20 个工作日内，将核备（定）意见书面反馈项目法人。

分部工程验收遗留问题处理情况应有书面记录并有相关责任单位代表签字，书面记录应随分部工程验收鉴定书一并归档。

# 第四节　单位工程质量评定与验收

单位工程验收应由项目法人主持。验收工作组由项目法人、设计、监理、施工、运行管理等单位的代表组成。单位工程验收工作组成员应具有中级及其以上技术职称或相应执业资格。

单位工程完工并具备验收条件时，施工单位应向项目法人提出验收申请报告，项目法人应在收到验收申请报告之日起 10 个工作日内决定是否同意进行验收。

项目法人组织单位工程验收时，应提前 10 个工作日通知质量和安全监督机构。

## 一、单位工程外观质量评定

外观质量评定各项目标准，应由项目法人在工程开工初期，组织监理单位、设计单位、施工单位等，根据工程特点和相关技术标准提出，并报工程质量监督机构确认。

单位工程完工后，项目法人组织监理、设计、施工及工程运行管理等单位组成工程外观质量评定组，现场进行工程外观质量检验评定，并将评定结论报工程质量监督机构核备。参加工程外观质量评定的人员应具有工程师以上技术职称或相应的职业资格。

## 二、单位工程质量评定等级标准

**（一）合格标准**

（1）所含分部工程质量全部合格。

（2）质量事故已按要求处理。

（3）工程外观质量得分率达到 70% 以上。

（4）施工质量检验资料基本齐全。

**（二）优良标准**

（1）所含分部工程质量全部合格，其中有 70% 以上达到优良，主要分部工程质量优良达 90% 以上，且施工中未发生过重大质量事故。

（2）质量事故已按要求处理。

（3）工程外观质量得分率达到 85% 以上。

(4)施工质量检验资料齐全。

### 三、单位工程验收应具备的条件

(1)所有分部工程已完建并验收合格。

(2)分部工程验收遗留问题已处理完毕并通过验收,未处理的遗留问题不影响单位工程质量评定并有处理意见。

(3)合同约定的其他条件。

### 四、单位工程验收主要内容

(1)检查工程是否按批准的设计内容完成。

(2)评定工程施工质量等级。

(3)检查分部工程验收遗留问题处理情况及相关记录。

(4)对验收中发现的问题提出处理意见。

### 五、单位工程验收程序

(1)听取工程参建单位工程建设有关情况的汇报。

(2)现场检查工程完成情况和工程质量。

(3)检查分部工程验收有关文件及相关档案资料。

(4)讨论并通过单位工程验收鉴定书。

项目法人应在单位工程验收通过之日起 10 个工作日内,将验收质量结论和相关资料报质量监督机构核定。质量监督机构应在收到验收质量结论之日起 20 个工作日内,将核定意见反馈项目法人。

自验收鉴定书通过之日起 30 个工作日内,由项目法人发送有关单位并报法人验收监督管理机关备案。

# 第五节　合同工程质量评定与验收

合同工程完成后,应进行合同工程完工验收。当合同工程仅包含一个单位工程(分部工程)时,宜将单位工程(分部工程)验收与合同工程完工验收一并进行,但应同时满足相应的验收条件。

合同工程完工验收应由项目法人主持。验收工作组由项目法人及与合同工程有关的设计、监理、施工等单位的代表组成。

合同工程具备验收条件时,施工单位应向项目法人提出验收申请报告,项目法人应在收到验收申请报告之日起 20 个工作日内决定是否同意进行验收。

### 一、合同工程验收应具备的条件

(1)合同范围内的工程项目已按合同约定完成。

(2)工程已按规定进行了有关验收。

(3)观测仪器和设备已测得初始值及施工期各项观测值。

(4)工程质量缺陷已按要求进行处理。

(5)工程完工结算已完成。

(6)施工现场已经进行清理。

(7)需移交项目法人的档案资料已按要求整理完毕。

(8)合同约定的其他条件。

## 二、合同工程验收主要内容

(1)检查合同范围内工程项目和工作完成情况。

(2)检查施工现场清理情况。

(3)检查已投入使用工程运行情况。

(4)检查验收资料整理情况。

(5)鉴定工程施工质量。

(6)检查工程完工结算情况。

(7)检查历次验收遗留问题的处理情况。

(8)对验收中发现的问题提出处理意见。

(9)确定合同工程完工日期。

(10)讨论并通过合同工程完工验收鉴定书。

## 三、合同工程验收程序

(1)听取工程参建单位工程建设有关情况的汇报。

(2)现场检查工程完成情况和工程质量。

(3)检查单位工程验收有关文件及相关档案资料。

(4)讨论并通过合同工程验收鉴定书。

自验收鉴定书通过之日起30个工作日内,由项目法人发送有关单位,并报送法人验收监督管理机关备案。

# 第六节　竣工验收

## 一、竣工验收一般要求

竣工验收应在工程建设项目全部完成并满足一定运行条件后1年内进行。不能按期进行竣工验收的,经竣工验收主持单位同意,可适当延长期限,但最长不得超过6个月。

工程具备验收条件时,项目法人应向竣工验收主持单位提出竣工验收申请报告,竣工验收申请报告应经法人验收监督管理机关审查后报竣工验收主持单位,竣工验收主持单位应自收到申请报告后20个工作日内决定是否同意进行竣工验收。

工程未能按期进行竣工验收的,项目法人应提前30个工作日向竣工验收主持单位提出延期竣工验收专题申请报告。申请报告应包括延期竣工验收的主要原因及计划延长的时间等内容。

项目法人编制完成竣工财务决算后,应报送竣工验收主持单位财务部门进行审查和审计部门进行竣工审计。审计部门应出具竣工审计意见。项目法人应对审计意见中提出的问题进行整改并提交整改报告。

竣工验收分为初验和竣工验收两个阶段。

## 二、竣工验收应具备的条件

(1)工程已按批准设计全部完成。

(2)工程重大设计变更已经有审批权的单位批准。

(3)各单位工程能正常运行。

(4)历次验收所发现的问题已基本处理完毕。

(5)工程投资已全部到位。

(6)竣工财务决算已通过竣工审计,审计意见中提出的问题已整改并提交了整改报告。

(7)运行管理单位已明确,管理养护经费已基本落实。

(8)质量和安全监督工作报告已提交,工程质量达到合格标准。

(9)竣工验收资料已准备就绪。

## 三、竣工验收程序

(1)项目法人组织进行竣工验收自查。

(2)项目法人提交竣工验收申请报告。

(3)竣工验收主持单位批复竣工验收申请报告。

(4)验收委员会组织现场踏勘、检查资料,召开竣工验收会议。

(5)印发验收鉴定书。

## 四、竣工验收

竣工验收委员会可设主任委员1名,副主任委员及委员若干名,主任委员应由验收主持单位代表担任。竣工验收委员会由竣工验收主持单位、有关地方人民政府和部门、有关水行政主管部门和流域管理机构、质量和安全监督机构、运行管理单位的代表及有关专家组成。

项目法人、设计、监理、施工等单位应派代表参加竣工验收,负责解答验收委员会提出的问题,并作为被验收单位代表在验收鉴定书上签字。

竣工验收会议应包括以下主要内容和程序:

(1)现场检查工程建设情况及查阅有关资料。

(2)召开大会:①宣布验收委员会组成人员名单;②观看工程建设声像资料;③听取各参建单位工作汇报;④听取验收委员会确定的其他报告;⑤讨论并通过竣工验收鉴定书;⑥验收委员会委员和被验收单位代表在竣工验收鉴定书上签字。

工程项目质量达到合格以上等级的,竣工验收的质量结论意见为合格。自鉴定书通过之日起30个工作日内,由竣工验收主持单位发送有关单位。

# 第七节 范 例

## 一、《分部工程施工质量评定表》实例

__××小流域综合治理__工程

**表 0.1** **分部工程施工质量评定表**

| 单位工程名称 | ××小流域综合治理工程 | 施工单位 | ××水利水电工程有限公司 |
|---|---|---|---|
| 分部工程名称 | 水土保持造林工程 | 施工日期 | 自20××年××月××日至20××年××月××日 |
| 分部工程量 | ××× | 评定日期 | 20××年××月××日 |

| 项次 | 单元工程类别 | 工程量 | 单元工程个数 | 合格个数 | 其中优良个数 | 说明 |
|---|---|---|---|---|---|---|
| 1 | 乔木造林 | 120.00 hm² | 120 | 120 | | |
| 2 | 灌木造林 | 240.00 hm² | 240 | 240 | | |
| 合计 | | 360.00 hm² | 360 | 360 | | |
| 重要隐蔽工程、关键部位的单元工程 | | | | | | |

| 施工单位自评意见 | 监理单位复核意见 | 项目法人认定意见 |
|---|---|---|
| 本分部工程的单元工程质量全部合格。优良率为 ／ %,重要隐蔽单元工程及关键部位单元工程 ／ 个,优良率为 ／ %。原材料质量 合格 ,中间产品质量 ／ ,混凝土试块质量 ／ 组优良、 ／ 组合格,浆试块质量 合格 ,金属结构、启闭机制造质量 ／ ,机电产品质量 ／ 。质量事故及质量缺陷处理情况:无。分部工程质量等级:合格 质检部门评定人:××× 项目技术负责人:××× （盖公章） 20××年××月××日 | 复核意见:同意施工单位自评意见。 分部工程质量等级:合格 监理工程师:××× 20××年××月××日 总监理工程师或副总监理工程师:××× （盖公章） 20××年××月××日 | 认定意见:同意监理单位复核意见。 分部工程质量等级:合格 现场代表:××× 20××年××月××日 技术负责人:××× （盖公章） 20××年××月××日 |

| 工程质量监督机构核备意见 | 核备意见:<br>　同意核备。<br><br>　核备人:×××　　负责人:×××<br>　　　　　　　　　　　20××年××月××日 |
|---|---|

## 二、《单位工程施工质量评定表》实例

___××小流域综合治理___工程

表 0.2

单位工程施工质量评定表

| 工程项目名称 | ××小流域综合治理工程 | 施工单位 | ××水利水电工程有限公司 |
|---|---|---|---|
| 单位工程名称 | ××小流域综合治理工程 | 施工日期 | 自 20××年××月××日至<br>20××年××月××日 |
| 单位工程量 | ××× | 评定日期 | 20××年××月××日 |

| 序号 | 分部工程名称 | 质量等级 合格 | 质量等级 优良 | 序号 | 分部工程名称 | 质量等级 合格 | 质量等级 优良 |
|---|---|---|---|---|---|---|---|
| 1 | 水土保持造林 | √ | | 7 | | | |
| 2 | 封禁治理 | √ | | 8 | | | |
| 3 | 坡改梯 | √ | | 9 | | | |
| 4 | 护岸墙 | √ | | 10 | | | |
| 5 | | | | 11 | | | |
| 6 | | | | 12 | | | |

分部工程共__4__个,全部合格,其中优良__/__个,优良率__/__%,主要分部工程优良率__/__%。

| 外观质量 | 应得__/__分,实得__/__分,得分率__/__%,房屋建筑外观质量评定为__/__。 |
|---|---|
| 施工质量检验资料 | 施工质量检验资料齐全 |
| 质量事故处理情况 | 无质量事故 |
| 观测资料分析结论 | 无 |

| 施工单位自评等级：<br>合格<br><br><br>评定人：×××<br><br><br>项目经理：×××<br><br><br><br>（盖公章）<br>20××年××月××日 | 监理机构复核等级：<br>合格<br><br><br>复核人：×××<br><br><br>总监理工程师或副总监理工程师：×××<br><br><br>（盖公章）<br>20××年××月××日 | 项目法人认定等级：<br>合格<br><br><br>认定人：×××<br><br><br>技术负责人：×××<br><br><br><br>（盖公章）<br>20××年××月××日 | 工程质量监督机构核备意见：<br>同意核备<br><br>核备人：×××<br><br><br>机构负责人：×××<br><br><br><br>（盖公章）<br>20××年××月××日 |
|---|---|---|---|

· 193 ·

## 三、《分部工程验收鉴定书》实例

编号:02-01

20××年国家水土保持重点工程
××小流域综合治理工程

乔木造林分部工程验收

鉴 定 书

分部工程名称:乔木造林工程

××小流域综合治理工程乔木造林分部工程验收工作组

20××年××月××日

续

前言:

(一)验收依据

1.国家现行有关法律法规、规章和技术标准;

2.《水土保持工程质量评定规程》(SL 336—2006);

3.《水利水电工程施工质量检验与评定规程》(SL 176—2007);

4.《水利水电建设工程验收规程》(SL 223—2008);

5.《20××年国家水土保持重点工程××小流域综合治理工程实施方案》及批复、施工设计图纸及相关设计文件。

(二)组织机构

建设单位:××县水利工程建设管理办公室

设计单位:××水利水电工程勘测设计院

监理单位:××水利水电建设监理有限公司

施工单位:××水利水电工程有限公司

(三)验收过程

20××年××月××日,施工单位向××县水利工程建设管理办公室提交了20××年国家水土保持重点工程××小流域综合治理工程乔木造林分部工程验收申请报告。分部工程验收申请报告通过审核后,开始本分部工程验收准备工作。受××县水利工程建设管理办公室委托,20××年××月××日,××水利水电建设监理有限公司主持召开了本分部工程验收会。××县水利工程建设管理办公室、××水利水电建设监理有限公司、××水利水电工程勘测设计院、××水利水电工程有限公司等单位参加了会议。会议成立了分部工程验收工作组,验收工作组依据《水利水电工程施工质量检验与评定规程》(SL 176—2007)、《水土保持工程质量评定规程》(SL 336—2006)及《水利水电建设工程验收规程》(SL 223—2008)规定的程序和内容,现场查验了工程完成情况和工程质量,听取了施工单位、监理单位工作汇报,查阅了相关工程资料,最后讨论并形成本分部工程验收鉴定书。

一、分部工程开工完工时间:

乔木造林分部工程于20××年××月××日开工,20××年××月××日完工,历时 25 d。

二、分部工程建设内容:

1.工程建设内容:

乔木造林面积 30.58 hm$^2$。

2.设计标准:

云杉造林密度 1 667 株/hm$^2$,行距×株距 = 2 m×3 m。采用小鱼鳞坑整地,沿等高线开挖,在平面上呈"品"字形排列,规格要求长径 0.6 m,短径 0.4 m,坑深 0.5 m,坑距 2.0 m,行距 3.0 m。每穴栽种 1 株,栽植时按"三埋两踩一提苗"技术操作,做到不窝根、不露根,扶正踩实,云杉为带土球栽植。云杉苗选用苗高 60~80 cm、无病虫害、根系完整、顶芽饱满的带土球实生苗,土球直径 20 cm。

三、施工过程及完成的主要工程量:

施工过程:在签订施工合同后,××县水利工程建设管理办公室组织各参建单位进行了技术交底和安全交底。××水利水电工程有限公司对本分部工程施工现场进行了调查、查看,与工程实施地进行了协调,完成了施工组织设计、进场人员报审、进场机械报审和进场准备后,根据监理单位签发的分部工程开工通知及时组织人员、机械进场。按设计标准和图斑进行了水土保持造林。

按照总体布局→工程整地→苗木品质检验→苗木栽植→成活率检验→面积测定→工程验收进行了施工。

完成的主要工程量:乔木造林面积 30.58 hm²。

四、质量事故及质量缺陷处理情况:

施工未发生质量事故。

五、拟验工程质量评定:

本分部工程共有 5 个单元工程。

1.施工单位自评:本分部工程共 5 个单元工程,所有单元工程质量全部合格,合格率 100%。依据《水利水电工程施工质量检验与评定规程》(SL 176—2007)、《水土保持工程质量评定规程》(SL 336—2006),对本分部工程质量进行综合评定,分部工程质量等级自评为合格。

2.监理单位复核结果:本分部工程共 5 个单元工程,单元工程质量全部合格,合格率 100%,施工过程中未发生任何质量事故,工程验收资料基本齐全,工程质量等级评定为合格。

六、验收遗留问题及处理意见:

无。

七、结论:

根据《水利水电工程施工质量检验与评定规程》(SL 176—2007)、《水土保持工程质量评定规程》(SL 336—2006)及合同约定,验收工作组经现场查验和查阅资料后一致认为,乔木造林分部工程已按合同约定全部完成,单元工程质量全部合格,验收资料基本齐全,施工中无质量事故发生。同意该分部工程通过验收,工程质量等级评定为合格。

八、保留意见(保留意见人签字):

无。

编号:02-02

20××年国家水土保持重点工程

××小流域综合治理工程

封禁治理分部工程验收

鉴 定 书

分部工程名称:封禁治理工程

××小流域综合治理工程封禁治理分部工程验收工作组

20××年××月××日

前言：

（一）验收依据

1.国家现行有关法律法规、规章和技术标准；

2.《水土保持工程质量评定规程》(SL 336—2006)；

3.《水利水电工程施工质量检验与评定规程》(SL 176—2007)；

4.《水利水电建设工程验收规程》(SL 223—2008)；

5.《20××年国家水土保持重点工程××小流域综合治理工程实施方案》及批复、施工设计图纸及相关设计文件。

（二）组织机构

建设单位：××县水利工程建设管理办公室

设计单位：××水利水电工程勘测设计院

监理单位：××水利水电建设监理有限公司

施工单位：××水利水电工程有限公司

（三）验收过程

20××年××月××日，施工单位向××县水利工程建设管理办公室提交了20××年国家水土保持重点工程××小流域综合治理工程封禁治理分部工程验收申请报告。分部工程验收申请报告通过审核后，开始本分部工程验收准备工作。受××县水利工程建设管理办公室委托，20××年××月××日，××水利水电建设监理有限公司主持召开了本分部工程验收会。××县水利工程建设管理办公室、××水利水电建设监理有限公司、××水利水电工程勘测设计院、××水利水电工程有限公司等单位参加了会议。会议成立了分部工程验收工作组，验收工作组依据《水利水电工程施工质量检验与评定规程》(SL 176—2007)、《水土保持工程质量评定规程》(SL 336—2006)及《水利水电建设工程验收规程》(SL 223—2008)规定的程序和内容，现场查验了工程完成情况和工程质量，听取了施工单位、监理单位工作汇报，查阅了相关工程资料，最后讨论并形成本分部工程验收鉴定书。

一、分部工程开工完工时间：

封禁治理分部工程于20××年××月××日开工，20××年××月××日完工，历时43 d。

二、分部工程建设内容：

1.工程建设内容：

封禁治理面积2 462.89 hm²，设置网围栏长度5.5 km，封禁标志牌10块。

2.设计标准：

网围栏由预制桩和钢丝网片组成，围栏材质选取镀锌钢网片，标准为《环扣式镀锌钢丝网围栏标准》，即：网片纬线根数8根，经线间距600 mm；网宽1 100 mm，自下而上相邻纬线间距200 mm、180 mm、180 mm、150 mm、130 mm、130 mm、130 mm，钢丝钢号为45号；围栏立柱(混凝土预制桩截面为10 cm×10 cm)，每隔15 m设置一根，内配4根直径为6 mm的钢筋。

标志牌采用C15混凝土，规格为80 cm×120 cm，厚10 cm，置于混凝土基座上，安装深度20 cm，基座埋深30 cm，基座规格为100 cm×50 cm。标志牌正面书写四至边界、封禁面积，其背面摘录乡规民约及封禁制度。

三、施工过程及完成的主要工程量：

施工过程：在签订施工合同后，××县水利工程建设管理办公室组织各参建单位进行了技术交底和安全交底。××水利水电工程有限公司对本分部工程施工现场进行了调查、查看，与工程实施地进行了协调，完成了施工组织设计、进场人员报审、进场机械报审和进场准备后，根据监理单位签发的分部工程开工通知及时组织人员、机械进场。按设计标准和图斑进行了林草围栏封禁。

按照施工放样定线→展开网片→固定起始端→专用张紧器固定→夹紧纬线→实施张紧→绑扎固定网片→移至下一个网片段施工→工程验收进行了施工。

完成的主要工程量:封禁治理面积 2 462.89 hm²,设置围栏长度 5.5 km,封禁标志牌 10 块。

四、质量事故及质量缺陷处理情况:

施工未发生质量事故。

五、拟验工程质量评定:

本分部工程共有 35 个单元工程。

1.施工单位自评:本分部工程共 35 个单元工程,所有单元工程质量全部合格,合格率 100%。依据《水利水电工程施工质量检验与评定规程》(SL 176—2007)、《水土保持工程质量评定规程》(SL 336—2006),对本分部工程质量进行综合评定,分部工程质量等级自评为合格。

2.监理单位复核结果:本分部工程共 35 个单元工程,单元工程质量全部合格,合格率 100%,施工过程中未发生任何质量事故,工程验收资料基本齐全,工程质量等级评定为合格。

六、验收遗留问题及处理意见:

无。

七、结论:

根据《水利水电工程施工质量检验与评定规程》(SL 176—2007)、《水土保持工程质量评定规程》(SL 336—2006)及合同约定,验收工作组经现场查验和查阅资料后一致认为,封禁治理分部工程已按合同约定全部完成,单元工程质量全部合格,验收资料基本齐全,施工中无质量事故发生。同意该分部工程通过验收,工程质量等级评定为合格。

八、保留意见(保留意见人签字):

无。

## 四、《单位工程验收鉴定书》实例

20××年国家水土保持重点工程
××小流域综合治理工程

水土保持造林单位工程验收

鉴　定　书

××小流域综合治理工程水土保持造林单位工程验收工作组

20××年××月××日

续

验收主持单位:××县水利工程建设管理办公室

法人验收监督管理机关:××县水利局

项目法人:××县水利工程建设管理办公室

设计单位:××水利水电工程勘测设计院

监理单位:××水利水电建设监理有限公司

施工单位:××水利水电工程有限公司

质量和安全监督机构:××市水利工程建设管理中心质量安全监督站

运行管理单位:××乡人民政府

验收日期:20××年××月××日

验收地点:××县水利局

前言:

依据《水利水电建设工程验收规程》(SL 223—2008)、《水土保持工程质量评定规程》(SL 336—2006)、《黄河水土保持生态工程施工质量评定规程》(试行)等有关规定和《20××年国家水土保持重点工程××小流域综合治理工程实施方案》批复、施工设计图纸、相关设计文件及施工合同要求,20××年××月××日,××县水利工程建设管理办公室在××县水利局主持召开了20××年国家水土保持重点工程××小流域综合治理工程水土保持造林单位工程验收会议。××水利水电建设监理有限公司、××水利水电工程勘测设计院、××水利水电工程有限公司等单位代表及专家参加了会议,××市水利工程建设管理中心质量安全监督站列席了会议。会议成立了水土保持造林单位工程验收工作组(名单附后)。

验收工作组成员查看了工程现场,听取了建设单位、设计单位、施工单位、监理单位等的工作汇报,查阅了相关工程资料,并进行了认真的讨论,最后形成了该单位工程验收鉴定书。

一、单位工程概况

(一)单位工程名称及位置

单位工程名称:水土保持造林单位工程。

工程建设位置:×××××××××××××。

(二)单位工程主要建设内容

主要建设内容:水土保持造林 692.07 hm²(乔木林 30.58 hm²,灌木林 661.49 hm²),路旁植树 1 983 株。

(三)单位工程建设过程

该单位工程于 20××年××月××日开工,20××年××月××日完工。

施工过程:在签订施工合同后,××县水利工程建设管理办公室组织各参建单位进行了技术交底和安全交底。××水利水电工程有限公司对本工程施工现场进行了调查、查看,与工程实施地进行了协调,完成了施工组织设计、进场人员报审、进场机械报审和进场准备后,根据监理单位签发的分部工程开工通知及时组织人员、机械进场。按设计标准和图斑进行了水土保持造林。

按照总体布局→工程整地→苗木、种子品质检验→苗木栽植、种子播种→成活率、出苗率检验→面积测定→工程验收进行了施工。

(1)总体布局:应符合设计图斑,整地形式应符合设计要求,造林密度应符合设计要求。

(2)造林整地:小鱼鳞坑整地长径 0.6 m,坑深 0.5 m,坑距 2.0 m,行距 3.0 m。穴状整地圆形穴径 0.4 m。

(3)造林植苗:造林苗木采用生长健壮、无病虫害、根系发达无损伤的优质壮苗。每坑栽植云杉苗 1 株,云杉苗高 0.3 m 以上。经检验"两证一签"手续齐全有效,种子品质达到二级以上标准。

(4)要求对运至现场未及时栽植的云杉苗木,选择背风、阴凉处进行了架植,防止了苗木发芽、失水,提高了苗木的成活率。挖穴栽植苗干要竖直,根系要舒展,深浅要适当,填土一半后提苗踩实,再填土踩实,最后覆上虚土。

(5)采用 10 m×10 m 的样方,测定水平投影面积的造林等成活情况。

整个施工过程中各项指标控制良好,未发生任何质量和安全事故。

灌木造林分部工程于 20××年××月××日开工,20××年××月××日完工,历时 34 d。

乔木造林分部工程于 20××年××月××日开工,20××年××月××日完工,历时 25 d。

路旁植树分部工程于 20××年××月××日开工,20××年××月××日完工,历时 5 d。

续

二、验收范围

20××年国家水土保持重点工程××小流域综合治理工程水土保持造林单位工程。

三、单位工程完成情况和完成的主要工程量

该单位工程按设计图纸图斑施工,原材料苗木、种子品质合格,苗木、种子"两证一签"手续齐全有效,无工程质量事故。

完成的主要工程量:水土保持造林 692.07 hm²(乔木林 30.58 hm²,灌木林 661.49 hm²),路旁植树 1 983株。

四、单位工程质量评定

(一)分部工程质量评定

水土保持造林单位工程包含 3 个水土保持造林分部工程。

经施工单位自评,监理机构复核,建设单位认定,质量监督机构核备,灌木造林分部工程质量等级为合格。

经施工单位自评,监理机构复核,建设单位认定,质量监督机构核备,乔木造林分部工程质量等级为合格。

经施工单位自评,监理机构复核,建设单位认定,质量监督机构核备,路旁植树分部工程质量等级为合格。

(二)工程外观质量评定

造林的苗木、种子品质等级为一级,经检疫检验,未发现森林植物检疫对象;造林图斑符合设计的图斑,整地形式分别为穴状和鱼鳞坑,造林整地规格符合设计实施方案,土埂密实,造林成活率达 88.5%以上,出苗率达 86.2%以上,外观质量合格。

(三)工程质量检测情况

1.施工单位自检情况

在施工过程中,施工单位对原材料按照规定进行了检测,原材料质量合格,苗木、种子"两证一签"齐全有效,检测结果均符合要求。46 个单元工程,经施工单位自评全部合格。

2.监理单位抽检情况

监理机构对原材料进行了抽查,原材料质量合格,检测结果均符合要求。46 个单元工程,经施工单位自评,监理机构复核全部合格。

(四)单位工程质量等级评定意见

本单位工程共有 3 个分部工程,工程质量合格。施工单位质量检验基本齐全,施工过程中未发生任何质量事故,经施工单位自评,监理机构复核,建设单位认定,质量监督机构核备,水土保持造林单位工程质量等级为合格。

五、分部工程验收遗留问题处理情况

无。

六、运行准备情况

移交地方乡镇村委进行管护。

七、存在的主要问题及处理意见

该单位工程无存在的问题。

八、意见和建议

加强对已完工达到质量合格要求的造林工程进行抚育管护。

九、结论

本单位工程按照设计已完成,施工质量满足设计和规范要求,工程技术档案资料基本齐全。根据《水利水电建设工程验收规程》(SL 223—2008)、《水土保持工程质量评定规程》(SL 336—2006)、《黄河水土保持生态工程施工质量评定规程》(试行),经单位工程验收工作组讨论,认定该单位工程质量等级为合格,同意该单位工程通过验收。

十、保留意见

无。

## 五、《合同工程完工验收鉴定书》实例

20××年国家水土保持重点工程

××小流域综合治理工程

小流域综合治理合同工程完工验收

（合同名称:20××年国家水土保持重点工程

××小流域综合治理工程,合同编号:××××-01）

鉴　定　书

××小流域综合治理合同工程完工验收工作组

20××年××月××日

续

项目法人:××县水利工程建设管理办公室

设计单位:××水利水电工程勘测设计院

监理单位:××水利水电建设监理有限公司

施工单位:××水利水电工程有限公司

质量和安全监督机构:××市水利工程建设管理中心质量安全监督站

运行管理单位:××乡人民政府

验收日期:20××年××月××日

验收地点:××县水利局

前言：

依据《水利水电建设工程验收规程》（SL 223—2008）、《水土保持工程质量评定规程》（SL 336—2006）、《黄河水土保持生态工程施工质量评定规程》（试行）等有关规定和《20××年国家水土保持重点工程××小流域综合治理工程实施方案》批复、施工设计图纸、相关设计文件及施工合同要求，20××年××月××日，××县水利工程建设管理办公室在××县水利局主持召开了20××年国家水土保持重点工程××小流域综合治理合同工程完工验收会议。××水利水电建设监理有限公司、××水利水电工程勘测设计院、××水利水电工程有限公司等单位代表及专家参加了会议。会议成立了××小流域综合治理合同工程完工验收工作组（名单附后）。

验收工作组成员查看了工程现场，听取了建设单位、设计单位、施工单位、监理单位等的工作汇报，查阅了相关工程资料，并进行了认真的讨论，最后形成了该合同工程完工验收鉴定书。

一、合同工程概况

（一）合同工程名称及位置

合同工程名称：20××年国家水土保持重点工程××小流域综合治理工程。

工程建设位置：×××××××××××。

（二）合同工程主要建设内容

主要建设内容：本工程水土流失治理面积为 3 500 hm²（其中新修水平梯田 613.11 hm²，水土保持造林 201.55 hm²，封育治理 2 685.34 hm²），网围栏长度 3 814 m，封禁警示牌 9 座，护岸墙 418 m。

（三）合同工程建设过程

该合同工程于 20××年××月××日开工，20××年××月××日完工。

建设过程：合理安排施工进度，确保施工资源投入，做好施工组织管理，做好生产调度、施工进度安排与调整等各项工作，切实做到以工程质量促施工进度，以安全施工促工程进度，确保项目按期完成。

（1）按设计和规范要求对进场的原材料、半成品进行验收和见证取样送检，经建设单位、监理单位、设计单位、施工单位等联合验收合格后，按照确定的工艺、质量标准组织正常施工。

（2）在施工过程中，严格执行"三检制"，每道工序施工完毕，必须经验收合格后才能进入下一道工序施工，做好相关隐蔽工程的验收工作，并做好验收记录。

（3）水土保持造林按照"总体布局→工程整地→种子、苗木品质检验→种子播种、苗木栽植→出苗率、成活率检验→面积测定"进行了施工。水土保持造林整地为穴状整地，穴状整地直径 0.4 m，坑深0.4 m，坑距 2.0 m，行距 3.0 m。每穴栽种 1 株，栽植时按"三埋两踩一提苗"的技术操作，做到不窝根、不露根，扶正踩实，栽植后进行松土、补种、病虫害防治等管理工作，专人看管，防止人畜践踏。

（4）封禁治理按照"定线→展开网片→固定起始端→专用张紧器固定→夹紧纬线→实施张紧→绑扎固定网片→移至下一个网片段施工"进行了施工。在欲建围栏地块线路的两端各设一标桩，从起始标桩起，每隔 30 m 设一标桩，中间遇小丘或凹地，依据地形的复杂程度增设标桩，立柱埋深0.6 m，在其受力的方向上加支撑杆，立柱间距为 8.0 m，立柱基础浇筑 C20 混凝土，在角柱受力的反向埋设地锚或在角柱内侧加支撑杆，架设网围栏，刺钢丝围栏做到拉紧、拉直。

（5）土坎梯田按照"施工放线→机械推平田面→人工修筑田坎→面积核查"进行了施工，采用机械修筑，人工培坎，配置田间道路。

（6）护岸墙护坡为直墙式格宾网箱护坡结构和复合式格宾网箱护坡结构，墙体临水面为台阶，背水面为直墙式,墙体高 2.5 m,基础埋深 1.5 m,基础底宽为 1.5 m,格宾网箱底部、外侧铺设无纺土工布,共布置 2 层格宾网箱[第一层为基础层,尺寸为 1.5 m(宽)×1.5 m(高),第二层为挡水部分,尺寸为 1.0 m(宽)×1.0 m(高)]。网箱填充块石,顶部覆土 20 cm 绿化种草,网箱墙背采用人工辅助机械的方式回填原土,并夯实。

二、验收范围

20××年国家水土保持重点工程××小流域综合治理合同工程。合同工程所有建设内容,新修水平梯田 613.11 hm²,水土保持造林 201.55 hm²,封育治理 2 685.34 hm²,网围栏长度 3 814 m,封禁警示牌9 座,护岸墙 418 m。

三、合同执行情况

(一)合同管理

20××年国家水土保持重点工程××小流域综合治理工程在合同执行过程中,各方均按照合同条款的规定履行了各自的义务,施工单位能按照合同文件、设计、规范的要求组织施工,重视质量,接受监理、质量监督机构的监督和管理,已经按质按量完成合同工程内容,未发生任何质量与安全事故;监理单位认真履行了监理合同所规定的监理内容,明确责任、义务和权限。建设单位已经按规定及时支付工程款,甲乙双方无合同纠纷,合同执行和管理情况良好。

(二)工程完成情况

本合同工程已按设计要求全部完成,工程面貌较好,单元工程、分部工程和单位工程均已完成验收工作。

(三)完成的主要工程量

新修水平梯田 613.11 hm²,水土保持造林 201.55 hm²,封育治理 2 685.34 hm²,网围栏长度 3 814 m,封禁警示牌 9 座,护岸墙 418 m。

(四)结算情况

完成土建建安投资金额 16 975 138.56 元,全部结算到位。

四、合同工程质量评定

本合同工程包括 4 个单位工程、5 个分部工程、287 个单元工程。287 个单元工程质量全部合格,5 个分部工程质量合格,4 个单位工程质量合格,1 个合同工程质量合格。

五、历次验收遗留问题处理情况

无。

六、存在的主要问题及处理意见

无。

七、意见和建议

无。

八、结论

验收工作组查看了施工现场,听取了建设单位、设计单位、监理单位及施工单位的合同工程完工工作报告,查阅了工程档案资料,认为本工程具备合同工程完工验收条件,验收结论如下:

(1)该合同工程按批准的工程内容、设计范围、设计标准及施工合同约定完成全部施工任务。

(2)本工程主要原材料、中间产品按规范要求进行了质量检测,检测结果合格。工程质量检查资料和评定资料齐全,施工过程中未发生质量、安全事故。

(3)同意本合同工程质量等级评定为合格,通过验收。

九、保留意见

无。

十、合同工程验收工作组成员签字表

(略)

十一、附件

施工单位向项目法人移交资料目录:

(1)施工质量评定资料

(2)施工质量检验文件

(3)分部工程、单元工程验收资料

(4)施工管理工作报告及大事记

(5)工程竣工图

## 六、《合同工程完工证书》实例

20××年国家水土保持重点工程

××小流域综合治理工程

××小流域综合治理合同工程

（合同名称:20××年国家水土保持重点工程
××小流域综合治理工程,合同编号:××××-01）

完 工 证 书

项目法人:××县水利工程建设管理办公室

20××年××月××日

续

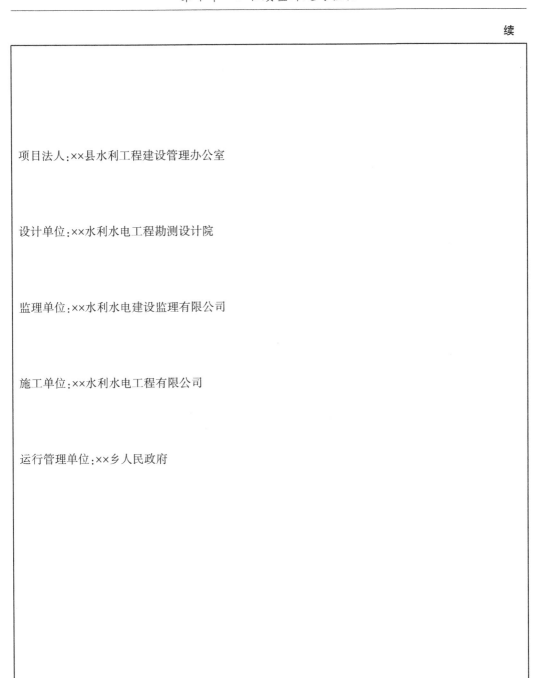

项目法人:××县水利工程建设管理办公室

设计单位:××水利水电工程勘测设计院

监理单位:××水利水电建设监理有限公司

施工单位:××水利水电工程有限公司

运行管理单位:××乡人民政府

# 合同工程完工证书

　　20××年国家水土保持重点工程××小流域综合治理合同工程已于20××年××月××日通过了由××县水利工程建设管理办公室主持的合同工程完工验收,现颁发合同工程完工证书。

项 目 法 人:××县水利工程建设管理办公室

法定代表人:(签字)　×××

20××年××月××日

## 七、《质量保修责任终止证书》实例

20××年国家水土保持重点工程
××小流域综合治理工程

(合同名称:20××年国家水土保持重点工程
××小流域综合治理工程,合同编号:××××-01)

# 质量保修责任终止证书

项目法人:××县水利工程建设管理办公室

20××年××月××日

20××年国家水土保持重点工程

××小流域综合治理工程

# 质量保修责任终止证书

20××年国家水土保持重点工程××小流域综合治理工程(合同名称:20××年国家水土保持重点工程××小流域综合治理工程,合同编号:××××-01)质量保修期已于20××年××月××日期满,合同约定的质量保修责任已履行完毕,现颁发质量保修责任终止证书。

项 目 法 人:××县水利工程建设管理办公室

法定代表人:(签字)　×××

20××年××月××日

# 第十一章 监理报告编制

## 第一节 编制要求及主要内容

### 一、监理报告编制的要求

(1)监理工作结束后,监理机构应编制全面反映所监理项目情况的监理工作总结报告,监理工作报告应在验收工作开始前完成。

(2)总监理工程师应负责组织编制监理报告,审核后签字盖章。

(3)监理报告应真实反映工程或事件状况、监理工作情况,做到内容全面、重点突出、语言简练、数据准确,并附必要的图表和照片。

(4)监理工作报告内容应完整、重点突出,文字简练,数据准确,结论明确。

### 二、水土保持生态建设工程监理工作报告编制提纲及主要内容

**(一)监理依据**

监理依据应包括下列内容:

(1)监理合同。

(2)有关法律法规技术标准及规范。

(3)已批复的技术施工设计文件。

**(二)工程建设概况**

工程建设概况应包括下列内容:

(1)基本情况,应主要包括:地形地貌、气候、水文、土壤、植被和社会经济等。

(2)工程规模。

(3)工程投资。

(4)工期进度安排,应包括下列内容:①计划工期;②进度安排。

(5)建设目标,应包括下列内容:①工期目标;②质量目标;③投资目标。

**(三)项目监理机构及人员**

项目监理机构及人员应包括下列内容:

(1)项目监理机构。

(2)人员组成及职责分工情况。

**(四)监理过程**

监理过程应包括下列内容:

(1)质量控制。

(2)进度控制。

（3）投资控制。

（4）安全控制

（5）合同管理。

（6）信息管理。

（7）组织协调。

（8）文明施工。

**（五）监理效果**

监理效果应包括下列内容：

（1）工作成效及综合评价，应包括下列内容：①工程完成情况；②监理情况；③施工中存在的问题及处理。

（2）工程质量评价，应包括下列内容：①工程单元划分；②分部工程质量评价；③工程预验收及竣工验收。

**（六）做法经验与问题建议**

做法经验与问题建议应包括下列内容：

（1）做法经验。

（2）问题。

（3）建议。

**（七）附件**

附件应包括下列内容：

（1）工程建设监理大事记。

（2）图片、图表及其他附件。

# 第二节　主要注意事项

施工质量监理的注意事项：水土保持工程施工质量监理工作重点就是要做好整个过程的监督和相关的验收工作，监理工作主要就是做好事前、事中和事后的控制。需要特别注意的是：监理工作的负责人必须要了解相关工程项目施工图纸、施工的说明书，还要掌握施工的相关规定，与技术人员进行技术层面上的沟通与交流，完成施工图纸的会审工作；在施工的过程中，做好施工环节的质量监控与管理，防止出现质量事故，在这个环节出现质量问题，必将给整个工程造成巨大的损失，因此必须重视该环节的质量管控；工程项目结束之后，还要认真地进行相关文件的整理，认真完成相关试验性的操作工作。

施工进度监理的注意事项：进度监理工作的注意事项主要包括认真排查工程进度中是否有遗漏的环节；核查施工的进度是否与合同的规定相符合；检查施工进度是否与阶段性目标相符合；核查进度安排中的每一个环节是否具备逻辑性和合理性；了解进度的规划是否具备合理性；核查施工中的线路规划是否与进度的实际安排相符合等。对水土保持工程的进度进行控制，还要注意做好水土保持施工现场进度的监督与协调，做好施工现场施工进度的相关记录；安排好相关人员、所需的设施设备和相关资料，以确保施工进度的顺利进行。

施工安全监理的注意事项:水土保持工程监理部需要结合水土保持工程施工监理规范和要求编制项目监理规划和监理实施细则,监理规划和监理实施细则中明确安全监理的内容、范围、依据和安全监理的控制要点及其难点;仔细进行施工单位编制的审核,做好上报项目的施工组织设计,特别是要重点做好其中存在较大危险性的分项工程的专项安全施工方案的审核和落实,认真进行安全技术措施是否与相关的规范和标准相符合情况的审核,严格进行施工单位的安全监督机构和各项安全生产规章制度的审查,做好施工现场的机械设备、安全防护用品、施工机具等的生产许可证、合格证、检测报告等是否齐全的验证,做好施工现场安全及文明施工情况的检查,特别是安全标志、警示牌、警戒线、安全网、工程简介牌等设置的位置、方式等,是否符合国家强制性标准要求。

施工投资监理的注意事项:在水土保持工程监理投资控制当中,工程计量控制是非常重要的一个环节,因此有必要对工程计量控制加以强化。从实际工作角度来看,单价承包的工程将实际完成的工程量当作工程款结算凭据,投资在很大程度上是由工程计量的准确性所决定的。所以,对于监理工程师来说,需做到公平、公正,对工程计量及复核公正加以重视,并认真做好。对于其中属于依据的计量项目来说,需确保是合同中所规定的,完工或者正处于施工状态的项目已完成的部分,其质量标准则必须符合合同当中要求的质量标准;同时,需确保各项资料的完善,包括申报、验收资料,统一计量方法,由监理工作人员对施工现场进行复核,然后将承包方所完成的工程量加以确立,进一步进行计量凭证的签发工作;本专业工程计量工作是由专业监理工程师负责的,并对工程计量的数据及原始凭证进行认真审核。此外,在工程计量控制过程中,需注重两大方面的细节工作:一方面,对计算内容及程序加以明确,以设计图纸为标准,根据合同的相关规定计量及单位完成相应的计量工作;另一方面,如果是隐蔽工程,在计量过程中,相关监理工作人员需充分控制,并在计量之前做好相应的测算工作。

充分发挥监理工作的作用,对于水土保持工程的监理工作来说,最重要的就是将监理工作的作用充分地发挥出来,只有对监理工作的作用进行了深刻的理解和认知,才能做好监理工作。水土保持工程建设与国计民生密切相关,是一项非常重要的工程项目,进行水土保持工程建设的时候,监理工作人员一定要结合我国的具体国情,以此作为出发点,将监督作为基础工作,将利益关系协调好,并做好管理协调的相关工作,这样能使工程建设的风险降到最低,真正发挥监理工作的作用。

# 第三节 范 例

监理报告编写范例:

1.监理依据

1.1 监理合同

简要说明本项目签订的监理合同文件。

1.2 有关法律法规技术标准及规范

简要说明本项目监理工作依据的法律法规、部门规章、规范性文件、地方性法规、文件、国家和行业技术标准。

1.3 已批复的技术施工设计文件

简要说明本项目批复的实施方案、施工图纸及项目资金计划下达文件。

1.4 其他文件

包括本项目的施工合同文件、批复的监理规划、监理实施细则、施工组织设计等相关文件。

2.工程建设概况

2.1 基本情况

简要说明项目区的地形地貌、气象、水文、土壤、植被等情况。

2.2 工程规模

简要说明项目建设规模与等级、项目区地理位置、项目组成、工程布置和主要建(构)筑物布设情况、项目参建组织机构等主要技术指标。

2.3 工程投资

说明项目总投资、投资方等。

2.4 工期进度安排

1)计划工期

简要说明项目合同计划工期。

2)进度安排

简要说明各项措施的施工进度计划及实际进度。

2.5 建设目标

1)工期目标

简要说明本项目合同工期确定的工期目标。

2)质量目标

简要说明本项目实施方案确定的目标及施工合同确定的质量目标。

3)投资目标

简要说明本项目方案确定的投资目标。

3.项目监理机构及人员

3.1 项目监理机构

说明项目监理机构设置情况。

3.2 人员组成及职责分工情况

说明项目监理机构组成,监理人员职责分工情况。

4.监理过程

4.1 质量控制

质量控制的主要方法、手段、措施。分单位工程、分部工程、单元工程说明具体采取的检测方法,存在问题的处理及达到的质量效果。

4.2 进度控制

进度控制的方法、手段、措施。叙述什么时间,说明工程进度中发现的问题,采取的处理方案,达到的效果。

4.3 投资控制

阐述本工程投资控制的方法、手段、措施、程序,对投资变化应说明控制的过程及变化原因。

4.4 安全控制

阐述本工程安全控制的方法、手段、措施、程序,说明工程安全控制中发现的问题,采取的处理方案,达到的效果。

4.5 合同管理

本工程合同管理采用了哪些方法,管理过程中发生的事件及处理,评价效果是否符合要求。

4.6 信息管理

阐述信息管理的组织、制度、方法。

4.7 组织协调

阐述组织协调所做的工作及结果。

4.8 文明施工

说明本工程文明施工所采取的措施、文明施工落实情况。

4.9 工程变更情况

本项目如发生重大变更、一般变更,详细描述工程变更内容及过程。

5.监理效果

5.1 工作成效及综合评价

1)工程完成情况

阐述本工程设计的工程内容完成情况。

2)监理情况

(1)投资控制监理成效及综合评价

通过实施方案确定的预算投资、施工合同工程量清单与实际完成的投资进行对比分析,对投资变化及控制过程进行具体说明,对投资控制总体效果进行综合评价。

(2)进度控制监理成效及综合评价

按照施工合同工期、分部工程申请开完工时间与实际开完工时间进行比较,详细阐述工程量及进度变化情况及原因,对进度控制结果进行综合评价。

(3)施工安全与工作成效及综合评价

阐述施工安全工作达到的工作成效,并对控制效果进行综合评价。

3)施工中存在的问题及处理

阐述施工中存在的问题及采取的处理措施,并对达到的效果进行评价。

5.2 工程质量评价

1)工程单元划分

结合工程特点阐述单位工程、分部工程、单元工程划分过程及划分结果,质量监督机构批复确认情况。

2)分部工程质量评价

阐述分部工程验收的时间、组织方式、验收结论或结果。

3）工程预验收及竣工验收

阐述单位工程、合同工程验收的时间、组织方式、验收结论或结果。

6.做法经验与问题、建议

6.1 做法经验

结合工程特点,总结监理工作实施的主要做法及取得的经验。

6.2 问题

说明工程监理过程中发现的问题,截至合同完工验收之日还未整改的问题。

6.3 建议

针对存在的问题提出建议。

7.附件

7.1 工程建设监理大事记

说明本工程建设过程中监理大事记(包括监理合同签订,监理机构设置,监理规划编制及审批,项目划分批复确认,第一次工地会议,设计技术交底会议,施工图纸会审,月度监理例会,上级水行政主管部门检查情况,分部工程、单位工程、合同工程验收情况)。

7.2 图片、图表及其他附件

说明本工程监理现场工作照片、施工过程影像资料、监理工程效果照片等。

# 第十二章　监理资料整理与归档

## 第一节　档案管理规定

为加强水土保持工程建设项目档案管理工作,明确档案管理职责,规范档案管理行为,充分发挥档案在水土保持工程建设与管理中的作用,水利部先后颁布了《水利部关于印发水利工程建设项目档案管理规定》(水办〔2021〕200号)和《水利工程建设项目档案验收管理办法》(水办〔2008〕366号)。水利工程建设项目档案是指水利工程在前期、实施、竣工验收等各建设阶段形成的,具有保存价值的文字、图表、声像等不同形式的历史记录。

水利工程建设项目档案工作是水利工程建设与管理工作的重要组成部分。有关单位应加强领导,将档案工作纳入水利工程建设与管理工作中,明确相关部门、人员的岗位职责,健全制度,统筹安排档案工作经费,确保水利工程建设项目档案工作的正常开展。水利工程建设项目档案工作应贯穿于水利工程建设程序的各个阶段,即从水利工程建设前期就应进行文件材料的收集和整理工作;在签订有关合同、协议时,应对水利工程建设项目档案的收集、整理、移交提出明确要求;检查水利工程进度与施工质量时,要同时检查水利工程建设项目档案的收集、整理情况;在进行项目成果评审、鉴定和水利工程重要阶段验收与竣工验收时,要同时审查、验收工程档案的内容与质量,并作出相应的鉴定。

项目法人对水利工程建设项目档案工作负总责,须认真做好自身产生档案的收集、整理、保管工作,并应加强对各参建单位归档工作的监督、检查和指导。勘察设计、监理、施工等参建单位,应明确本单位相关部门和人员的归档责任,切实做好职责范围内水利工程建设项目档案的收集、整理、归档和保管工作;属于向项目法人等单位移交的应归档文件材料,在完成收集、整理、审核工作后,应及时提交项目法人。项目法人应认真做好有关档案的接收、归档和向流域机构档案馆的移交工作。

水利工程建设项目档案的归档工作,一般由产生文件材料的单位或部门负责。总包单位对各分包单位提交的归档材料负有汇总责任。各参建单位技术负责人应对其提供档案的内容及质量负责;监理工程师对施工单位提交的归档材料应履行审核签字手续,监理单位应向项目法人提交对工程档案内容与整编质量情况的审核报告。

水利工程建设项目文件材料的收集、整理应符合《科学技术档案案卷构成的一般要求》(GB/T 11822—2008)。归档文件材料的内容与形式均应满足档案整理规范要求,即内容应完整、准确、系统;形式应字迹清楚、图样清晰、图表整洁、竣工图及声像材料须标注的内容清楚、签字(章)手续完备,归档图纸应按《技术制图　复制图的折叠方法》(GB/T

10609.3—2009)要求统一折叠。电子文件的整理、归档，参照《电子文件归档与管理规范》（GB/T 18894—2016）执行。

水利工程建设项目档案的归档与移交必须编制档案目录。档案目录应为案卷级，并须填写工程档案交接单。交接双方应认真核对目录与实物，并由经手人签字、加盖单位公章确认。工程档案的归档时间，可由项目法人根据实际情况确定。可分阶段在单位工程或单项工程完工后向项目法人归档，也可在主体工程全部完工后向项目法人归档。整个项目的归档工作和项目法人向有关单位的档案移交工作，应在工程竣工验收后三个月内完成。

# 第二节　档案管理制度

为规范项目水土保持工程档案管理工作，实现档案工作科学化、标准化、规范化，维护项目档案的完整、准确、系统和安全，充分发挥项目档案在工程建设、管理运行和利用等方面的作用，根据《中华人民共和国档案法》、《建设项目档案管理规范》、《水利部关于印发水利工程建设项目档案管理规定》（水办〔2021〕200号）等法律法规和标准规范，整理编写项目档案资料。

项目档案是指水土保持工程建设项目在前期、实施、竣工验收等各阶段过程中形成的，具有保存价值并经过整理归档的文字、图表、音像、实物等形式的水利工程建设项目文件。

项目档案工作是水土保持工程建设项目建设管理工作的重要组成部分，应融入建设管理全过程，纳入建设计划、质量保证体系、项目管理程序、合同管理和岗位责任制，与建设管理同步实施。

项目档案应完整、准确、系统、规范和安全，满足工程建设项目建设、管理、监督、运行和维护等活动在证据、责任和信息等方面的需要。涉及国家秘密的项目档案管理工作，必须严格执行国家和水利工作中有关保密法律法规和规定。

项目法人对项目档案工作负总责，实行统一管理、统一制度、统一标准；业务上接受档案主管部门和上级主管部门的监督检查和指导。项目法人与参建单位应配备满足工作需要的档案管理人员，在工程建设期间不得随意更换，确需变动的，必须对其负责的项目文件办理交接手续。

监理单位负责对所监理项目的归档文件的完整性、准确性、系统性、有效性和规范性进行审查，形成监理审核报告。

建设期间，做好档案文件材料的收集、整理、分类、立卷。归档的文件材料遵循其形成规律和特点保持文件之间的有机联系，准确反映工程建设与管理活动的真实内容，便于利用和保管。文书档案与科技档案分类清楚，组卷合理，文书档案保管期限划分准确，文件排列系统，案卷题名简明确切，编写页码，所有档案的卷内目录一律用机打印，认真填写备考表，案卷线装，结实美观，禁止用圆珠笔、纯蓝墨水、铅笔书写及复写，以利长期保存。

## 第三节　监理文件资料管理的主要内容

项目监理机构建立健全建设工程监理文件资料的管理制度和报告制度。

项目监理机构应运用计算机信息技术进行监理文件资料管理,实现监理文件资料管理的科学化、标准化、程序化和规范化。

项目监理机构应每月向建设单位、监理单位递交监理工作月报。

监理工程师应及时签认进场工程材料、构配件和设备的质量报审资料,以及隐蔽工程、单元工程和分部工程的质量验收资料。

项目监理机构应及时、准确、完整地收集、整理、编制、传递监理文件资料,并应按规定组卷,形成监理文件档案。

监理单位应按有关资料管理规定和监理合同约定,及时向建设单位移交需要归档的监理文件资料,并办理移交手续。

## 第四节　监理机构档案管理要求

《水利工程施工监理规范》《水土保持监理规范》规定了监理机构档案资料管理的要求,具体要求如下:

(1)监理机构应要求承包人安排专人负责工程档案资料的管理工作,监督承包人按照有关规定和施工合同约定进行档案资料的预立卷和归档。

(2)监理机构对承包人提交的归档材料应进行审核,并向发包人提交对工程档案内容与整编质量情况审核的专题报告。

(3)监理机构应按有关规定及监理合同约定,安排专人负责监理档案资料的管理工作。凡要求立卷归档的资料,应按照规定及时预立卷和归档,妥善保管。

(4)在监理服务期满后,监理机构应对要求归档的监理档案资料逐项清点、整编、登记造册,移交发包人。

## 第五节　资料的整理与归档

### 一、建设项目监理资料的立卷归档

为加强水土保持工程建设项目档案管理工作,充分发挥档案在水利工程建设与管理中的作用,应将建设项目参建各方的文件资料立卷归档。

水利工程建设项目档案的保管期限分为永久、长期、短期三种。长期档案的实际保存期限,不得短于工程的实际寿命。

**(一)应归档的监理资料**

在《水利部关于印发水利工程建设项目档案管理规定》(水办〔2021〕200号)中,监理单位应归档并长期保存的文件资料如下：

（1）监理项目部组建、印章启用、监理单位资质证书、监理人员资格证书、总监理工程师任命文件、监理人员变更文件。

（2）监理规划及报审文件、监理大纲、监理实施细则及报审文件。

（3）开工通知、暂停施工指示、复工通知等文件、图纸会审、图纸签发单。

（4）监理平行检测记录、试验记录、抽检记录。

（5）监理检查、复检、旁站记录、见证取样。

（6）质量缺陷、事故处理、安全事故报告。

（7）监理通知单、回复单、工作联系单、来往函件。

（8）监理例会、专题会议等会议纪要、备忘录。

（9）监理日志、监理月报、监理年报。

（10）监理工作总结、专题报告。

（11）工程计量支付文件。

（12）联合测量或复测文件。

（13）监理组织的重要会议、培训文件。

（14）监理音像文件。

**（二）监理资料的立卷归档**

1.编制案卷类目

案卷类目是为了便于立卷而事先拟定的分类提纲。案卷类目也叫"立卷类目"或"归卷类目"。监理文件资料可以按照工程建设的实施阶段及工程内容的不同进行分类。根据监理文件资料的数量及存档要求，每一卷文档还可再分为若干分册，文档的分册可以按照工程建设内容及围绕工程建设进度控制、质量控制、投资控制和合同管理等内容进行划分。

2.案卷的整理

案卷的整理一般包括清理、拟题、编排、登录、书封、装订、编目等工作。

（1）清理。对所有的监理文件资料进行彻底的整理。它包括收集所有的文件资料，并根据工程技术档案的有关规定，剔除不归档的文件资料。同时，要对归档范围内的文件资料再进行一次全面的分类整理，通过修正、补充，乃至重新组合，使立卷的文件资料符合实际需要。

（2）拟题。文件归入案卷后，应在案卷封面上写上卷名，以备检索。

（3）编排。编排文件的页码。卷内文件的排列要符合事物的发展过程，保持文件的相互关系。

（4）登录。每个案卷都应该有自己的目录，简介文件的概况，以便于查找。目录的项目一般包括顺序号、发文字号、发文机关、发文日期、文件内容、页号等。

（5）书封。按照案卷封皮上印好的项目填写，一般包括机关名称、立卷单位名称、标题（卷名）、类目条款号、起止日期、文件总页数、保管期限，以及由档案室写的卷宗号、目录号、案卷号。

(6)装订。立成的案卷应当装订,装订要用棉线,每卷的厚度一般不得超过 3 cm。卷内金属物均应清除,以免锈污。

(7)编目。案卷装订成册后,就要进行案卷目录的编制,以便统计、查考和移交。目录项目一般包括案卷顺序号、案卷类目号、案卷标题、卷内文件起止日期、卷内页数、保管期限、备注等。

3.案卷的移交

案卷目录编成,立卷工作即宣告结束,然后按照有关规定准备案卷的移交。建设项目监理文档案卷应一式两份,一份移交业主,另一份由监理单位归档保存。

**(三)监理档案填写规则**

(1)数字。用阿拉伯数字(1,2,3,…,9,0)表示,单位使用国家法定计量单位的规定符号表示(MPa、m、t 等)。

(2)合格率。用百分数表示,小数点后保留 1 位,如恰为整数,则小数点后以 0 表示,如 95.0%。

(3)改错。将错误用斜线画掉,在其右上方填写正确文字(或数字),禁止用改正液、贴纸重写、橡皮擦、刀片刮或用墨水涂黑等方法。

(4)表头填写。

①单位工程、分部工程名称。按项目划分确定名称填写。

②单元工程名称、部位。填写该单元名称(中文名称或编号),部位可用桩号、高程等表示。

③承包人。填写与发包人签订承建合同的承包人全称。

④单元工程量。填本单元主要工程量。

⑤检验(评定)日期。年份填写 4 位数,月份填写实际月份(1~12 月),日填写实际日期(1~31 日)。

(5)质量标准中,凡有"符合设计要求"者,应注明设计具体要求(如内容较多,可附页说明);凡有"符合规范要求"者,应标出所执行规范的名称及编号。

(6)检验记录。文字记录应真实、准确、简练。数字记录应准确、可靠,小数点后保留位数应符合有关规定。

(7)设计值按施工图填写,实测填写实际检测数据,而不是偏差值。当实测数据较多时,可填写实测组数、实测值范围(最小值至最大值)、合格数。

(8)如实际工程无该项内容,应在相应检验栏内用斜线"/"表示。

(9)单元工程(工序)表尾填写。

①建设监理单位由负责该项目的监理人员复核质量等级并签字。

②表尾所有签字人员,必须由本人按照身份证上的姓名签字,不得使用化名,也不由旁人代签名。

## 二、文字及音像资料编制要求

(1)需归档的文字资料的纸张采用标准 A4 型纸幅(297 mm×210 mm)。签字表、卷内目录、案卷目录及音像档案资料目录宜采用 70 g/m² 以上白色书写纸制作,卷盒脊背、内(案卷)封面、卷内备考表采用牛皮纸制作,卷内其他资料纸张不做规定,重要项目采用无酸纸。书写资料除国家特殊规定外,一律使用黑色或蓝黑色墨水钢笔或质量合格的签字笔,不得使用铅笔、圆珠笔、纯蓝或彩色墨水。

(2)归档的文字资料,正本内是文件产生单位所形成的,则文件一律是原件。当原件确属无法找回只能用复印件代替时,须征得主管领导同意后方可在原件中出现,并在"备考表"中说明:"经哪位领导同意后第几页为复印件,原件在何处或原件已找不到。"

(3)水利工程建设声像档案是纸制载体档案的必要补充,记录主要职能活动、重要工作成果、承办的重点工作、重大活动、重要会议、重点科研项目及领导人参加与本单位、本工程有关的重大公务活动,记录本工程地理概貌、工程建设重点部位、重要工序、隐蔽工程等的数码照片以及其他具有保存价值的影像资料。参建单位应指定专人,负责各自产生的电子文件、照片(图片)、胶片、录音、录像等声像资料的收集、整理、归档工作。归档的声像资料在第一页均应附有总说明、事由、时间、地点、人物、作者等内容。

①对于存储在电子媒体上的电子文件资料的整理,应将电子文件整理好,同时还应附以与其相配套的纸质文件、软件说明等资料。

②对于数码照片的整理,每张都应附以简洁明了的文字说明;数码照片应同时刻录光盘归档,光盘按电子文件资料的整理,并相互注明互见号。归档的数码照片应是用数字成像设备直接拍摄形成的原始图像文件,不能对数码照片的内容和 EXIF 信息进行修改和处理。对反映同一内容的若干张数码照片,应选择其中具有代表性和典型性的数码照片归档,所选数码照片应能反映该项活动的全貌,且主题鲜明,影像清晰、完整。反映同一场景的数码照片一般只归档一张。归档的数码照片应为 JPEG、TIFF 或 RAW 格式,推荐采用 JPEG 格式。数码照片档案的保管期限划分为永久和定期,其中定期分为 30 年和 10 年。

a.分类和排列。

同一卷宗内的数码照片档案按"保管期限-年度-照片组"分类。同一照片组内的数码照片档案按形成时间排列。

b.命名。

整理过程中,应对数码照片文件进行重命名。数码照片文件采用"保管期限代码-年度-照片组号-张号.扩展名"格式命名。

保管期限代码:分别用"YJ""30""10"代表永久、30 年、10 年。

年度:为 4 位阿拉伯数字。

照片组号:为 4 位阿拉伯数字,同一年度内的照片组从"0001"开始顺序编号。

张号:为 4 位阿拉伯数字,同一照片组内的数码照片从"0001"开始顺序编号。

示例:

2009 年某单位拍摄的一组××工作会议的数码照片为本年度第一组照片,保管期限为"永久",存储格式为 JPEG。则该组第一张照片的文件名应为:YJ-2009-0001-0001.jpg。

c.存储和保管。

数码照片档案可采用建立层级文件夹的形式进行存储。一般应在计算机硬盘非系统分区建立"数码照片档案"总文件夹,在总文件夹下依次按不同保管期限、年度和照片组建立层级文件夹,并以保管期限代码、年度和照片组号命名层级文件夹。

示例:

某单位的数码照片档案统一存放在档案室计算机硬盘的非系统分区 D 盘根目录下,2009 年该单位拍摄的一组××工作会议的数码照片为 2009 年第一组照片,保管期限为"永久",该组数码照片应存放在以下路径下:D:\数码照片档案\YJ\2009\0001\。

数码照片档案应存储在耐久性好的载体上,推荐采用光盘作为数码照片档案长期保存的存储载体。数码照片应存储为一式 2 套。存储数码照片档案的载体应有专门装具,且应在载体装具上粘贴标签,标签上应注明载体套别、载体序号、保管期限、起始年度、终止年度和存入日期等。

离线存储在光盘上的数码照片档案的保管应符合《档案级可录类光盘 CDR、DVD-R、DVD+R 技术要求和应用规范》(DA/T 38—2021)的要求。对存储数码照片档案的光盘每满 4 年进行一次抽样机读检验,抽样率不低于 10%,如发现问题应及时采取恢复措施。

③对于录像资料的整理,也应对其附以相应的语言或字幕说明。

### 三、案卷的编目及表格内容填写要求

(1)卷内排列顺序。案卷内封面、签字页、卷内目录、文件资料、备考表顺序依次排列。

(2)编页号。文字性资料均以有书写内容的页面编写页号,页号用编码机打印;单面书写的资料在右下角编页号,双面书写的资料正面在右下角、背面在左下角编页号;卷内封面、签字页、卷内目录、备考表不编写页号;每卷从正文起用阿拉伯数字从 1 依次顺序标注。

(3)卷盒脊背案卷题名填写,采用纵向(从右向左)填写(内容不超过 50 字,居中)。

(4)签字页。

①技术负责人、编制者栏必须由本人签字,编制单位栏必须加盖单位印章。

②施工单位产生的资料其签字页中的"审核人意见"栏由该项目监理单位负责人或主管领导签字。

③监理单位产生的资料其签字页中的"审核人意见"栏由监理单位负责人或主管领导签字。

(5)卷内目录。

①顺序号:用阿拉伯数字从 1 起依次标注。

②文件编号:填写文件的文号、合同编号或图样的图号。

③责任者:填写文件资料的直接编制部门或主要责任者。

④文件资料名称:亦称文件标题,填写文件标题全称。

⑤日期:填写文件资料的年、月、日。

⑥页次:填写每份文件资料上标注的页号段。

(6)备考表:要标明案卷内文件资料的件数(根据卷内目录)、页数以及将组卷和案卷使用过程中需要说明的问题罗列。立卷人、检查人签字必须是手签,同时填写立卷日期。

(7)以上内容的填写,除个人签名及必须手写的外,其他内容均要求采用计算机打印,打印内容采用小三号(卷内目录可根据实际情况调整字体大小),仿宋_GB2312字体。

### 四、案卷的装订

文字资料案卷一律装订(三孔一线装订),装订时应取掉金属物,用线绳在案卷左侧三点一线竖向装订,孔距80 mm。横向的表格、文字资料装订时,表头、标题应在装订侧。装订步骤:先将签字页、卷内目录、文件资料按顺序装订成册后,再将卷内封面、备考表分别粘贴于该册的封面与封底,做到粘贴结实,粘贴用胶要求用白乳胶。

已装订成册的资料,如项目建议书、可行性研究报告、初步设计报告及设备操作、使用说明书等,按册排列,不需重新装订,并在每册封面居中距顶部1.5 cm位置处盖上档号章,若中间顶部无盖章空间,可盖在右上角,距右2 cm,距上1.5 cm。案卷内封面、签字页、卷内目录、备考表,按顺序排列粘贴在一起,后附成册资料。

档案资料交建设单位三套(其中:设备随机资料和灌浆资料可提供一套原始资料,并制作完整的光盘同时交接),其中正本一套,单独装订;副本二套,分别装订。竣工图也分套组卷,除一套正本,其余均为副本。正本、副本分别用规格为3.5 cm×1.8 cm的横向原子印章用蓝色印油分别加盖在卷盒及卷内封面的右上角,距右2 cm,距上1.5 cm。

# 第六节　范　例

针对××小流域综合治理工程监理资料整理归档如下:

组卷要遵循文件资料的形成规律,保证案卷内文件资料的有机联系,便于档案保管和利用。①按文件资料之间的逻辑关系排列:来文和复文,复文在前,来文在后;正文和附件,正文在前,附件在后;正本和稿本,正本在前,稿本在后。②按项目的基本建设程序排列,可行性研究阶段、勘察设计阶段、招标阶段、投标阶段、施工阶段、设备安装阶段、试运行阶段等。③按重要程序排列。重要资料在前,次要资料排后,或按成果资料→原始记录资料→中间性资料的顺序排列。④按时间顺序排列。按文件资料的形成时间或其内容所反映的时间顺序排列。⑤按总体和局部关系排列。如工程图,按总体布置图→系统图→平面图→大样图等,即总体性、综合性的文件资料在前,局部性的居中,细部的文件资料排后。

## 一、卷盒背脊样式实例

| 保管期限 | 保管期限 | 保管期限 |
|---|---|---|
| 档　号 | 档　号 | 档　号 |
| HZ-YGGLY-JL-01 | HZ-YGGLY-JL-02 | HZ-YGGLY-JL-03 |
| 案卷题名 | 案卷题名 | 案卷题名 |
| ××小流域综合治理工程监理合同中标通知书监理部成立函及监理单位资质监理人员资格证书的工作联系单 | ××小流域综合治理工程监理大纲监理规划监理实施细则及项目划分报审资料 | ××小流域综合治理工程开工通知合同分部开工批复暂停施工指示复工通知图纸会审及图纸签发资料 |

注:1.卷脊宽度、长度与卷盒的厚度和长度一致。

　　2.卷脊中的档号采用小三号仿宋_GB2312,例:DG·SG1121-1。

## 二、卷盒背脊样式实例

档　号　HZ-YGGLY-JL-01

案卷题名

立卷单位 _____×　×　×　×　×　×_____

起止日期 _____×　×　×　×　至　×　×　×　×_____

保管期限 _____永久(或 30 年或 10 年)_____

密　　级 _____

## 三、签字表实例

<h1 style="text-align:center">签字表</h1>

项目名称:××××××

分部分项名称:　　/

项目负责单位:××××××

编制者签名(签名):×××　　　　　　　　　　　　　　　　　20××年××月××日

技术负责人(签名):×××　　　　　　　　　　　　　　　　　20××年××月××日

编制单位盖章:

20××年××月××日

审核人意见:资料齐全,同意归档。

审核人签字:×××

(注:此栏除施工单位的资料由监理签字审核外,其他均为文件产生单位的审核人签字)

20××年××月××日

## 四、卷内目录样式

## 卷内目录

档号:HZ-YGGLY-JL-01

| 序号 | 文件编号 | 责任者 | 文件题名 | 日期 | 页次 | 备注 |
|------|----------|--------|----------|------|------|------|
| 1 | ××× | ××监理公司 | ××小流域综合治理工程监理合同文件 | 20210420 | 1 | |
| 2 | ××× | ××监理公司 | ××小流域综合治理工程监理中标通知书 | 20210410 | 21 | |
| 3 | 黄建咨〔2021〕11号 | ××监理公司 | ××小流域综合治理工程监理项目部组建及启用监理印章的函 | 20210422 | 22 | |
| 4 | 监理〔2021〕联系001号 | ××监理公司 | 关于上报××监理公司监理单位有关资质证件复印件的监理工作联系单 | 20210425 | 24 | |
| 5 | 监理〔2021〕联系002号 | ××监理公司 | 关于上报××流域监理项目部主要监理人员资格证书的监理工作联系单 | 20210425 | 30-34 | |
| | | | | | | |
| | | | | | | |
| | | | | | | |
| | | | | | | |
| | | | | | | |
| | | | | | | |

注:1.责任者为文件产生单位;

　　2.此页必须附以用 Excel 格式建立的电子文档;

　　3.文件题名左对齐,字体为仿宋_GB2312,字号可适当调整。

# 卷内目录

档号:HZ-YGGLY-JL-02

| 序号 | 文件编号 | 责任者 | 文件题名 | 日期 | 页次 | 备注 |
|---|---|---|---|---|---|---|
| 1 | ××× | ××监理公司 | ××小流域综合治理工程监理大纲 | 20210420 | 1 | |
| 2 | JLBS-001 | ××监理公司 | ××小流域综合治理工程监理规划及报审文件 | 20210410 | 55 | |
| 3 | JLBS-002 | ××监理公司 | ××小流域综合治理工程监理实施细则及报审文件 | 20210422 | 105 | |
| 4 | 监理〔2021〕项分001号 | ××监理公司 | 关于××小流域综合治理工程项目划分及确认书 | 20210425 | 145-155 | |
| | | | | | | |
| | | | | | | |
| | | | | | | |
| | | | | | | |
| | | | | | | |
| | | | | | | |
| | | | | | | |
| | | | | | | |

注:1.责任者为文件产生单位;

2.此页必须附以用 Excel 格式建立的电子文档;

3.文件题名左对齐,字体为仿宋_GB2312,字号可适当调整。

# 卷内目录

档号:HZ-YGGLY-JL-03

| 序号 | 文件编号 | 责任者 | 文件题名 | 日期 | 页次 | 备注 |
|---|---|---|---|---|---|---|
| 1 | 监理〔2021〕开工001号 | ××监理公司 | ××小流域综合治理工程合同工程开工通知 | 20210420 | 1 | |
| 2 | 监理〔2021〕合开工001号 | ××监理公司 | ××小流域综合治理工程合同工程开工批复及申请 | 20210426 | 2 | |
| 3 | 监理〔2021〕分开工001号 | ××监理公司 | ××小流域综合治理工程分部工程开工批复及申请 | 20210426 | 4 | |
| 4 | 监理〔2021〕分开工002号 | ××监理公司 | ××小流域综合治理工程分部工程开工批复及申请 | 20210428 | 8 | |
| 5 | 监理〔2021〕分开工003号 | ××监理公司 | ××小流域综合治理工程分部工程开工批复及申请 | 20210510 | 12 | |
| 6 | 监理〔2021〕分开工004号 | ××监理公司 | ××小流域综合治理工程分部工程开工批复及申请 | 20210820 | 16 | |
| 7 | 监理〔2021〕停工001号 | ××监理公司 | ××小流域综合治理工程暂停施工指示 | 20210522 | 21 | |
| 8 | 监理〔2021〕复工001号 | ××监理公司 | ××小流域综合治理工程复工通知 | 20210820 | 22 | |
| 9 | 监理〔2021〕图核001号 | ××监理公司 | ××小流域综合治理工程施工图纸核查意见单 | 20210420 | 23 | |
| 10 | | ××监理公司 | ××小流域综合治理工程图纸会审记录 | 20210420 | 24 | |
| 11 | 监理〔2021〕图发001号 | ××监理公司 | ××小流域综合治理工程施工图纸签发表 | 20210420 | 27-28 | |
| | | | | | | |

注:1.责任者为文件产生单位;

2.此页必须附以用Excel格式建立的电子文档;

3.文件题名左对齐,字体为仿宋_GB2312,字号可适当调整。

# 卷内目录

档号:HZ-YGGLY-JL-04

| 序号 | 文件编号 | 责任者 | 文件题名 | 日期 | 页次 | 备注 |
|---|---|---|---|---|---|---|
| 1 | 监理〔2021〕平行001号 | ××监理公司 | ××小流域综合治理工程监理平行检测记录 | 20211210 | 40 | |
| 2 | 监理〔2021〕跟踪001号 | ××监理公司 | ××小流域综合治理工程监理跟踪检测记录 | 20211210 | 60 | |
| 3 | 监理〔2021〕见证001号 | ××监理公司 | ××小流域综合治理工程监理见证取样跟踪记录 | 20211210 | 68 | |
| 4 | 监理〔2021〕抽检001号 | ××监理公司 | ××小流域综合治理工程监理抽检记录 | 20211210 | 75 | |
| 5 | 监理〔2021〕巡视001号 | ××监理公司 | ××小流域综合治理工程监理巡视检查记录 | 20211210 | 92 | |
| 6 | 监理〔2021〕安检001号 | ××监理公司 | ××小流域综合治理工程监理安全检查记录 | 20211210 | 114 | |
| 7 | 监理〔2021〕旁站001号 | ××监理公司 | ××小流域综合治理工程监理旁站记录 | 20211210 | 132 | |
| 8 | | ××监理公司 | ××小流域综合治理工程林草措施成活率检查记录 | 20210916 | 155-172 | |
| | | | | | | |
| | | | | | | |
| | | | | | | |
| | | | | | | |

注:1.责任者为文件产生单位;

　　2.此页必须附以用Excel格式建立的电子文档;

　　3.文件题名左对齐,字体为仿宋_GB2312,字号可适当调整。

# 卷内目录

档号:HZ-YGGLY-JL-05

| 序号 | 文件编号 | 责任者 | 文件题名 | 日期 | 页次 | 备注 |
|---|---|---|---|---|---|---|
| 1 | | ××水电公司 | ××小流域综合治理工程原材料报审资料(证明文件及检验报告) | 20211210 | 1 | |
| 2 | | ××监理公司 | ××小流域综合治理工程原材料复检资料 | 20211210 | 12 | |
| 3 | | ××水电公司 | ××小流域综合治理工程设备报审资料 | 20211210 | 15-18 | |
| | | | | | | |
| | | | | | | |
| | | | | | | |
| | | | | | | |
| | | | | | | |
| | | | | | | |
| | | | | | | |
| | | | | | | |

注:1.责任者为文件产生单位;

2.此页必须附以用 Excel 格式建立的电子文档;

3.文件题名左对齐,字体为仿宋_GB2312,字号可适当调整。

# 卷内目录

档号:HZ-YGGLY-JL-06

| 序号 | 文件编号 | 责任者 | 文件题名 | 日期 | 页次 | 备注 |
|---|---|---|---|---|---|---|
| 1 | 监理〔2021〕通知 001 号 | ××监理公司 | ××小流域综合治理工程监理通知及回复单 | 20210428 | 1 | |
| 2 | 监理〔2021〕通知 002 号 | ××监理公司 | ××小流域综合治理工程监理通知及回复单 | 20210510 | 3 | |
| 3 | 监理〔2021〕通知 003 号 | ××监理公司 | ××小流域综合治理工程监理通知及回复单 | 20210516 | 5 | |
| 4 | 监理〔2021〕通知 004 号 | ××监理公司 | ××小流域综合治理工程监理通知及回复单 | 20210826 | 7 | |
| 5 | 监理〔2021〕通知 005 号 | ××监理公司 | ××小流域综合治理工程监理通知及回复单 | 20210920 | 9 | |
| 6 | 监理〔2021〕通知 006 号 | ××监理公司 | ××小流域综合治理工程监理通知及回复单 | 20211012 | 11 | |
| 7 | 监理〔2021〕现通 001 号 | ××监理公司 | ××小流域综合治理工程现场书面通知及回复单 | 20210520 | 13 | |
| 8 | 监理〔2021〕现通 002 号 | ××监理公司 | ××小流域综合治理工程现场书面通知及回复单 | 20210828 | 15 | |
| 9 | 监理〔2021〕整改 001 号 | ××监理公司 | ××小流域综合治理工程整改通知及回复单 | 20210518 | 17 | |
| 10 | 监理〔2021〕整改 002 号 | ××监理公司 | ××小流域综合治理工程整改通知及回复单 | 20210913 | 19 | |
| 11 | 监理〔2021〕联系 001 号 | ××监理公司 | ××小流域综合治理工程监理工作联系单 | 20210805 | 20-20 | |
| | | | | | | |

注:1.责任者为文件产生单位;

2.此页必须附以用 Excel 格式建立的电子文档;

3.文件题名左对齐,字体为仿宋_GB2312,字号可适当调整。

# 卷内目录

档号:HZ-YGGLY-JL-07

| 序号 | 文件编号 | 责任者 | 文件题名 | 日期 | 页次 | 备注 |
|---|---|---|---|---|---|---|
| 1 | 监理〔2021〕纪要001号 | ××监理公司 | ××小流域综合治理工程第一次监理例会会议纪要 | 20210420 | 1 | |
| 2 | 监理〔2021〕纪要002号 | ××监理公司 | ××小流域综合治理工程设计技术交底会议纪要 | 20210420 | 5 | |
| 3 | 监理〔2021〕纪要003号 | ××监理公司 | ××小流域综合治理工程图纸会审会议纪要 | 20210420 | 11 | |
| 4 | 监理〔2021〕纪要004号 | ××监理公司 | ××小流域综合治理工程监理例会会议纪要(5月) | 20210520 | 12 | |
| 5 | 监理〔2021〕纪要005号 | ××监理公司 | ××小流域综合治理工程监理例会会议纪要(6月) | 20210622 | 15 | |
| 6 | 监理〔2021〕纪要006号 | ××监理公司 | ××小流域综合治理工程监理例会会议纪要(7月) | 20210722 | 18 | |
| 7 | 监理〔2021〕纪要007号 | ××监理公司 | ××小流域综合治理工程监理例会会议纪要(8月) | 20210825 | 21 | |
| 8 | 监理〔2021〕纪要008号 | ××监理公司 | ××小流域综合治理工程专题会议纪要 | 20210908 | 24 | |
| 9 | 监理〔2021〕纪要009号 | ××监理公司 | ××小流域综合治理工程监理例会会议纪要(9月) | 20210925 | 27 | |
| 10 | 监理〔2021〕纪要010号 | ××监理公司 | ××小流域综合治理工程监理例会会议纪要(10月) | 20211026 | 30 | |
| 11 | 监理〔2021〕纪要011号 | ××监理公司 | ××小流域综合治理工程监理例会会议纪要(11月) | 20211120 | 33 | |
| 12 | | ××监理公司 | ××小流域综合治理工程监理备忘录 | 20210814 | 34-35 | |

注:1.责任者为文件产生单位;

2.此页必须附以用Excel格式建立的电子文档;

3.文件题名左对齐,字体为仿宋_GB2312,字号可适当调整。

# 卷内目录

档号:HZ-YGGLY-JL-08

| 序号 | 文件编号 | 责任者 | 文件题名 | 日期 | 页次 | 备注 |
|---|---|---|---|---|---|---|
| 1 | | ××监理公司 | ××小流域综合治理工程监理日志 | 20211220 | 1 | |
| 2 | 监理〔2021〕月报001号 | ××监理公司 | ××小流域综合治理工程监理月报(5月) | 20210531 | 220 | |
| 3 | 监理〔2021〕月报002号 | ××监理公司 | ××小流域综合治理工程监理月报(6月) | 20210630 | 229 | |
| 4 | 监理〔2021〕月报003号 | ××监理公司 | ××小流域综合治理工程监理月报(7月) | 20210731 | 238 | |
| 5 | 监理〔2021〕月报004号 | ××监理公司 | ××小流域综合治理工程监理月报(8月) | 20210831 | 247 | |
| 6 | 监理〔2021〕月报005号 | ××监理公司 | ××小流域综合治理工程监理月报(9月) | 20210930 | 256 | |
| 7 | 监理〔2021〕月报006号 | ××监理公司 | ××小流域综合治理工程监理月报(10月) | 20211030 | 265 | |
| 8 | 监理〔2021〕月报007号 | ××监理公司 | ××小流域综合治理工程监理月报(11月) | 20211130 | 274-282 | |
| | | | | | | |
| | | | | | | |
| | | | | | | |
| | | | | | | |

注:1.责任者为文件产生单位;

2.此页必须附以用 Excel 格式建立的电子文档;

3.文件题名左对齐,字体为仿宋_GB2312,字号可适当调整。

# 卷内目录

档号:HZ-YGGLY-JL-09

| 序号 | 文件编号 | 责任者 | 文件题名 | 日期 | 页次 | 备注 |
|------|----------|--------|----------|------|------|------|
| 1 | 监理〔2021〕进度付001号 | ××监理公司 | ××小流域综合治理工程工程价款支付证书(第1期) | 20210525 | 1 | |
| 2 | 监理〔2021〕进度付001号 | ××监理公司 | ××小流域综合治理工程工程价款支付证书(第2期) | 20210625 | 12 | |
| 3 | 监理〔2021〕进度付001号 | ××监理公司 | ××小流域综合治理工程工程价款支付证书(第3期) | 20210925 | 23 | |
| 4 | 监理〔2021〕进度付001号 | ××监理公司 | ××小流域综合治理工程工程价款支付证书(第4期) | 20211125 | 34 | |
| 5 | 监理〔2021〕付结001号 | ××监理公司 | ××小流域综合治理工程工程完工付款证书 | 20211220 | 45-46 | |
| | | | | | | |
| | | | | | | |
| | | | | | | |
| | | | | | | |
| | | | | | | |
| | | | | | | |
| | | | | | | |

注:1.责任者为文件产生单位;

　　2.此页必须附以用 Excel 格式建立的电子文档;

　　3.文件题名左对齐,字体为仿宋_GB2312,字号可适当调整。

# 卷内目录

档号:HZ-YGGLY-JL-10

| 序号 | 文件编号 | 责任者 | 文件题名 | 日期 | 页次 | 备注 |
|------|----------|--------|----------|------|------|------|
| 1 | | ××水电公司 | ××小流域综合治理工程分部工程验收申请 | 20211210 | 1 | |
| 2 | | ××县水利办公室 | ××小流域综合治理工程分部工程验收鉴定书及分部工程质量评定表 | 20211215 | 5 | |
| 3 | | ××水电公司 | ××小流域综合治理工程单位工程验收申请 | 20211220 | 30 | |
| 4 | | ××县水利办公室 | ××小流域综合治理工程单位工程验收鉴定书及单位工程质量评定表 | 20211222 | 35 | |
| 5 | | ××水电公司 | ××小流域综合治理工程合同工程验收申请 | 20211220 | 45 | |
| 6 | | ××县水利办公室 | ××小流域综合治理工程合同工程验收鉴定书 | 20211222 | 50 | |
| 7 | | ××县水利办公室 | ××小流域综合治理工程合同完工证书 | 20211224 | 56-58 | |
| | | | | | | |
| | | | | | | |
| | | | | | | |
| | | | | | | |
| | | | | | | |

注:1.责任者为文件产生单位;

　　2.此页必须附以用 Excel 格式建立的电子文档;

　　3.文件题名左对齐,字体为仿宋_GB2312,字号可适当调整。

# 卷内目录

档号：HZ-YGGLY-JL-11

| 序号 | 文件编号 | 责任者 | 文件题名 | 日期 | 页次 | 备注 |
|------|---------|--------|----------|------|------|------|
| 1 | | ××监理公司 | ××小流域综合治理工程监理工作总结报告 | 20211230 | 1本 | |
| | | | | | | |
| | | | | | | |
| | | | | | | |
| | | | | | | |
| | | | | | | |
| | | | | | | |
| | | | | | | |
| | | | | | | |
| | | | | | | |
| | | | | | | |

注：1.责任者为文件产生单位；

2.此页必须附以用 Excel 格式建立的电子文档；

3.文件题名左对齐,字体为仿宋_GB2312,字号可适当调整。

# 卷内目录

档号：HZ-YGGLY-JL-12

| 序号 | 文件编号 | 责任者 | 文件题名 | 日期 | 页次 | 备注 |
|---|---|---|---|---|---|---|
| 1 | | ××监理公司 | ××小流域综合治理工程监理音像资料 | 20211230 | 1 册 | |
| | | | | | | |
| | | | | | | |
| | | | | | | |
| | | | | | | |
| | | | | | | |
| | | | | | | |
| | | | | | | |
| | | | | | | |
| | | | | | | |
| | | | | | | |

注：1.责任者为文件产生单位；

2.此页必须附以用 Excel 格式建立的电子文档；

3.文件题名左对齐，字体为仿宋_GB2312，字号可适当调整。

## 五、卷内备考表

**卷内备考表**

说明:本案卷共××件共××页。其中图样材料/件。

　　问题1.无

　　问题2.无

立卷人(签名):×××　　　　　　　　　　　　20××年××月××日
检查人(签名):×××　　　　　　　　　　　　20××年××月××日

注:此页请用牛皮纸打印(与案卷封面纸质相同)

## 六、案卷目录

## 案卷目录

| 序号 | 档号 | 案卷题名 | 总页数 | 保管期限 | 说明 |
|---|---|---|---|---|---|
| 1 | HZ-YGGLY-JL-01 | ××小流域综合治理工程监理合同中标通知书监理部成立函及监理单位资质监理人员资格证书的工作联系单 | 34页 | 长期 | |
| 2 | HZ-YGGLY-JL-02 | ××小流域综合治理工程监理大纲监理规划监理实施细则及项目划分报审资料 | 155页 | 长期 | |
| 3 | HZ-YGGLY-JL-03 | ××小流域综合治理工程开工通知合同分部开工批复暂停施工指示复工通知图纸会审及图纸签发资料 | 28页 | 长期 | |
| 4 | HZ-YGGLY-JL-04 | ××小流域综合治理工程监理平行检测跟踪检测见证取样抽检巡视检查安全检查旁站记录林草成活率检查资料 | 172页 | 长期 | |
| 5 | HZ-YGGLY-JL-05 | ××小流域综合治理工程原材料报审复检及设备报审资料 | 18页 | 长期 | |
| 6 | HZ-YGGLY-JL-06 | ××小流域综合治理工程监理通知现场书面通知整改通知及回复单监理工作联系单 | 20页 | 长期 | |
| 7 | HZ-YGGLY-JL-07 | ××小流域综合治理工程第一次监理例会设计技术交底图纸会审监理例会专题会议纪要及监理备忘录 | 35页 | 长期 | |
| 8 | HZ-YGGLY-JL-08 | ××小流域综合治理工程监理日志及监理月报 | 282页 | 长期 | |
| 9 | HZ-YGGLY-JL-09 | ××小流域综合治理工程工程价款支付证书及完工付款证书 | 46页 | 长期 | |
| 10 | HZ-YGGLY-JL-10 | ××小流域综合治理工程分部工程单位工程合同工程验收申请及验收鉴定书 | 58页 | 长期 | |

续

| 序号 | 档号 | 案卷题名 | 总页数 | 保管期限 | 说明 |
|------|------|----------|--------|----------|------|
| 11 | HZ-YGGLY-JL-11 | ××小流域综合治理工程监理工作总结报告 | 1本 | 长期 | |
| 12 | HZ-YGGLY-JL-12 | ××小流域综合治理工程监理音像资料 | 1册 | 长期 | |
| | | | | | |
| | | | | | |
| | | | | | |
| | | | | | |
| | | | | | |
| | | | | | |
| | | | | | |

注:此页必须附以用 Excel 格式建立的电子文档;档号须写在一行,不得换行,档号及案卷题名栏均左对齐。

## 七、档案交接单实例

×××××××××工程

档 案 交 接 单

本单附有目录____2____张,包含工程档案资料_____12_____卷。

(其中永久____12____卷,长期____/____卷,短期____/____卷;在永久卷中包含竣工图____/____张)

归档或移交单位(签章):

经手人:×××                                                          20××年××月××日

接收单位(签章):

经手人: ×××                                                        20××年××月××日

**注**:1.移交时须附卷内目录(含电子文档目录)及案卷目录作为"移交清册"汇编附后;
　　　2.此表一式三份,其中移交单位一份;接收单位两份。

# 参 考 文 献

[1]中国水利工程协会.水利工程建设监理概论[M].2版.北京:中国水利水电出版社,2010.

[2]中华人民共和国水利部.水利工程施工监理规范:SL 288—2014[S].北京:中国水利水电出版社,2014.

[3]中华人民共和国水利部.水土保持工程施工监理规范:SL 523—2011[S].北京:中国水利水电出版社,2011.

[4]中华人民共和国水利部.水土保持工程质量评定规程:SL 336—2006[S].北京:中国水利水电出版社,2006.

[5]中华人民共和国水利部.水利水电建设工程验收规程:SL 223—2008[S].北京:中国水利水电出版社,2008.

[6]韦志立,等.建设监理概论[M].2版.北京:中国水利水电出版社,2001.

[7]王立权.水利工程建设项目施工监理实用手册[M].2版.北京:中国水利水电出版社,2004.

[8]张华.水利工程监理[M].北京:中国水利水电出版社,2004.

[9]娄鹏,刘景运.水利工程施工监理实用手册[M].北京:中国水利水电出版社,2007.

[10]陈惠忠,等.水利水电工程监理实施细则范例[M].北京:中国水利水电出版社,2005.

[11]姜国辉.水利工程监理[M].北京:中国水利水电出版社,2005.

[12]孙犁.建设工程监理概论[M].郑州:郑州大学出版社,2006.

[13]钟汉华.工程建设监理[M].郑州:黄河水利出版社,2005.

[14]张梦宇.工程建设监理概论[M].北京:中国水利水电出版社,2006.

[15]刘军号.水利工程施工监理实务[M].北京:中国水利水电出版社,2010.

[16]王海周,杨胜敏.水利工程建设监理[M].郑州:黄河水利出版社,2010.

[17]中国水利工程协会.水利工程建设合同管理[M].北京:中国水利水电出版社,2007.

[18]中国水利工程协会.水利工程建设质量控制[M].北京:中国水利水电出版社,2007.

[19]秦向阳,等.黄土高原水土保持生态工程建设监理[M].银川:宁夏人民出版社,2016.

[20]黄河上中游管理局.淤地坝监理[M].北京:中国计划出版社,2004.

[21]周长勇,等.水利工程监理[M].北京:中国水利水电出版社,2020.

[22]陈三潮,等.水利水电工程监理实用文件编制范例[M].北京:中国水利水电出版社,2014.